普通高等教育"十一五"国家级规划教材

电子信息科学与工程类专业规划教材

单片机原理与接口技术
（第4版）

李晓林　李丽宏　许　鸥　苏淑靖　主编

电子工业出版社

Publishing House of Electronics Industry

北京·BEIJING

内 容 简 介

编者通过总结多年来的教学实践，结合高等学校单片机课程的实际教学安排，在本书前 3 版的基础上，对全书内容进行了合理整合，充实了目前广为应用的串行口扩展方法，并给出可以实际使用的例子，更能体现单片机课程的基本教学需求和实际应用情况。全书共 11 章。以典型的 MCS-51 单片机为例，系统地介绍单片机的硬件结构、定时/计数器、串行口、中断系统的工作原理，指令系统及汇编语言程序设计，针对单片机内部资源的 C51 语言编程方法及其与汇编语言的混合编程，通过并行口扩展外部总线、外部存储器、键盘、LED 和 LCD 显示器、A/D 和 D/A 转换器的方法，采用 I^2C、SPI、1-Wire 等目前广为应用的串行扩展技术扩展 EEPROM 和 Flash 存储器、键盘和 LED 显示器、A/D 和 D/A 转换器的方法，以及单片机系统电源设计、硬件和软件抗干扰技术等，各部分内容都举实例讲解。还介绍了应用新版本的 Keil C51 和 Proteus 仿真调试软件进行单片机应用系统开发及仿真调试的方法。最后给出了基本实验和课程设计参考题目及内容。

本书可作为高等学校通信工程、电子信息工程、测控技术与仪器、自动化、电气工程及其自动化、机械工程及其自动化、计算机科学与技术等专业的"单片机原理与接口技术"及相关课程的教材，也可供从事单片机应用系统开发的工程技术人员及单片机爱好者参考。

图书在版编目（CIP）数据

单片机原理与接口技术 / 李晓林等主编. —4 版. —北京：电子工业出版社，2020.1
ISBN 978-7-121-37167-7

Ⅰ. ①单… Ⅱ. ①李… Ⅲ. ①单片微型计算机－基础理论－高等学校－教材②单片微型计算机－接口技术－高等学校－教材 Ⅳ. ①TP368.1

中国版本图书馆 CIP 数据核字(2019)第 160854 号

责任编辑：凌　毅
印　　刷：三河市鑫金马印装有限公司
装　　订：三河市鑫金马印装有限公司
出版发行：电子工业出版社
　　　　　北京市海淀区万寿路 173 信箱　邮编　100036
开　　本：787×1 092　1/16　印张：19.5　插页：1　字数：525 千字
版　　次：2008 年 2 月第 1 版
　　　　　2020 年 1 月第 4 版
印　　次：2024 年 1 月第 8 次印刷
定　　价：49.80 元

第 4 版前言

在电子技术日新月异发展的今天，各类生产活动中都可以看到单片机应用的实例，如仪器仪表、机电设备、车辆船舶、通信系统、制造工业、过程控制、航空航天、军事领域和家电产品等，单片机已成为各类机电产品的核心控制部件。作为一个完整的数字处理系统，单片机可以构成计算机的核心单元，并集成了大量的外围功能器件，使得用单片机实现某个特定的控制功能变得十分方便。单片机的应用使得产品的硬件成本大大降低，设计工作灵活多样，往往只需要改动部分软件程序，就可以增加和改善产品的功能及性能。

单片机的神奇功效，给人一种神秘莫测、难以驾驭之感。学习单片机技术需要加强实践，初学者应树立在"学中做"、在"做中学"的思想。先学习单片机的硬件结构、存储结构、指令系统和中断系统，然后学习单片机芯片内集成的定时/计数器和通信接口等各种功能，再进一步学习使用并行或串行扩展方法去扩展各种应用接口。从最小系统板开始，结合实验板进行控制硬件的编程练习，不断循序渐进，进而逐步掌握单片机的应用技术。

单片机的型号和种类繁多，但以 MCS-51 内核技术发展起来的单片机应用极为广泛。20 世纪 80 年代中期，Intel 公司将 MCS-51 内核使用权以专利互换或出售的形式转让给世界许多著名的 IC 制造厂商，使得 MCS-51 内核得到众多制造厂商的支持，发展出上百个品种，成为一个大家族——51 系列单片机。正是由于 MCS-51 单片机技术的成熟和众多单片机品种的广泛应用，以及丰富的 51 系列单片机技术资料和教学资源，51 系列单片机已经成为人们学习单片机技术的很好选择。本书从介绍 MCS-51 单片机的结构、原理和扩展方法入手，使读者掌握 51 系列单片机的应用技术。

编者结合在单片机技术方面多年的教学和应用经验，以及单片机技术的不断发展，在多次版本修订中，不断对本书内容进行整合、删减和补充。本书编写的主导思想是，以 MCS-51 单片机技术知识为基础，在讲清、讲透 MCS-51 单片机结构及内部资源的原理基础上，介绍各种并行扩展和串行扩展的技术方法、硬件和软件抗干扰技术、单片机系统电源设计、Keil C51 和 Proteus 仿真软件等，并给出一个应用系统开发实例和实验及课程设计内容，以使读者具备以当今主流器件和主流技术开发单片机应用产品的知识及能力。鉴于本书篇幅和实际教学时数允许讲授的内容有限，在各版本修订中内容各有所侧重。

本次修订的总体思路是：削弱并行扩展技术，加强串行扩展技术，以适应当前应用技术的发展。主要修订内容包括：

（1）更新了第 1 章中介绍的相关网站。由于早期版本中所列网站的网址在一段时间后会发生变化，因此删除了网址，只保留相关网站名称，并删除了一些目前已不存在的网站、增加了一些新的网站，以便读者在学习中参考。

（2）更换了第 2 章的例 2-3，换成更为实用的 PWM 内容。

（3）将原第 7 章拆分成第 7、8 两章，以加强目前更为实用的串行扩展技术内容，增加和完善了一些实用的串行扩展实例。

（4）删除了原第 8 章增强型 51 内核单片机 C8051F020 的结构和原理介绍。

（5）更新了第 10 章仿真软件的版本。

（6）将第 11 章中的实验 7 和实验 8 的并行 A/D 和 D/A 转换改为串行 A/D 和 D/A 转换。

（7）修订了相应章节的思考题与习题。

（8）修订了对应第 4 版的 PPT 等电子资源。

（9）各章编者还对各章内容进行了适当修订。

本书共 11 章。第 1 章，介绍单片机的结构、特点、应用及 51 系列单片机，并从一个实例出发说明单片机的应用及其设计方法；第 2 章，以 MCS-51 单片机为例介绍单片机的硬件结构和工作原理；第 3 章，介绍 MCS-51 指令系统及汇编语言程序设计；第 4 章，介绍 MCS-51 单片机的 C51 语言编程方法及其与汇编语言的混合编程；第 5 章，介绍 MCS-51 单片机的中断系统、定时/计数器和串行口；第 6 章，介绍通过单片机并行口扩展外部总线、外部存储器、键盘、LED 和 LCD 显示器、A/D 和 D/A 转换器的方法；第 7 章，介绍目前广为应用的 I^2C、SPI、1-Wire 等串行扩展技术，以及 EEPROM 和 Flash 存储器的串行扩展方法；第 8 章，介绍键盘、LED 显示器、A/D 和 D/A 转换器的串行扩展方法；第 9 章，介绍单片机系统电源解决方案和典型实用的电源电路，还介绍了单片机应用系统的软硬件抗干扰技术；第 10 章，介绍应用 Keil C51 开发环境进行单片机软件开发调试和应用 Proteus 仿真软件进行单片机应用系统硬件及软件仿真调试的方法，并给出一个单片机应用系统的开发设计实例；第 11 章，给出了与各章内容配套的基本实验内容和课程设计参考题目及内容。各章都配有适量的思考题与习题。**本书配有 PPT 课件、习题答案、源程序包等教学资源，读者可以登录华信教育资源网（www.hxedu.com.cn）免费注册下载。**

本书教学安排 40～60 学时（含实验 12～20 学时），具体教学内容可根据实际情况进行取舍。建议第 1～5 章作为基本教学内容，以使学生掌握单片机的基本结构和原理，其中汇编程序设计和 C51 语言编程应侧重于 C51 语言编程一章；第 6 章是传统的并行口扩展，目的是让学生了解利用地址、数据和控制三总线扩展接口的方法，可根据教学时数取舍；第 7、8 两章的串行口扩展是目前较为流行和广泛应用的技术，可作为重点内容介绍；第 9 章的电源设计可留给学生自学，其中的抗干扰技术和第 10 章的软件仿真调试可做简要介绍；第 11 章可在实验和课程设计中选择安排。

本书由太原理工大学李晓林及李丽宏、广东工业大学许鸥、中北大学苏淑靖共同主编。参与编写和修订工作的还有：太原理工大学电气与动力工程学院的牛昱光、阎高伟、韩晓霞、李济甫，太原理工大学信息与计算机学院的温景国、王峰、陈贵军，山西万立科技有限公司的张剑勇。负责各章节编写和修订的是：第 1 章陈贵军，第 2 章阎高伟，第 3～4 章许鸥，第 5 章韩晓霞，第 6 章温景国，第 7 章张剑勇，第 8 章苏淑靖，第 9 章李丽宏，第 10 章王峰，第 11 章李济甫。本书的 PPT 课件、习题答案和源程序包等教学资源由许鸥负责编制。全书由李晓林和牛昱光负责整理及统稿。

广东梅州嘉应学院朱向庆对本书的修订提出了许多宝贵意见，师长义、杨军、夏爽、马海平和吴汉林等多位硕士研究生为本书的编辑作出了许多贡献，编者在此一并表示衷心感谢。

由于单片机技术发展迅速，且编者的水平有限，书中难免有不尽如人意之处，敬请广大读者提出宝贵意见和建议。编者的 E-mail：niuyuguang@tyut.edu.cn。

编　者
2019 年 8 月

目　录

第1章 概　述

本章教学要求：

（1）了解单片机与微型计算机的区别。

（2）熟悉单片机的结构组成。

（3）了解单片机的特点与指标。

（4）了解单片机的发展历史、常用产品及应用领域。

（5）了解单片机基本应用系统的组成。

1.1　单片机的结构组成、特点和指标

微型计算机由运算器、控制器、存储器、I/O（输入/输出）接口 4 个基本部分和 I/O 设备等组成。如果把运算器与控制器封装在一小块芯片上，则该芯片称为中央处理器（CPU）。如果将 CPU 与大规模集成电路制成的存储器和 I/O 接口电路在印制电路板上用总线连接起来，再配以适当的 I/O 设备（如磁盘存储器、键盘和显示器等），就构成了微型计算机。如果在一块芯片上，集成了一台微型计算机的 4 个基本组成部分，则这种芯片就称为单片微型计算机（Single-Chip Microcomputer），简称单片机。以单片机为核心的硬件电路称为单片机系统。

1.1.1　微型计算机的基本结构

微型计算机的基本结构如图 1-1 所示。

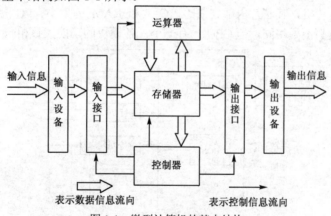

图 1-1　微型计算机的基本结构

1．控制器

控制器（Controller）是计算机的控制核心，其功能是负责从内部存储器中取出指令，对指令进行分析、判断，并根据指令发出控制信号，使计算机有条不紊地协调工作。

2．运算器

运算器的核心部件是算术/逻辑单元（ALU），主要完成算术运算和逻辑运算。

3．存储器

存储器（Memory）是具有记忆功能的部件，用于存储程序和数据。存储器根据其位置不同可分为两类：内部存储器和外部存储器。内部存储器（简称内存）和 CPU 直接相连，存放当前要运行的程序和数据，故称主存储器（简称主存）。它的特点是存取速度快，基本上可与 CPU

处理速度相匹配，但价格较高，存储容量较小。外部存储器（简称外存），主要用于保存暂时不用但又需长时间保留的数据和程序。存放在外存中的程序必须调入内存才能运行。外存的存储容量大，价格较低，但存取速度较慢。

4. 输入/输出接口

输入/输出接口（Input/Output，I/O），又称 I/O 接口，是 CPU 与外设相连的逻辑电路，外设必须通过 I/O 接口才能和 CPU 相连。不同的外设所用 I/O 接口不同。每个 I/O 接口都有一个地址，CPU 按照地址通过对不同的 I/O 接口进行操作来完成对外设的操作。

5. 输入和输出设备

输入和输出设备（如键盘、鼠标、显示器、打印机等）用于和微型计算机进行信息交流的输入和输出操作。

6. 总线

总线（Bus）是控制器、运算器、存储器、I/O 接口之间相连的一组线。数据总线（Data Bus，DB）用于传送程序或数据；地址总线（Address Bus，AB）用于传送地址，以识别不同的存储单元或 I/O 接口；控制总线（Control Bus，CB）用于传输控制信号，这些控制信号控制微型计算机按一定的时序有规律地自动工作。

1.1.2 单片机的基本结构

单片机的基本结构可用图 1-2 所示的框图描述。图 1-2 与图 1-1 的对应关系是：中央处理器（CPU）包含控制器和运算器；存储器包括程序存储器（ROM）和数据存储器（RAM）；I/O 接口对应输入接口和输出接口。另外，在单片机内部还集成了定时/计数器（T/C）、中断控制和系统时钟电路等。单片机用总线实现 CPU、ROM、RAM、I/O 各模块之间的信息传递。其实，具体到某一种型号的单片机，其芯片内部集成的 ROM 和 RAM 的大小、I/O 接口的多少、定时/计数器的多少和位数都不尽相同，但 CPU 只有一个，各模块的功能大致相同。

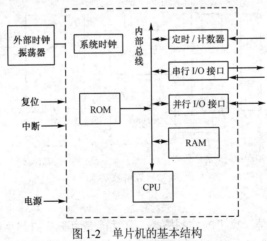

图 1-2 单片机的基本结构

1. 中央处理器

中央处理器（CPU）是单片机的核心单元，由算术/逻辑运算部件和控制部件构成。

2. 程序存储器

程序存储器（ROM）用来存放用户程序、常数等，可分为 EPROM，Mask ROM，OTP ROM 和 Flash ROM 等。

3．数据存储器

数据存储器（RAM）用来存放程序运行中的临时数据和变量。

4．并行 I/O 接口

并行 I/O 接口通常为独立的双向 I/O 接口，一般既可以用作输入，又可以用作输出，通过软件编程设定。I/O 接口是单片机的重要资源，也是衡量单片机功能的重要指标之一。

5．串行 I/O 接口

串行 I/O 接口用于单片机和串行设备或其他单片机系统的通信。串行通信有同步和异步之分，可用硬件或通用串行收/发器件实现。

6．定时/计数器

定时/计数器（T/C）用于单片机内部精确定时或对外部事件进行计数，有的单片机内部有多个定时/计数器。

7．系统时钟

系统时钟通常需要外接石英晶体或其他振荡源提供时钟信号输入，也有的使用内部 RC 振荡器。系统时钟相当于微型计算机中的主频。

以上只是单片机的基本结构，目前的单片机又加入了许多新的功能部件，如模数转换器（ADC）、数模转换器（DAC）、温度传感器、液晶驱动电路、"看门狗"电路、低压检测电路等。

1.1.3 单片机的特点

单片机除具备体积小、价格低、性能强大、速度快、用途广、灵活性强、可靠性高等优点外，它与通用微型计算机相比，在硬件结构和指令功能方面还具有以下独特之处。

1．ROM 和 RAM 严格分工

ROM 只存放程序、常数和数据表格；而 RAM 存放临时数据和变量。这样的设计方案使单片机更适合用于实时控制（也称为现场控制或过程控制）系统。配置较大的程序存储空间，将已调试好的程序固化（即对 ROM 编程，也称为烧录或烧写），这样不仅掉电时程序不会丢失，还避免了程序被破坏，从而确保了程序的安全性。实时控制仅需容量较小的 RAM，用于存放少量随机数据，这样有利于提高单片机的操作速度。

2．采用面向控制的指令系统

单片机的指令系统有很强的接口操作和位操作能力。在实时控制方面，尤其是在位操作方面，单片机有着不俗的表现。

3．I/O 接口引脚具有复用功能

I/O 接口引脚通常设计有多种功能，以充分利用数量有限的芯片引脚。在应用时，究竟使用多功能引脚的哪一种功能，可以由用户编程确定。

4．品种规格的系列化

属于同一个产品系列、不同型号的单片机，通常具有相同的内核、相同或兼容的指令系统。其主要的差别仅在于内部配置了一些不同种类或不同数量的功能部件和容量大小不同的 ROM 或 RAM，以适用于不同的被控对象。

5．硬件功能具有广泛的通用性

单片机的硬件功能具有广泛的通用性。同一种单片机可以用在不同的控制系统中，只是其中所配置的软件不同而已。换言之，给单片机固化上不同的软件，便可形成用途不同的专用智能芯片。

1.1.4　单片机的重要指标

1. 位数

位数是指单片机能够一次处理的数据的宽度,有1位机(如PD7502)、4位机(如MSM64155A)、8位机(如MCS-51)、16位机(如MCS-96)、32位机(如IMST414)等。

2. 存储器

存储器包括程序存储器(ROM)和数据存储器(RAM)。ROM空间较大,字节数一般从几KB到几十KB(1KB = 2^{10}B = 1024B),另外还有不同的类型,如EPROM,EEPROM,Flash ROM和OTP ROM等。RAM的字节数则通常为几十字节到几百字节之间。ROM的编程方式也是用户选择的一个重要因素,有的是串行编程,有的是并行编程,新一代单片机有的还具有在系统编程(In-System-Programmable,ISP)或在应用编程(In-Application re-Programmable,IAP)功能,有的还有专用的ISP编程接口JTAG。

3. I/O接口

I/O接口即输入/输出接口,一般有几个到几十个,用户可以根据自己的需要进行选择。

4. 速度

速度是指CPU的处理速度,以每秒执行多少条指令衡量,常用单位是MIPS(百万条指令每秒),目前有的单片机可达100MIPS。单片机的速度通常是和系统时钟相联系的,但并不是频率高的处理速度就一定快,对于同一种型号的单片机,采用频率高的时钟一般比频率低的速度要快。

5. 工作电压

单片机的工作电压通常是5V,范围是5V±5%或5V±10%,也有3V/3.3V电压的产品,更低的可在1.5V工作。目前单片机又出现了宽电压范围型,即在2.5~6.5V内都可正常工作。

6. 功耗

低功耗是目前单片机追求的一个目标,目前低功耗单片机的静态电流可低至微安(μA,10^{-6}A)或纳安(nA,10^{-9}A)级。有的单片机还具有等待、关断、睡眠等多种工作模式,以此来降低功耗。

7. 温度

单片机根据工作温度可分为民用级(商业级)、工业级和军用级3种。民用级的温度范围是0~70℃,工业级是–40~85℃,军用级是–55~125℃(不同厂家的划分标准可能不同)。

1.2　单片机的发展历史和产品类型

1.2.1　单片机的发展历史

1976年,Intel公司首先推出了MCS-48系列单片机,它具有体积小、功能全、价格低等特点,获得了广泛的应用,为单片机的发展奠定了基础。

单片机的发展历史大致可分为3个阶段。

第1阶段(1976—1978年):这是单片机刚开始出现时的初级阶段,以Intel公司的MCS-48系列为代表,此系列单片机具有8位CPU、并行I/O接口、8位时序同步计数器,寻址范围不大于4KB,但没有串行口。

第2阶段(1978—1982年):高性能单片机阶段,如Intel公司的MCS-51、Motorola公司的6801和Zilog公司的Z-8等系列。该阶段的单片机具有串行口、多级中断处理系统和16位时序同步计数器,RAM和ROM容量加大,寻址范围可达64KB,有的芯片还有A/D转换接口。

第 3 阶段（1982 年至今）：8 位单片机改良型以及 16 位与 32 位单片机阶段，如 Intel 公司的 16 位单片机 MCS-96 系列、32 位单片机 ARM 系列等。

Intel 公司在 20 世纪 80 年代初发布了 MCS-51 单片机，其代表芯片包括基本型 8051/8751/8031 和增强型 8052/8752/8032，随后又相继推出了 80C51/87C51/80C31 和 80C52/87C52/ 80C32。

到目前为止，世界各地厂商研制出大约 50 个系列、300 多个各具特色的单片机产品。尽管目前单片机的品种繁多，但其中最具典型性的仍属 Intel 公司的 MCS-51 单片机和以 51 技术为内核的众多派生单片机，这些统称为 51 系列单片机。51 系列单片机的指令完全兼容，资料和开发设备比较齐全，价格也比较便宜。另外，从学习的角度来看，有了 51 系列单片机的基础后，再学习其他单片机时则非常容易。这也正是学习单片机技术要从学习 MCS-51 单片机开始的原因。

1.2.2 单片机的产品类型

由于 Intel 公司的 MCS-51 单片机优越的性能和完善的结构，导致后来的许多半导体厂商多沿用或参考 MCS-51 体系结构，以 8051 为基核，推出了许多兼容性的单片机产品，丰富和发展了 MCS-51 单片机，形成了品种丰富的 80C51 系列产品。

1. 80C51 系列单片机产品

80C51 系列单片机是单片机应用的主流产品。除 Intel 公司的 80C51 系列产品外，各半导体厂商相继推出的与 80C51 兼容的主要产品有：Atmel 公司融入 Flash 存储器技术的 AT89 系列，宏晶公司的成本低、高性能 STC89 系列，SST 公司的 SST89 系列，Siemens 公司的高干抗扰性和电磁兼容性 C500 系列，Philips 公司的 80C51、80C552 系列，Winbond（中国台湾华邦）公司的 W78C51、W77C51 高速低价系列，ADI 公司的 ADμC8XX 高精度系列，LG 公司的 GMS90/97 低压高速系列，Maxim 公司的 DS89C420 高速（50MIPS）系列，Cygnal 公司的 C8051F 高速 SOC 系列，等等。

2. 非 80C51 结构的单片机产品

非 80C51 结构的单片机产品不断推出，给用户提供了更为广泛的选择空间。非 80C51 结构的主要产品有：Intel 公司的 MCS-96 系列 16 位单片机，Microchip 公司的 PIC 系列 RISC 单片机，TI 公司的 TMS370 和 MSP430F 系列 16 位低功耗单片机，Atmel 公司的 AT90 系列 AVR 单片机，Ubicom 公司的 Scenix 单片机，Zilog 公司的 Z86 系列单片机，美国国家半导体公司的 COP8 单片机，中国台湾义隆电子公司的 EM78 系列单片机；以及 Motorola、ARM、NEC、EPSON、东芝、三星、富士通公司等生产的单片机。

1.2.3 80C51 系列单片机

Intel 公司生产的 MCS-51 单片机有 8051/8751/8031、8052/8752/8032、80C51/87C51/ 80C31、80C52/87C52/80C32 等。该系列产品的生产工艺有 HMOS（具有高速度和高密度的特点）和 CHMOS（具有 CMOS 低功耗和 HMOS 高速度、高密度的特点）两种。在产品型号中，凡带有字母 "C" 的即为 CHMOS 芯片。CHMOS 芯片的电平既能与 TTL 电平兼容，又与能 CMOS 电平兼容。

80C51 是 MCS-51 单片机中采用 CHMOS 工艺的一个典型品种，其他厂商以 8051 为基核开发出的 CHMOS 工艺单片机产品统称为 80C51 系列。当前常用的 80C51 系列单片机产品种类繁多，性能各异，各有所长。

1. Intel 公司的 MCS-51 单片机

MCS-51 单片机是 Intel 公司生产的功能较强、价格较低、较早应用的单片机，目前仍被广泛应用。MCS-51 单片机的主要产品及其性能见表 1-1。

表 1-1 MCS-51 单片机的主要产品及其性能

子系列	型号	内部存储器/B		I/O接口	UART	中断源	定时/计数器	时钟频率/MHz	A/D通道	空闲和掉电模式
		ROM	RAM							
8X51/52 系列	8031/32	ROMless	128/256	32	1	5	2/3	12	0	no
	8051/52	4/8K ROM	128/256	32	1	5	2/3	12	0	no
	8751/52	4/8K EPROM	128/256	32	1	5	2/3	12	0	no
8XC51/52 系列	80C31/32	ROMless	128/256	32	1	5/6	2/3	12,16/12,16,20,24	0	yes
	80C51/52	4/8K ROM	128/256	32	1	5/6	2/3	12,16/12,16,20,24	0	yes
	87C51/52	4/8K EPROM	128/256	32	1	5/6	2/3	12,16,20,24	0	yes
8XC54/58 系列	80C54/58	16/32K ROM	256	32	1	6	3	12,16,20,24	0	yes
	87C54/58	16/32K EPROM	256	32	1	6	3	12,16,20,24	0	yes
8XC51/FA/FB/FC 系列	80C51FA	ROMless	256	32	1	7	3+5PCA	12,16	0	yes
	83C51FA	8K ROM	256	32	1	7	3+5PCA	12,16	0	yes
	83C51FB/FC	16/32K ROM	256	32	1	7	3+5PCA	12,16,20,24	0	yes
	87C51FA/FB/FC	8/16/32K EPROM	256	32	1	7	3+5PCA	12,16,20,24	0	yes
8XL51/FA/FB/FC 系列	80L51FA	ROMless	256	32	1	7	3+5PCA	12,16,20	0	yes
	83L51FA/FB/FC	8/16/32K ROM	256	32	1	7	3+5PCA	12,16,20	0	yes
	87L51FA/FB/FC	8/16/32K OTP ROM	256	32	1	7	3+5PCA	12,16,20	0	yes
8XC51GX 系列	80C51GB	ROMless	256	48	1	15	3+10PCA	12,16	8	yes
	83C51GB	8K ROM	256	48	1	15	3+10PCA	12,16	8	yes
	87C51GB	8K EPROM	256	48	1	15	3+10PCA	12,16	8	yes
8XC152 系列	80C152JA/B	ROMless	256	40/58	1	11	2	16.5	0	yes
	83C152JA	8K ROM	256	40	1	11	2	16.5	0	yes

2. Philips 公司的 80C51 系列单片机

在 Intel 公司将 MCS-51 单片机技术转让给 Philips 公司后,Philips 公司的主要任务是改善单片机的性能。在 MCS-51 单片机的基础上发展了高速 I/O 接口、A/D 转换器、PWM（脉宽调制）、WDT、复位电路等增强功能,并在低电压、微功耗、掉电检测、扩展串行总线（I^{2}C）和控制网络总线（CAN）等方面加以完善。

在同一时钟频率下,Philips 公司的 80C51 的运行速度是 8051 的 6 倍,IAP（在应用编程）和 ILP（在线编程）功能允许用户的 EPROM 实现简单的串行代码编程,使得程序存储器可用于非易失性数据的存储,芯片仅有 8 个引脚。Philips 公司的增强型 80C51 系列单片机的主要产品及其性能见表 1-2。

3. Atmel 公司的 AT89 系列单片机

Atmel 公司推出的 AT89 系列兼容 80C51 的单片机,完美地将 Flash（非易失闪存技术）ROM 与 80C51 内核结合起来,仍采用 80C51 的总体结构和指令系统,Flash ROM 的可反复擦写性能有效降低了开发费用,并使单片机可多次重复使用。Atmel 公司的 AT89 系列单片机的主要产品及其性能见表 1-3。

Atmel 的 8 位单片机有 AT89、AT90 两个系列。AT89 系列是 8 位 Flash 单片机,与 80C51 相兼容,静态时钟模式;AT90 系列是增强 RISC 结构、全静态工作方式、内载在线可编程 Flash 的单片机,也称为 AVR 单片机。

表 1-2　Philips 公司的增强型 80C51 系列单片机的主要产品及其性能

子系列	型　号	内部存储器/B		I/O 接口	UART	中断源	定时/计数器	时钟频率/MHz	A/D 通道	其他特性
		ROM	RAM							
通用型系列	P80C31/P80C32	ROMless	128/256	32	1	5/6	2/3	33	0	
	P80C51/52/54/58	4/8/16/32K ROM	128/256/256/256	32	1	5/6/6/6	2/3/3/3	33	0	
	P87C51/52/54/58	4/8/16/32K OTP	128/256/256/256	32	1	5/6/6/6	2/3/3/3	30,33	0	
Flash 型系列	P89C51/52/54/58	4/8/16/32K Flash	128/256/256/256	32	1	6	3	33	0	
	P89C51RX2	16~64K Flash	512	32	1	7	4	33	0	ISP/IAP

表 1-3　Atmel 公司的 AT89 系列单片机的主要产品及其性能

子系列	型　号	内部存储器/B		I/O 接口	UART	中断源	定时/计数器	时钟频率/MHz	A/D 通道	其 他 特 性
		Flash ROM	RAM							
8 位 Flash 系列	AT89C51/52	4/8K	128/256	32	1	5	2/3	33	0	
	AT89C51RC	32K	512	32	1	6	3	40	0	WDT
	AT89LV51/52/55	4/8/20K	128/256/256	32	1	6	2/3/3	16/16/12	0	
	AT89C1051/2051/4051	1/2/4K	64/128/128	15	1		2	24/25/26	0	
ISP_Flash 系列	AT89S51/52/53	4/8/12K	128/256/256	32	1	5/5/6	2/3/3	124/25/24	0	WDT/ISP
	AT89LS51/52/53	4/8/12K	128/256/256	32	1	6	2/3/3	16/16/12		ISP
	AT89S8252	8K	256	32	1	6	3	24	0	ISP
	AT89C5115	16K	256		1	6	2	40	8	WDT/ISP
I²C_Flash 系列	AT89C51RB2/ED2	16/64K	256	32/44	1	6/9	3	60/40	0	WDT/SPI/ISP
	AT89C51RD2	64K	256	32/48	1	6	3	40	0	WDT/SPI/ISP
	AT89C51AC2	32K	256	34	1	6	3	40	8	WDT/ISP

4．宏晶公司的 STC89 系列单片机

宏晶公司的 STC89 系列单片机是以 80C51 为内核派生出来的一款成本低、高性能单片机，增加了大量的新功能。STC89C51RC/RD+系列单片机支持 ISP（在系统编程）及 IAP（在应用编程）技术。使用 ISP 技术可不需要编程器，直接在用户系统板上烧录用户程序，修改调试非常方便。利用 IAP 技术，能将内部部分专用 Flash ROM 当作 EEPROM 使用，实现停电后保存数据的功能，擦写次数为 100 000 次以上，可省去外接 EEPROM（如 93C46、24C02 等）。而且指令代码完全兼容 80C51，硬件无须改动，速度比 80C51 快 8~12 倍，带 ADC，4 路 PWM，双串行口，有全球唯一 ID 号，加密性好，抗干扰强。宏晶公司的 STC89 系列单片机的主要产品及其性能见表 1-4。

表 1-4　宏晶公司的 STC89 系列单片机的主要产品及其性能

型　号	最高时钟频率/MHz		Flash ROM/B	RAM/B	UART	DPTR	中断源	定时器	EEPROM/B	降低EMI	WDT	双倍数	P4口	ISP	IAP	A/D
	5V	3V														
STC89C51RC/52RC	0~80		4/8K	512	1	2	8	3	1K+	yes	yes	yes	yes	yes	yes	
STC89C53RC	0~80		15K	512	1	2	8	3		yes	yes	yes	yes	yes	yes	
STC89C54RD+/58RD+	0~80		16/32K	1280	1	2	8	3	8K+	yes	yes	yes	yes	yes	yes	
STC89C516RD+	0~80		63K	1280	1	2	8	3		yes	yes	yes	yes	yes	yes	
STC89LE51RC/52RC		0~80	4/8K	512	1	2	8	3	1K+	yes	yes	yes	yes	yes		

型　号	最高时钟频率/MHz	Flash ROM/B	RAM/B	UART	DPTR	中断源	定时器	EEPROM/B	降低EMI	WDT	双倍数	P4口	ISP	IAP	A/D
STC89LE53RC	0~80	15K	512	1	2	8	3		yes	yes	yes	yes	yes	yes	
STC89LE54RD+/58RD+	0~80	16/32K	1280	1	2	8	3	8K+	yes	yes	yes	yes	yes	yes	
STC89LE516RD+	0~80	64K	1280	1	2	8	3		yes	yes	yes	yes	yes	yes	
STC89LE516AD	0~90	64K	512	1	2	8	3		yes		yes	yes	yes		yes
STC89LE516X2	0~90	64K	512	1	2	8	3		yes		yes	yes	yes		yes

5. SST 公司的 SST89 系列单片机

SST 公司生产的 SST89 系列单片机以 80C51 为内核，与 MCS-51 单片机完全兼容。SST89 系列单片机的主要产品及其性能见表 1-5。

表 1-5　SST89 系列单片机的主要产品及其性能

型　号	时钟频率/MHz		Flash ROM /B	RAM/B	串 行 口		PCA	中断源	中断优先级	DPTR	降低EMI	掉电检测	WDT
	5V	2.7~3.6V			UART	SPI							
SST89C54	0~33	0~12	16K+4K	256	1ch		0	6	2	1			yes
SST89C58	0~33	0~12	32K+4K	256	1ch		0	6	2	1			yes
SST89E554RC	0~40		32K+8K	1K	1ch+	yes	5ch	9	4	2	yes	yes	yes
SST89E564RD	0~40		64K+8K	1K	1ch+	yes	5ch	9	4	2	yes	yes	yes
SST89V554RC		0~40	32K+8K	1K	1ch+	yes	5ch	9	4	2	yes	yes	yes
SST89V564RD		0~40	64K+8K	1K	1ch+	yes	5ch	9	4	2	yes	yes	yes

6. Siemens 公司的 C500 系列单片机

Siemens 公司也沿用 80C51 的内核，相继推出了 C500 系列单片机。在保持与 MCS-51 指令兼容的前提下，其产品的性能得到了进一步的提升，特别是在抗干扰性能、电磁兼容和通信控制总线功能上独树一帜，其产品常用于工作环境恶劣的场合，也适用于通信和家用电器控制领域。

7. Winbond 公司的 W78/W77 系列单片机

Winbond 公司也开发了一系列兼容 80C51 的单片机，其产品具备丰富的功能特性，而且以质优价廉在市场占有一定的份额。W78 系列与标准的 80C51 兼容，W77 系列为增强型 51 系列，对 80C51 的时序进行了改进，在同样的时钟频率下，速度提高了 2.5 倍。Flash ROM 容量为 4～64KB，具有 ISP 功能。

1.2.4　其他系列单片机

TI 公司有 TMS370 和 MSP430 两大系列通用单片机。TMS370 系列是 8 位 CMOS 单片机，具有多种存储模式、多种外围接口模式，适用于复杂的实时控制场合；MSP430 系列是一种超低功耗、功能集成度较高的 16 位单片机，特别适用于三表（电表、水表、燃气表）及超低功耗场合。

Microchip 公司生产的 PIC 系列 8 位单片机，CPU 采用 RISC 结构，运行速度快，价格低，适合用量大、档次低、价格敏感的产品。PIC 单片机的突出特点是体积小，功耗低，采用精简指令集，抗干扰能力强，可靠性高，有较强的模拟接口，代码保密性好，大部分芯片有 Flash ROM。

Motorola 公司生产的单片机，品种全、选择余地大、新产品多。其特点是噪声低，抗干扰能力强，比较适合工控领域及恶劣的环境。

AVR 是采用增强 RISC 结构、内载 Flash ROM 的单片机，内部 32 个寄存器全部与 ALU 直接连接，突破瓶颈限制，每 1MHz 可实现 1MIPS 的处理能力，为高速、低功耗产品。I/O 接口有较强的负载驱动能力，可以直接驱动 LED，支持 ISP、IAP。

Scenix 单片机除传统的 I/O 功能模块如并行 I/O、UART、SPI、I^{2}C、A/D、PWM、PLL、DTMF 等外，还增加了新的 I/O 模块（如 USB、CAN、J1850、虚拟 I/O 等）。其特点是双时钟设置，指令运行速度较快，具有虚拟外设功能，柔性化 I/O 接口，所有的 I/O 接口都可单独编程设定。

EPSON 单片机主要为日本 EPSON 公司生产的 LCD 配套，其特点是 LCD 驱动部分性能较好，低电压、低功耗。

Z8 单片机是 Zilog 公司的主要产品，采用多累加器结构，有较强的中断处理能力。

美国国家半导体公司的 COP8 单片机内部集成了 16 位 A/D 转换器，内部使用了抗电磁干扰 EMI（Electro Magnetic Interference）电路，在"看门狗"电路及单片机的唤醒方式上有独到之处，程序加密控制功能也比较好。

中国台湾义隆电子公司的 EM78 系列单片机采用高速 CMOS 工艺制造，低功耗设计，为低功耗产品。具有 3 个中断源、I/O 唤醒功能、多功能 I/O 接口、优越的数据处理性能，价格便宜，但抗干扰较差。

1.3　单片机的应用

1.3.1　单片机应用领域

单片机的主要应用领域有以下几个方面。

1. 智能化产品

单片机与传统的机械产品相结合，使传统的机械产品结构简单化，控制智能化，构成新一代的机电一体化产品。目前，单片机广泛用于工业自动控制（如数控机床、可编程顺序控制、电机控制、工业机器人、离散与连续过程自动控制）、家用电器（如微波炉、电视机、音响设备、游戏机）、办公设备（如传真机、复印机）、电信技术（如调制解调器、数字滤波、智能线路运行控制）等应用领域。在打印机设计中，由于采用了单片机，因此可以节省近千个机械部件；用单片机控制空调机，使制冷量无级调节的优点得到了充分的发挥，并增加了多种报警与控制功能；用单片机还可以实现通信系统中的临时监控、自适应控制、频率合成、信道搜索等功能，从而构成自动拨号无线电话网、自动呼叫应答设备和程控调度电话分机等。

2. 智能化仪表

将单片机植入测量、控制仪表后，能促进仪表向数字化、智能化、多功能化、综合化和柔性化方向发展，并使监测、处理、控制等功能一体化，使仪表质量大大减小，便于携带和使用，同时降低了成本，提高了性能价格比，使长期以来测量仪器中的误差修正、线性化处理等难题也迎刃而解。智能化仪表的这些特点不仅使传统的仪器、仪表发生根本性的变革，也促进了传统仪器、仪表行业的技术改革。

3. 智能化测控系统

测控系统的特点是工作环境恶劣，各种干扰繁杂，而且往往要求测控实时性强、工作稳定可靠、抗干扰能力强。单片机最适合应用于工业测控领域，可以构成各种工业检测与控制系统，如温室气候控制系统、电镀生产线自动控制系统等。在导航控制方面，如导弹控制、鱼雷制导、智能武器装置、航天导航系统等领域中，单片机也发挥着不可替代的作用。

4. 智能化接口

在通用微型计算机的外部设备中，如键盘、打印机、绘图仪、磁盘驱动器、UPS、图形终端和各种智能终端等，都已实现了单片机控制和管理。在计算机应用系统中，通常都采用单片机对接口设备进行控制和管理，使主机和接口设备能并行工作。这不仅大大提高了系统的运算速度，而且接口设备在单片机的控制下还可以对接口数据进行预处理，如数字滤波、线性化处理、误差修正等，降低了主机和接口界面的通信密度，极大地提高了接口控制的管理水平。例如，在通信接口中采用单片机，可以对数据进行编码/解码、分配管理、接收/发送控制等工作。

由上所述，单片机技术无疑是 21 世纪最为活跃的电子应用技术之一。随着微控制技术（以软件代替硬件的高性能控制技术）的发展，单片机的应用必将导致传统控制技术发生巨大变革。

1.3.2 单片机应用举例

单片机应用系统是以单片机为核心构成的智能化产品。其智能化体现在，以单片机为核心构成的微型计算机系统保证了产品的智能化处理与智能化控制能力。

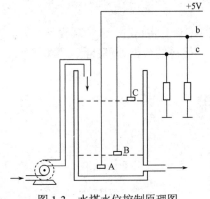

图 1-3 水塔水位控制原理图

下面通过一个利用单片机技术实现水塔水位自动控制的简单应用实例，说明单片机的实际应用，以增强读者学习单片机技术的兴趣。

1. 水塔水位的控制原理

图 1-3 是一个水塔水位控制原理图。图中虚线表示允许水位变化的上、下限。在正常情况下，应保持水位在虚线范围之内。为此，在水塔内的不同高度安装 3 根金属棒，以感知水位的变化情况。其中，A 棒处于水位下限以下，B 棒处于下限水位，C 棒处于上限水位。A棒接+5V 电源，B、C 棒各通过一个电阻与+5V 电源的地相连。水塔由电机带动水泵供水，单片机控制电机转动，以达到对水位控制的目的。

供水时，水位上升，当达到上限时，由于水的导电作用，B、C 棒与 A 棒导通，从而与+5V 电源连通。因此，b、c 两端均呈高电平状态，这时应使电机和水泵停止工作，不再给水塔供水。

当水位降到下限以下时，B、C 棒不能与 A 棒导通，从而断开与+5V 电源的连通。因此，b、c 两端均呈低电平状态。这时，应启动电机，带动水泵工作，给水塔供水。

当水位处于上、下限之间时，B 棒与 A 棒导通，而 C 棒不能与 A 棒导通。因此，b 端呈高电平状态，c 端呈低电平状态。这时，无论是电机已在运转状态，带动水泵给水塔供水，使水位不断上升；还是电机在停止状态，水泵停止给水塔供水，用户用水使水位不断下降，都应维持电机和水泵的现有工作状态，直到水位上升到水位上限或下降到水位下限。

2. 单片机控制器

应用 8031 单片机实现的水塔水位控制器如图 1-4 所示。

该控制器的作用说明如下：

（1）由于 8031 单片机没有内部 ROM，因此，需扩展外部 ROM 作为程序存储器。本系统使用 2732 EPROM 构成 4KB 的外部扩展程序存储器，74LS373 作为地址锁存器。

（2）两个高、低水位信号分别由 8031 单片机的 P1.1 口和 P1.0 口输入，这两个信号共有 4 种组合状态，见表1-6。其中，第三种组合（c=1、b=0）在正常情况下是不可能发生的，但在设计中还是应该考虑到，并作为一种故障状态处理。

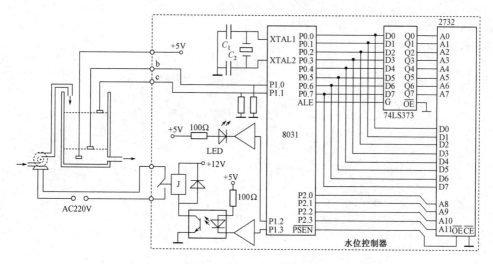

图 1-4 应用 8031 单片机实现的水塔水位控制器

（3）水泵电机的运转控制信号由 8031 单片机的 P1.3 口输出。为了提高控制的可靠性，使用了光电耦合器件。

（4）由 8031 单片机的 P1.2 口输出报警信号，驱动一只发光二极管实现光报警。

表 1-6 水位信号及操作状态表

状 态	c（P1.1）	b（P1.0）	操作（P1.2, P1.3）
1	0	0	清除报警（P1.2 = 1），电机运转（P1.3 = 0）
2	0	1	维持原状（P1.2 和 P1.3 的状态不变）
3	1	0	故障报警（P1.2 = 0），电机停转（P1.3 = 1）
4	1	1	清除报警（P1.2 = 1），电机停转（P1.3 = 1）

3. 控制程序设计

硬件设计完成后，就该进行软件程序设计了。根据上述水位控制的要求和水位控制器的硬件设计，设计控制程序流程图并编写控制程序。程序设计可以用汇编语言编程，也可用 C51 语言编程。下面分别给出用这两种语言的编程结果。

1）程序流程图

根据题意，设计水塔水位控制程序流程图如图 1-5 所示。

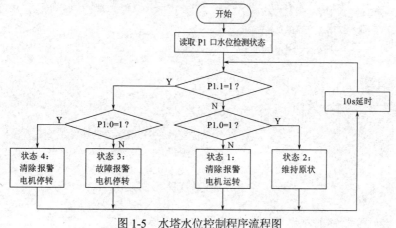

图 1-5 水塔水位控制程序流程图

2）汇编语言程序

```
;****主程序****
                ORG     0100H
                ORL     P1, #03H        ;对 P1 口输入位初始化
                AJMP    Star
        Loop:   ACALL   D10S            ;调用 10s 延时程序
        Star:   MOV     A, P1           ;读水位检测口的状态
                JB      ACC.1, St3_4    ;P1.1=1,则转
                JB      ACC.0, State2   ;P1.1=0,P1.0=1,则转 State2

                ;****P1.1=0,P1.0=0,状态 1****
        State1: SETB    92H             ;P1.2←1,清除报警
                CLR     93H             ;P1.3←0,电机运转
                AJMP    Loop

                ;****P1.1=0, P1.0=1, 状态 2****
        State2: AJMP    Loop            ;维持原状不变

        St3_4:  JB      ACC.0, State4   ;P1.1=1,P1.0=1,则转 State4

                ;****P1.1=1, P1.0=0, 状态 3****
        State3: CLR     92H             ;P1.2←0,故障报警
                SETB    93H             ;P1.3←1,电机停转
                AJMP    Loop

                ;****P1.1=1, P1.0=1, 状态 4****
        State4: SETB    92H             ;P1.2←1,清除报警
                SETB    93H             ;P1.3←1,电机停转
                AJMP    Loop

;****延时子程序 D10S（延时 10s）****
                ORG     0150H
        D10S:   MOV     R3, #19H
        Loop1:  MOV     R1, #85H
        Loop2:  MOV     R2, #FAH
        Loop3:  DJNZ    R2, Loop3
                DJNZ    R1, Loop2
                DJNZ    R3, Loop1
                RET
```

3）C51 语言程序

```c
#include <reg52.h>
#define uint unsigned int
sbit P10=P1^0;              //定义位变量 P10,表示 P1.0
sbit P11=P1^1;              //定义位变量 P11,表示 P1.1
sbit P12=P1^2;              //定义位变量 P12,表示 P1.2
sbit P13=P1^3;              //定义位变量 P13,表示 P1.3


/*10s 延时函数（按照单片机的晶振频率为 12MHz 计算）*/
```

```
void delay10s()
{
  uint x, y, z;
  for (z=10;z>0;z--)
    {for(x=1000;x>0;x--)
      for(y=120;y>0;y--)
        {;}
    }
}


/*初始化函数*/
void init()
{
  P10=0x01;                     //将 P1.0 初始化为输入位
  P11=0x01;                     //将 P1.1 初始化为输入位
}


/*输入扫描和输出控制函数
   扫描 P1.0 和 P1.1 的状态,进而进行相应的输出控制操作*/
void scan_control ()
{
  if(P11==1)
  {
    if(P10==1)
      {P12=1; P13=1;}           //若 P1.1 为 1 且 P1.0 为 1,则清除报警,电机停转
    else
      {P12=0; P13=1;}           //若 P1.1 为 1 且 P1.0 为 0,则故障报警,电机停转
  }
  else
  {
    if (P10==1)
      {;}                       //若 P1.1 为 0 且 P1.0 为 1,则维持原状不变
    else
      {P12=1; P13=0;}           //若 P1.1 为 0 且 P1.0 为 0,则清除报警,电机运转
  }
}


/*主函数*/
void main()
{
  init();                       //调用初始化函数
  while(1)                      //进入不断循环
  {
    scan_control();             //调用输入扫描和输出控制函数
    delay10s();                 //调用 10s 延时函数
  }
}
```

1.4 单片机技术相关网站

在 Internet 上很多有关单片机技术的网站，其中有大量的关于各种单片机的技术和应用信息，下面列出一些常见的网址供读者参考。

- 单片机教程网
- 嵌入开发网
- 中国电子网
- 阿莫电子论坛

- 周立功单片机
- 老古开发网
- 电子工程网
- 单片机之家

- 中源单片机
- 中国单片机公共实验室
- Proteus 仿真论坛
- 中国单片机网

有关单片机技术的网站有很多，读者可以通过各种搜索引擎搜索相关网站。

思考题与习题 1

1-1 微型计算机通常由哪些部分组成？各有哪些功能？

1-2 单片微型计算机与一般微型计算机相比较有哪些区别？有哪些特点？

1-3 简述微型计算机的工作过程。

1-4 简述单片机的几个重要指标的定义。

1-5 单片微型计算机主要应用在哪些方面？

1-6 为什么说单片微型计算机有较高的性能价格比和较强的抗干扰能力？

1-7 简述单片机应用系统的基本组成。

第2章 MCS-51 单片机硬件结构和工作原理

本章教学要求：

（1）熟悉 MCS-51 单片机 CPU 内部组成结构和各功能部件的作用。

（2）掌握 MCS-51 单片机引脚功能，包括：P0～P3 并行 I/O 接口的定义、控制信号、三总线组成。

（3）掌握存储器的组织结构和程序存储器、数据存储器、内部特殊功能寄存器（SFR）的配置情况，熟悉程序状态字寄存器（PSW）各位的含义及变化规律。

（4）掌握 P0～P3 并行 I/O 接口结构及其特点，掌握时钟电路、CPU 时序和复位电路。

2.1 MCS-51 单片机的分类

自从 Intel 公司推出 MCS-51 单片机以来，所有的 51 系列单片机都是以 Intel 公司早期的典型产品 80C51 为基核，增加了一定的功能部件后构成的。本章主要阐述 MCS-51 单片机的系统结构、工作原理和应用中的一些技术问题，这些是学习后续章节的基础。表 2-1 所示为 MCS-51 部分单片机的性能一览表。

表 2-1 MCS-51 部分单片机的性能一览表

系 列	内部存储器			定时/计数器	并行 I/O 接口	串行 I/O 接口	中断源	制造工艺
	内部 ROM	内部 EPROM	内部 RAM					
MCS-51 子系列	8031 无	8051 4KB	8751 4KB	128B	2×16 位	4×8 位	1	5	HMOS
	80C31 无	80C51 4KB	87C51 4KB	128B	2×16 位	4×8 位	1	5	CHMOS
MCS-52 子系列	8032 无	8052 8KB	8752 8KB	256B	3×16 位	4×8 位	1	6	HMOS
	80C32 无	80C52 8KB	87C52 8KB	256B	3×16 位	4×8 位	1	7	CHMOS

2.2 单片机硬件结构

2.2.1 单片机的引脚功能

MCS-51 单片机在一块芯片上集成了 CPU、RAM、ROM、定时/计数器和多功能 I/O 接口等基本功能部件，必须配备部分外围元件才能使用，其系统核心是单片机芯片。芯片引脚按功能分为 3 类，即数据总线、地址总线和控制总线。

MCS-51 单片机的外形采用 40 引脚双列直插封装（DIP）或 LCC/QFP 封装，每个引脚有规定的序号和名称。DIP 封装的引脚排列和逻辑符号如图 2-1 所示。

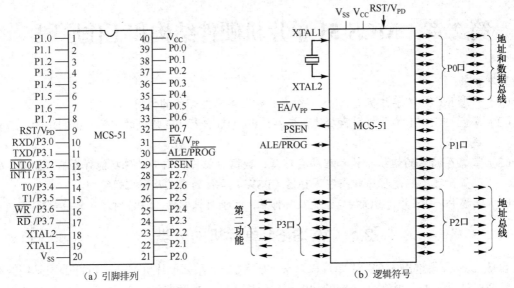

（a）引脚排列　　　　　　　　　　　　　（b）逻辑符号

图 2-1　DIP 封装的引脚排列和逻辑符号

由于受到集成电路芯片引脚数目的限制，因此有许多引脚配置双功能。各引脚功能简要说明如下。

1）主电源引脚 V_{CC} 和 V_{SS}

V_{CC} 电源输入端。工作电源和编程校验（8051/8751）为+5V。

V_{SS}（GND）公用接地端。

2）时钟振荡电路引脚 XTAL1 和 XTAL2

XTAL1 和 XTAL2 分别用作晶体振荡电路的反相器输入端和输出端。在使用外部振荡电路时，这两个引脚用来外接石英晶体，振荡频率为晶体振荡频率，振荡信号送至内部时钟电路产生时钟脉冲信号。

3）控制信号引脚 RST/V_{PD}，ALE/$\overline{PROG}$，$\overline{PSEN}$ 和 $\overline{EA}$/V_{PP}

由于单片机很多引脚的使用方法相同，因此常把引脚分为控制总线、地址总线和数据总线。总线是指一类在使用方法上功能相同的引脚，这里讲到的 4 个引脚可看成是单片机的控制总线。

RST/V_{PD}——RST 为复位信号输入端。当 RST（RESET）端保持两个机器周期（24 个时钟周期）以上的高电平时，单片机完成复位操作。V_{PD} 为内部 RAM 的备用电源输入端。当主电源 V_{CC} 发生断电或电压降到一定值时，可通过 V_{PD} 为单片机内部 RAM 提供电源，以保护内部 RAM 中的信息不丢失，使 V_{CC} 上电后能继续正常运行。

ALE/$\overline{PROG}$——ALE 为地址锁存允许信号。在访问外部存储器时，ALE 用来锁存 P0 口送出的低 8 位地址信号。$\overline{PROG}$ 是对 8751 内部 EPROM 编程时的编程脉冲输入端。

$\overline{PSEN}$——外部 ROM 的读选通信号。当访问外部 ROM 时，$\overline{PSEN}$ 产生负脉冲，作为外部 ROM 的选通信号；在访问外部 RAM 或内部 ROM 时，不会产生有效的 $\overline{PSEN}$ 信号。$\overline{PSEN}$ 可驱动 8 个 LS TTL 门。

$\overline{EA}$/V_{PP}——访问外部 ROM 控制信号。对 8051 和 8751，它们有 4KB 内部 ROM。当 $\overline{EA}$ 为高电平时，CPU 访问 ROM 有两种情况：一是访问的地址空间在 0~4KB 范围内，CPU 访问内部 ROM；二是访问的地址超出 4KB 时，CPU 将自动执行外部 ROM 的程序。对于 8031，$\overline{EA}$ 必须接地，只能访问外部 ROM。V_{PP} 为 8751 EPROM 的 21V 编程电源输入端。

4）4 个 8 位 I/O 接口——P0，P1，P2 和 P3

P0 口（P0.0～P0.7）——第一功能是一个 8 位漏极开路型的双向 I/O 接口，这时 P0 口可看成用户数据总线；第二功能是在访问外部存储器时，分时提供低 8 位地址和 8 位双向数据总线，这时先用作地址总线再用作数据总线。引脚的分时复用是芯片节省引脚的基本方法，这样的情况在后面还有很多。同样的引脚在不同的时间或不同的地方有不同的用途，初学者应注意这个用法。

P1 口（P1.0～P1.7）——是一个内部带上拉电阻的 8 位准双向 I/O 接口。

P2 口（P2.0～P2.7）——第一功能是一个内部带上拉电阻的 8 位准双向 I/O 接口（使用前有一个准备动作）；第二功能是在访问外部存储器时，输出高 8 位地址。

P3 口（P3.0～P3.7）——第一功能是一个内部带上拉电阻的 8 位准双向 I/O 接口。在系统中，这 8 个引脚都有各自的第二功能，详见表 2-8。

2.2.2 单片机的内部结构

MCS-51 单片机在一块芯片上集成了 CPU、RAM、ROM、定时/计数器、多功能 I/O 接口和中断控制等基本功能部件，其内部结构框图如图 2-2 所示，主要部件有：

● 一个 8 位 CPU；
● 4KB ROM 或 EPROM（8031 无 ROM）；
● 128B 通用 RAM；
● 21 个特殊功能寄存器（SFR）；
● 4 个 8 位并行口，其中 P0、P2、P3 是复用口（P0 和 P2 为地址/数据总线，可寻址 64KB ROM 和 64KB RAM）；
● 一个可编程全双工串行口；

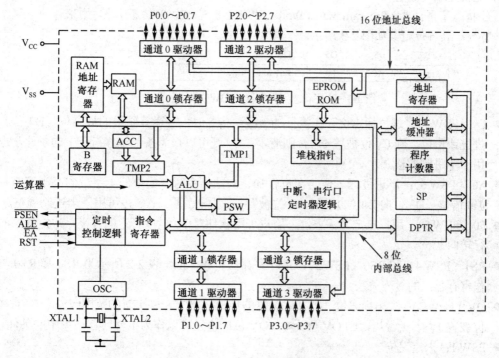

图 2-2 MCS-51 单片机内部结构框图

- 具有 5 个中断源，两个优先级嵌套结构；
- 两个 16 位定时/计数器；
- 一个内部振荡器与时钟电路。

2.3　中央处理器（CPU）

单片机的核心部分是 CPU，可以说 CPU 是单片机的大脑和心脏。它由运算器、控制器和布尔(位)处理器组成。

2.3.1　运算器

运算器是用于对数据进行算术运算和逻辑操作的执行部件，包括算术/逻辑单元（ALU）、累加器（ACC）、程序状态字寄存器（PSW）、暂存器、B 寄存器等。为了提高数据处理和位操作功能，内部增加了一个通用寄存器口和一些特殊功能寄存器，而且还增加了位处理逻辑电路。在进行位操作时，进位位 Cy 作为位操作累加器，整个位操作系统构成一台布尔处理器。

1．算术/逻辑单元

算术/逻辑单元（Arithmetic Logic Unit，ALU）是运算器的核心部件，实现对数据的算术运算和逻辑运算，由加法器和其他逻辑电路（移位电路和判断电路等）组成。在控制信号的作用下，它能完成算术加、减、乘、除和逻辑与、或、异或等运算，以及循环移位操作、位操作等功能。

2．累加器

累加器（ACCumulator，ACC）是一个 8 位寄存器。它是 CPU 中工作最繁忙的寄存器，因为在进行算术、逻辑运算时，运算器的输入多为 ACC 的输入，而运算结果大多数也要送到 ACC 中。在指令系统中，对累加器直接寻址时的助记符为 ACC，除此之外全部用助记符 A 表示。

3．程序状态字寄存器

程序状态字寄存器（Program Status Word，PSW）也是一个 8 位寄存器，用来存放运算结果的一些特征。其各位定义如图 2-3 所示。

D7	D6	D5	D4	D3	D2	D1	D0
Cy	AC	F0	RS1	RS0	OV		P

图 2-3　程序状态字寄存器（PSW）的各位定义

- Cy（PSW.7）：进位标志位。在执行加、减法指令时，若运算结果的最高位（D7 位）有进位或借位，则 Cy 位被置 1，否则清零。Cy 既可以作为条件转移指令中的条件，也可用于十进制调整。
- AC（PSW.6）：半进位标志位。在执行加、减法指令时，如果低半字节向高半字节有进位或借位（D3 位向 D4 位），则 AC 位被置 1，否则清零。AC 也可用于十进制调整。
- F0（PSW.5）：用户自定义标志位。用户可用软件对 F0 赋以一定的含义，决定程序的执行转向。
- RS1（PSW.4）和 RS0（PSW.3）：工作寄存器组选择位。表 2-2 所示为 RS1 和 RS0 与工作寄存器组的对应关系。
- OV（PSW.2）：溢出标志位。当补码运算的结果超出 128～+127 的范围（溢出）时，OV 位被置 1，若无溢出，则 OV 位为 0。OV 位的值也可以作为条件转移指令中的条件。
- PSW.1：未定义位。
- P（PSW.0）：奇偶校验标志位。单片机在指令执行后，根据 ACC 中 1 的个数的奇偶性，自动将该标志位置 1 或清零。若 1 的个数为奇数，则 P=1，否则 P=0。P 也可以作为条件转移指令中的条件。

表 2-2　RS1 和 RS0 与工作寄存器组的对应关系

RS1	RS0	寄 存 器 组	内部 RAM 地址	通用寄存器名称
0	0	0 组	00H～07H	R0～R7
0	1	1 组	08H～0FH	R0～R7
1	0	2 组	10H～17H	R0～R7
1	1	3 组	18H～1FH	R0～R7

4．B 寄存器

在进行乘法和除法运算时，B 寄存器作为 ALU 的输入之一，与 ACC 配合完成运算，并存放运算结果。在无乘、除运算时，它可作为内部 RAM 的一个单元。

5．暂存器

用以暂存进入运算器之前的数据。

2.3.2　控制器

控制器是 CPU 的大脑中枢，包括定时控制逻辑、指令寄存器、数据指针寄存器、程序计数器、堆栈指针、地址寄存器和地址缓冲器等。它的功能是逐条对指令进行译码，并通过定时控制逻辑在规定的时刻发出各种操作所需的内部和外部控制信号，协调各部分的工作，完成指令规定的操作。

1．程序计数器

程序计数器（Program Counter，PC）的功能和一般微型计算机的相同，用来存放下一条要执行的指令的地址。当按照 PC 所指的地址从存储器中取出一条指令后，PC 自动加 1，即指向下一条指令。

2．堆栈指针

堆栈指针（Stack Pointer，SP）是指在内部 RAM 的 128B（MCS-52 子系列为 256B）空间中开辟的堆栈区的栈顶地址，并随时跟踪栈顶地址变化。堆栈是按先进后出的原则存取数据的。开机复位后，SP 默认为 07H。

3．指令寄存器和指令译码器

指令寄存器（Instruction Register，IR）和指令译码器的功能是对将要执行的指令进行存储和译码。当指令送入指令寄存器后，对该指令进行译码，即把指令转变成所需的电平信号，CPU 根据译码输出的电平信号，使定时控制逻辑产生执行该指令所需的各种控制信号，以便单片机能正确地执行指令所要求的操作。

4．数据指针寄存器

由于 MCS-51 单片机可以外接 64KB 的 RAM 和 I/O 接口电路，因此在单片机内设置了 16 位的数据指针寄存器（Data Pointer，DPTR）。它可以对 64KB 的外部 RAM 和 I/O 进行寻址。DPTR 分为高 8 位数据指针寄存器（DPH）和低 8 位数据指针寄存器（DPL），地址分别为 83H 和 82H。

2.3.3　布尔（位）处理器

在 MCS-51 单片机中，与字节处理器相对应，还特别设置了一个结构完整、功能极强的布尔（位）处理器。这是 MCS-51 单片机的突出优点之一，给面向控制的实际应用带来了极大的方便。在布尔（位）处理器中，除程序状态字寄存器和 ALU 字节处理器合用外，还有自己如下的设置。

- 累加器 Cy：进位标志位。在布尔运算中，Cy 是数据源之一，又是运算结果的存放处，是位数据传送的中心。根据 Cy 的状态实现程序转移的指令有：JC　rel，JNC　rel 和 JBC rel。
- 位寻址的 RAM：RAM 区 20H～2FH 范围中的 0～128 位。
- 位寻址的寄存器：特殊功能寄存器（SFR）中的可以位寻址的位。
- 位寻址的并行 I/O 接口：并行 I/O 接口中的可以位寻址的位。
- 位操作指令：位操作指令可实现对位的置位、清零、取反、位状态判跳、传送、位逻辑运算和位输入/输出等操作。

2.4 存 储 器

MCS-51 单片机的存储器配置方式与一般微型计算机不同。一般微型计算机通常只有一个逻辑空间，可以随意安排 ROM 或 RAM。访问存储器时，同一地址对应唯一存储空间，可以是 ROM 也可以是 RAM，并用同类访问指令。而 MCS-51 单片机在物理结构上有 4 个存储空间：内部 ROM、外部 ROM、内部 RAM 和外部 RAM。但在逻辑上，即从用户使用的角度，MCS-51 单片机有 3 个存储空间：内、外部统一编址的 64KB ROM 地址空间（用 16 位地址）、256B 内部 RAM 地址空间（用 8 位地址）和 64KB 外部 RAM 地址空间。在访问这 3 个不同的逻辑空间时，应采用不同形式的指令以产生不同的存储空间选通信号。MCS-51 单片机存储器的结构如图 2-4 所示。

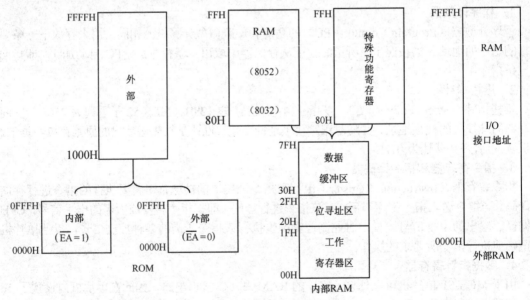

图 2-4　MCS-51 单片机存储器的结构

2.4.1　程序存储器（ROM）

ROM 用于存放编好的程序、常数和数据表格。80C51 有 4KB 内部 ROM，80C52 有 8KB 内部 ROM，二者外部地址线均为 16 位，最多可扩展 64KB ROM，内、外部统一编址。若 $\overline{\text{EA}}$ 端保持低电平，则所有取指令操作均在外部 ROM 中进行，0000H 地址在外部。若 $\overline{\text{EA}}$ 端保持高电平，0000H 地址在内部，则所有取指令操作均在内部 ROM 中进行。

在 ROM 的开始部分，定义了一段具有特殊功能的地址段，用作程序起始和各种中断的入口，见表 2-3。

表 2-3　ROM 中特殊地址的功能

特 殊 地 址	功 能 说 明
0000H	单片机复位后，PC = 0000H，即程序从 0000H 开始执行指令
0003H	外部中断 0（$\overline{\text{INT0}}$）入口地址
000BH	定时/计数器 0（T0）中断入口地址
0013H	外部中断 1（$\overline{\text{INT1}}$）入口地址
001BH	定时/计数器 1（T1）中断入口地址
0023H	串行口中断入口地址
002BH	定时/计数器 2（T2）中断入口地址（仅 MCS-52 子系列单片机有）

ROM 的 0000H 地址是单片机系统复位后的程序起始入口地址，使用时应在该地址中放置一条跳转指令，使程序无条件跳转到用户设计的主程序入口地址处。另外，通常在相应中断入口地址处放置一条跳转指令，使程序跳转到用户安排的中断程序的起始地址处。其他程序要避开上述特殊地址。

2.4.2　数据存储器（RAM）

RAM 用于存放中间运算结果、临时数据、标志位等。MCS-51 单片机的内部 RAM 包括通用 RAM 块和特殊功能寄存器（SFR）块。对于 80C51，前者占 128B，其编址为 00H～7FH，后者也占 128B，其编址为 80H～FFH，二者连续而不重叠。对于 80C52，前者有 256B，其编址为 00H～FFH，后者占 128B，其编址为 80H～FFH。后者与前者高 128B 的编址是重叠的，由于访问所用的指令不同，因此不会引起混乱。内部 RAM 的容量很小，常需要扩展外部 RAM。MCS-51 单片机有一个 16 位数据指针寄存器，可用于寻址 ROM 或 RAM 单元，寻址范围可达 64KB。故外部 RAM 的容量可达到与 ROM 一样，其编址自 0000H 开始，最大可至 FFFFH。下面分别介绍内部通用 RAM 和特殊功能寄存器。

1. 内部通用 RAM

内部通用 RAM 有工作寄存器区、位寻址区和数据缓冲区 3 个区域，见表 2-4。

表 2-4　内部通用 RAM 的结构

RAM 地址	D7	D6	D5	D4	D3	D2	D1	D0	区　　域	
7FH～30H									数据缓冲区	
2FH	7F	7E	7D	7C	7B	7A	79	78		内
2EH	77	76	75	74	73	72	71	70		部
2DH	6F	6E	6D	6C	6B	6A	69	68		通
2CH	67	66	65	64	63	62	61	60	位	用
2BH	5F	5E	5D	5C	5B	5A	59	58	寻	R
2AH	57	56	55	54	53	52	51	50	址	A
29H	4F	4E	4D	4C	4B	4A	49	48	区	M
28H	47	46	45	44	43	42	41	40		
27H	3F	3E	3D	3C	3B	3A	39	38		

RAM 地址	D7	D6	D5	D4	D3	D2	D1	D0	区 域
26H	37	36	35	34	33	32	31	30	
25H	2F	2E	2D	2C	2B	2A	29	28	
24H	27	26	25	24	23	22	21	20	
23H	1F	1E	1D	1C	1B	1A	19	18	
22H	17	16	15	14	13	12	11	10	
21H	0F	0E	0D	0C	0B	0A	09	08	
20H	07	06	05	04	03	02	01	00	
1FH～18H	寄存器3组								
17H～10H	寄存器2组								工作寄存器区
0FH～08H	寄存器1组								
07H～00H	寄存器0组								

1）工作寄存器区

单片机的内部工作寄存器包含在内部 RAM 中。工作寄存器也称为通用寄存器，供用户编程时使用，用于临时存储 8 位数据信息。

工作寄存器使用内部 RAM 中地址为 00H～1FH 的 32 个单元，并分成 4 个工作寄存器组，每个组有 8 个工作寄存器，名称为 R0～R7。工作寄存器和 RAM 地址的对应关系见表 2-5。

表 2-5 工作寄存器和 RAM 地址的对应关系

RS1	RS0	寄 存 器 组	R0	R1	R2	R3	R4	R5	R6	R7
0	0	0 组	00H	01H	02H	03H	04H	05H	06H	07H
0	1	1 组	08H	09H	0AH	0BH	0CH	0DH	0EH	0FH
1	0	2 组	10H	11H	12H	13H	14H	15H	16H	17H
1	1	3 组	18H	19H	1AH	1BH	1CH	1DH	1EH	1FH

每个工作寄存器组都可被选为 CPU 的当前工作寄存器，用户可以通过改变程序状态字寄存器（PSW）中的 RS1 和 RS0 两位来任选一个寄存器组为当前工作寄存器。利用这一特点，可使 MCS-51 单片机实现快速保护现场功能，这有利于提高程序的效率和响应中断的速度。

2）位寻址区

对于内部 RAM 中地址为 20H～2FH 的 16 个单元，CPU 不仅具有字节寻址功能，而且还具有位寻址功能。这 16 个单元共 128 位，每位都赋予一个位地址，位地址范围是 00H～7FH，见表 2-4。有了位地址，CPU 就可对其进行位寻址，对特定位进行处理、内容传送或位条件转移，给编程带来很大方便。

3）数据缓冲区

30H～7FH 是数据缓冲区，即用户 RAM 区，共 80 个单元。由于工作寄存器区、位寻址区、数据缓冲区统一编址，使用同样的指令访问，这 3 个区的单元既有自己独特的功能，又可统一调度使用。因此，前两区未用的单元也可以用作一般的用户 RAM 单元，使容量较小的内部 RAM 得以充分利用。80C52 内部 RAM 有 256 个单元，前两个区的单元数和地址都与 MCS-51 子系列一致，而数据缓冲区有 208 个单元，地址范围是 30H～FFH。

4）堆栈与堆栈指针

内部 RAM 的部分单元还可以用作堆栈。有一个 8 位的堆栈指针寄存器（SP），专用于指出当前堆栈顶部是内部 RAM 的哪一个单元。当 MCS-51 单片机复位后，SP 的初值为 07H，也就是说，将从 08H 单元开始堆放信息。但 MCS-51 单片机的栈区不是固定的，只要通过软件改变 SP 的值便可更改栈区。为了避开工作寄存器区和位寻址区，SP 的初值可置为 2FH 或更大的地址值。

2. 特殊功能寄存器

特殊功能寄存器（Special Function Register，SFR）也称为专用功能寄存器，用于控制、管理单片机内部算术/逻辑单元、并行 I/O 接口、串行 I/O 接口、定时/计数器、中断系统等的工作，用户在编程时可以置数设定，但不能移作他用。特殊功能寄存器地址对照表见表 2-6。

表 2-6　特殊功能寄存器地址对照表

寄存器符号	寄存器名称	地　址	寄存器符号	寄存器名称	地　址
* B	B 寄存器	F0H	TH1	定时/计数器 1（高字节）	8DH
* ACC	累加器	E0H	TH0	定时/计数器 0（高字节）	8CH
* PSW	程序状态字寄存器	D0H	TL1	定时/计数器 1（低字节）	8BH
* IP	中断优先级控制寄存器	B8H	TL0	定时/计数器 0（低字节）	8AH
* P3	P3 口	B0H	TMOD	定时/计数器工作方式寄存器	89H
* IE	中断允许控制寄存器	A8H	* TCON	定时/计数器控制寄存器	88H
* P2	P2 口	A0H	PCON	电源控制寄存器	87H
SBUF	串行口数据缓冲寄存器	99H	DPH	数据指针寄存器（高字节）	83H
* SCON	串行口控制寄存器	98H	DPL	数据指针寄存器（低字节）	82H
* P1	P1 口	90H	SP	堆栈指针	81H
			* P0	P0 口	80H

注：标有*的既可以进行字节寻址，也可以进行位寻址。

1）程序状态字寄存器（PSW）

PSW 是 8 位寄存器，用作程序运行状态的标志，字节地址为 D0H。可以进行位寻址。

2）累加器（ACC）

ACC 是 8 位寄存器，常用于进行算术或逻辑操作的输入和运算结果的输出。在指令系统中累加器的助记符为 A，作为直接地址时助记符为 ACC。

3）数据指针寄存器（DPTR）

由于 MCS-51 单片机可以外接 64KB RAM 和 I/O 接口电路，因此在控制器中设置了一个 16 位的专用地址指针寄存器。它主要用以存放 16 位地址，作为间接寻址寄存器使用。它可对外部存储器和 I/O 接口进行寻址，也可拆成高字节 DPH 和低字节 DPL 两个独立的 8 位寄存器，在 CPU 内分别占据 83H 和 82H 两个地址。

当对 64KB 外部 RAM 寻址时，DPTR 可作为间接寻址寄存器使用，可以使用以下两条指令：

● 从外部 RAM 取数　　MOVX　A, @DPTR
● 送数到外部 RAM　　MOVX　@DPTR, A

4）B 寄存器

在乘法和除法运算中，用 B 寄存器暂存数据。乘法指令的两个操作数分别取自 A 和 B，结果存于 B 和 A 中，即 A 存低字节、B 存高字节。除法指令的被除数取自 A，除数取自 B，结果商存于 A 中，余数存于 B 中。在其他指令中，B 寄存器可作为 RAM 中的一个单元使用。B 寄存器的地址为 F0H。

5）堆栈指针（SP）

堆栈是一个特殊的存储区，主要功能是暂时存放数据和地址，通常用来保护断点和现场。它的特点是按照先进后出的原则存取数据，这里的进与出是指进栈与出栈操作。

6）P0~P3口

特殊功能寄存器 P0~P3 分别是 I/O 接口 P0~P3 的锁存器。

7）定时/计数器 TL0，TH0，TL1，TH1

MCS-51 单片机中有两个 16 位的定时/计数器 T0 和 T1，它们由 4 个 8 位寄存器（TL0，TH0，TL1 和 TH1）组成。两个 16 位定时/计数器是完全独立的，可以单独对这 4 个寄存器寻址，但不能把 T0 和 T1 当作 16 位寄存器使用。

8）串行口数据缓冲寄存器（SBUF）

SBUF 用来存放需要发送和接收的数据。它由两个独立的寄存器构成，一个是发送缓冲寄存器，一个是接收缓冲寄存器，但寄存器名称统一为 SBUF。发送指令为 MOV SBUF, A，使用发送缓冲寄存器。接收指令为 MOV A, SBUF，使用接收缓冲寄存器。

9）控制寄存器

控制寄存器有 5 种，分别是用于中断控制的中断优先级控制寄存器（IP）和中断允许控制寄存器（IE），用于设置定时/计数器和串行口工作方式的定时/计数器控制寄存器（TCON）、串行口控制寄存器（SCON）和电源控制寄存器（PCON）。它们将在后续章节中详细介绍。

MCS-51 单片机中可直接位寻址的空间有 216 位。其中，内部 RAM 的 20H~2FH 这 16 个单元具有 128 个位地址空间，位地址为 00H~7FH；另一部分位地址在特殊功能寄存器中，这些特殊功能寄存器是一些能被 8 整除的字节单元，地址为 80H~FFH 区间，只用了 11 字节，它们都可进行位寻址，共计 88 位，见表 2-7。

表 2-7　位地址空间

字节地址	特殊功能寄存器	位　地　址							
F0H	B	F7H	F6H	F5H	F4H	F3H	F2H	F1H	F0H
E0H	ACC	E7H	E6H	E5H	E4H	E3H	E2H	E1H	E0H
D0H	PSW	D7H	D6H	D5H	D4H	D3H	D2H	D1H	D0H
B8H	IP	BFH	BEH	BDH	BCH	BBH	BAH	B9H	B8H
B0H	P3	B7H	B6H	B5H	B4H	B3H	B2H	B1H	B0H
A8H	IE	AFH	AEH	ADH	ACH	ABH	AAH	A9H	A8H
A0H	P2	A7H	A6H	A5H	A4H	A3H	A2H	A1H	A0H
98H	SCON	9FH	9EH	9DH	9CH	9BH	9AH	99H	98H
90H	P1	97H	96H	95H	94H	93H	92H	91H	90H
88H	TCON	8FH	8EH	8DH	8CH	8BH	8AH	89H	88H
80H	P0	87H	86H	85H	84H	83H	82H	81H	80H
2FH		7FH	7EH	7DH	7CH	7BH	7AH	79H	78H
2EH		77H	76H	75H	74H	73H	72H	71H	70H
2DH		6FH	6EH	6DH	6CH	6BH	6AH	69H	68H
2CH		67H	66H	65H	64H	63H	62H	61H	60H
2BH		5FH	5EH	5DH	5CH	5BH	5AH	59H	58H
2AH		57H	56H	55H	54H	53H	52H	51H	50H
29H		4FH	4EH	4DH	4CH	4BH	4AH	49H	48H
28H		47H	46H	45H	44H	43H	42H	41H	40H

字节地址	特殊功能寄存器	位 地 址							
27H		3FH	3EH	3DH	3CH	3BH	3AH	39H	38H
26H		37H	36H	35H	34H	33H	32H	31H	30H
25H		2FH	2EH	2DH	2CH	2BH	2AH	29H	28H
24H		27H	26H	25H	24H	23H	22H	21H	20H
23H		1FH	1EH	1DH	1CH	1BH	1AH	19H	18H
22H		17H	16H	15H	14H	13H	12H	11H	10H
21H		0FH	0EH	0DH	0CH	0BH	0AH	09H	08H
20H		07H	06H	05H	04H	03H	02H	01H	00H

尽管位地址和字节地址有重叠，读写位寻址空间时也采用 MOV 指令形式，但所有的位操作指令都以位地址为一个操作数，以进位位（Cy）为另一个操作数。

例如，读位地址 90H 的指令为：MOV C, 90H 或 MOV C, P1.0。

写位地址 90H 的指令为：MOV 90H, C 或 MOV P1.0, C。

2.5 并行 I/O 接口

单片机对外设进行数据操作时，外设的数据不能直接接到 CPU 的数据总线上，必须经过 I/O 接口。这是由于 CPU 的数据总线是 CPU 与存储器或外设进行数据传输的唯一公共通道。为了使数据总线的使用对象不产生使用总线的冲突，以及快速的 CPU 与慢速的外设在时间上协调，CPU 与外设之间必须有接口电路（简称接口或 I/O 接口）。接口的主要功能包括：缓冲与锁存数据、地址译码、信息格式转换、传递状态（外设状态）和发布命令等。

I/O 接口有并行 I/O 接口、串行 I/O 接口、定时/计数器接口、A/D 转换器接口、D/A 转换器接口等，根据外设的不同情况和要求选择不同的接口。本节介绍 MCS-51 单片机的内部并行 I/O 接口。

MCS-51 单片机内部有 P0，P1，P2，P3 共 4 个 8 位双向并行 I/O 接口，每个 I/O 接口可以按字节输入或输出，也可以按位进行输入或输出，4 个并行 I/O 接口共有 32 根口线，用作位控制十分方便。并行 I/O 接口具有如下特点。

（1）4 个并行 I/O 接口都是双向的。P0 口为漏极开路驱动；P1，P2，P3 口均具有内部上拉电阻驱动，它们有时称为准双向口。

（2）32 根口线都可用作输入或输出，还可进行位操作。

（3）当并行 I/O 接口作为输入时，该口的锁存器必须先写入 1，这是一个重要条件。否则，该口不能写入正确数据。

（4）P0 口为三态双向口，能带 8 个 LS TTL 电路；P1，P2，P3 口为准双向口，负载能力为 4 个 LS TTL 电路。

P0～P3 口的内部结构大同小异，基本上都由数据锁存器、输入缓冲器和输出驱动电路、输出控制电路等组成。

2.5.1 P1 口

MCS-51 单片机的 P1 口只有一种功能，即通用 I/O 接口。P1 口每位的内部结构如图 2-5 所示。

1. 输出方式

当 CPU 执行写 P1 口的指令（如 MOV P1, #data）时，P1 口工作于输出方式，此时数据

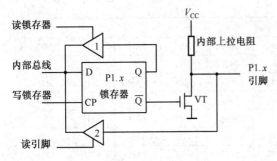

图 2-5　P1 口每位的内部结构

data 经内部总线送入锁存器锁存。如果某位的数据为 1，则该位锁存器输出端 Q=1，而 $\overline{Q}=0$ 使 VT 截止，从而在引脚 P1.x 上出现高电平，即输出数据 1。反之，如果数据为 0，则 Q=0，而 $\overline{Q}=1$ 使 VT 导通，P1.x 上出现低电平，即输出数据 0。

2. 输入方式

当 CPU 执行读 P1 口的指令（如 MOV　A，P1）时，P1 口工作于输入方式。控制器发出的读信号打开三态门 2，引脚 P1.x 上的数据经三态门 2 进入芯片的内部总线，并送到累加器（ACC）中，因此输入时无锁存功能。在执行输入操作时，如果锁存器原来寄存的数据 Q=0，那么由于 $\overline{Q}=1$ 将使 VT 导通，引脚被始终钳位在低电平上，不可能输入高电平。为此，在从接口读入数据前，必须用输出指令向接口写 1（如 MOV　P1，#0FFH），以使 Q=1，使 VT 截止。正因为如此，P1 口称为准双向口。单片机复位后，P1 各口线的状态均为高电平，可直接用作输入。

80C52 的 P1 口中的 P1.0 与 P1.1 具有第二功能，除作为通用 I/O 接口外，P1.0 还作为定时/计数器 2（T2）的外部计数脉冲输入端，P1.1 还作为定时/计数器 2 的外部控制输入端（T2EX）。P1 口输出时能驱动 4 个 LS TTL 负载。P1 口内部有上拉电阻，因此在输入时，即使由集电极开路电路或漏极开路电路驱动，也无须外接上拉电阻。

2.5.2　P2 口

MCS-51 单片机的 P2 口有两种用途：通用 I/O 接口和高 8 位地址总线。P2 口每位的内部结构如图 2-6 所示。

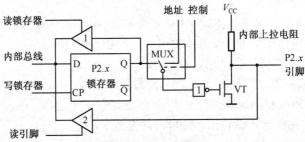

图 2-6　P2 口每位的内部结构

1. 地址总线状态

CPU 从外部 ROM 中取指令或者执行访问外部 RAM、外部 ROM 的指令时，模拟开关（MUX）切换至"地址"端，CPU 向 P2 口送出程序计数器（PC）的高 8 位地址或数据指针寄存器（DPTR）的高 8 位地址（A8～A15）。在上述情况下，锁存器内容不受影响。当取指令或访问外部存储器结束后，模拟开关（MUX）切换至锁存器 Q 端，使输出驱动器与锁存器 Q 端相连，引脚上将恢复原来的数据。一般来说，如果系统扩展了外部 ROM，取指令的操作将连续不断，P2 口不断送出高 8 位地址，这时 P2 口就不应再作为通用 I/O 接口使用。如果系统仅仅扩展外部 RAM，情况应具体分析，当外部 RAM 容量不超过 256B 时，可以使用寄存器间接寻址方式的指令：

```
MOVX A, @Ri  或  MOVX @Ri, A
```

此时，Ri 寄存器提供的是 8 位地址，由 P0 口送出，不需要 P2 口，P2 口引脚原有的数据在访问外部 RAM 期间不受影响，故 P2 口仍可用作通用 I/O 接口。

当外部 RAM 容量较大需要由 P2 口和 P0 口送出 16 位地址时，P2 口不再用作通用 I/O 接口。

2．通用 I/O 接口状态

当 P2 口作为准双向通用 I/O 接口使用时，其功能与 P1 口相同，工作方式、负载能力也相同。

2.5.3　P3 口

MCS-51 单片机的 P3 口是双功能口，除作为准双向通用 I/O 接口使用外，每根口线还具有第二功能。P3 口的各位若不设定为第二功能，则自动处于第一功能。在更多情况下，根据需要把几根口线设为第二功能，剩下的口线可作第一功能（I/O）使用，此时，宜采用位操作形式。P3 口每位的内部结构如图 2-7 所示。

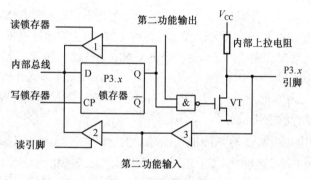

图 2-7　P3 口每位的内部结构

1．通用 I/O 接口状态

P3 口用作准双向通用 I/O 接口时，其功能与 P1 口相同。

2．第二功能状态

P3 口作为第二功能操作时，其锁存器 Q 端必须为高电平（可用输出指令向接口写 1，以使 Q = 1。单片机复位时，锁存器输出端为高电平），否则无法输入或输出第二功能信号。P3 口第二功能中的输入信号经三态门 2 输入，可直接进入内部总线。P3 口第二功能定义见表 2-8。

P3 口的每位都可独立地定义为第一功能（I/O）或第二功能使用。P3 的第二功能涉及串行口、外部中断、定时器，与特殊功能寄存器有关，它们的结构、功能等将在后面章节中进一步介绍。P3 口的地址为 B0H，对应 P3.0～P3.7 的位地址为 B0H～B7H。

表 2-8　P3 口第二功能定义

P3 口引脚	第二功能	注　释	P3 口引脚	第二功能	注　释
P3.0	RXD	串行输入	P3.4	T0	定时/计数器 0 外部输入
P3.1	TXD	串行输出	P3.5	T1	定时/计数器 1 外部输入
P3.2	$\overline{\text{INT0}}$	外部中断 0 输入	P3.6	$\overline{\text{WR}}$	外部 RAM 写信号
P3.3	$\overline{\text{INT1}}$	外部中断 1 输入	P3.7	$\overline{\text{RD}}$	外部 RAM 读信号

2.5.4　P0 口

MCS-51 单片机的 P0 口有两种功能：地址/数据分时复用总线和通用 I/O 接口。P0 口内部无上拉电阻，作为 I/O 接口使用时，必须外接上拉电阻。P0 口每位的内部结构如图 2-8 所示。

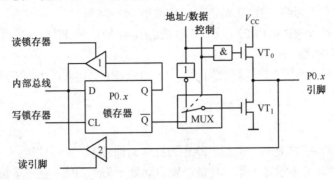

图 2-8　P0 口每位的内部结构

1. 地址/数据总线状态

当 P0 口作为地址/数据总线使用时，CPU 内部控制信号为 1，模拟开关（MUX）切换至"地址/数据"端，使反相器的输出端和 VT_0 的栅极接通，此时 CPU 输出的地址或数据信号通过与门驱动 VT_0，同时通过反相器驱动 VT_1 完成信息传送；数据输入时，通过三态门 2 进入内部总线。

2. 通用 I/O 接口状态

CPU 内部控制信号为 0 时封锁与门，使 VT_0 截止，同时使 MUX 切换至锁存器反相输出端，使锁存器的 $\overline{Q}$ 与 VT_1 的栅极接通。

当 CPU 向接口输出数据时，写脉冲加在锁存器的时钟端 CL 上，内部总线的数据经 $\overline{Q}$ 反相，再经 VT_1 反相，P0 口的这一位引脚上出现正好和内部总线同相的数据。由于输出驱动级是漏极开路电路（因 VT_0 截止），在作为 I/O 接口使用时，应外接 10kΩ 的上拉电阻。

当 CPU 从接口读数据时，接口中两个三态门用于读操作。三态门 2 用于读接口引脚的数据。当执行接口读指令时，读引脚脉冲打开三态门 2，于是接口引脚数据经三态门 2 送到内部总线。三态门 1 用于读取锁存器 Q 端的数据。当执行"读—修改—写"指令（即读接口信息，在内部加以运算修改后，再输出到该接口的某些指令，如 ANL　P0, A）时，就是读锁存器 Q 的数据。这是为了避免错读引脚的电平信号。例如，用一根口线去驱动一个晶体管基极，当向口线写 1 时，晶体管导通，导通的 PN 结会把引脚的电平拉低，若接着读引脚数据，则会读为 0，而实际上原口线的数据为 1，因而采用读锁存器 Q 的值避免了错读。究竟是读引脚还是读锁存器，CPU 内部会自行判断是读引脚脉冲还是读锁存器脉冲，读者不必在意。

应注意的是，当作为输入接口使用时，应先对该口写入 1 以使 VT_1 截止，再进行读操作，以防 VT_1 处于导通状态而使引脚钳位到零，从而引起误读。

4 个并行 I/O 接口使用的注意事项归纳如下：

（1）如果单片机内部有 ROM，则不需要扩展外部存储器和 I/O 接口，单片机的 4 个口均可作为 I/O 接口使用；

（2）4 个口在作为输入口使用时，均应先对其写 1，以避免误读；

（3）P0 口作为 I/O 接口使用时，应外接 10kΩ 的上拉电阻，其他口可不必；

（4）P2 口的某些口线作为地址线使用时，剩下的口线不能作为 I/O 接口线使用；

（5）P3 口的某些口线作为第二功能使用时，剩下的口线可以单独作为 I/O 接口线使用。

2.5.5　并行 I/O 接口的应用

并行 I/O 接口是单片机用得最多的部分，可直接连接外部设备（需要注意电平的匹配）。现以最简单的外部设备——开关和发光二极管为例说明并行 I/O 接口的应用设计。

【例 2-1】 设计一电路，监视某开关 S，用发光二极管（LED）显示开关状态。如果 S 闭合，则 LED 亮；如果 S 断开，则 LED 熄灭。电路如图 2-9 所示。

分析：开关 S 接在 P1.1 口线上，LED 接在 P1.0 口线上。当 S 断开时，P1.1 经上拉电阻至高电平（+5V），对应数字量为 1；当 S 闭合时，P1.1 为低电平（0V），对应数字量为 0。这样，就可以用 JB 指令对开关状态进行检测。LED 正偏时才能发光，所以按电路接法，当 P1.0 输出 1 时，LED 正偏而发光，当 P1.0 输出 0 时，LED 的两端电压为 0 而熄灭。

汇编语言程序代码如下：

```
          CLR    P1.0          ;使 LED 灭
AGA:      SETB   P1.1          ;先对 P1.1 口写入 1,以便能正确写入 P1.1 口数据
          JB     P1.1, LIG     ;判断 P1.1 口状态(0 或 1),1 为 S 断开,转 LIG
          SETB   P1.0          ;S 闭合时,置位 P1.0,LED 亮
          SJMP   AGA           ;循环执行,方便反复调整开关状态,观察执行结果
LIG:      CLR    P1.0          ;S 断开时,P1.0 清零,LED 灭
          SJMP   AGA           ;循环执行,方便反复调整开关状态,观察执行结果
```

【例 2-2】 在如图 2-10 所示电路中，P1.4～P1.7 接 4 个 LED 管，P1.0～P1.3 接 4 个开关，编程实现将开关的状态反映到 LED 上。

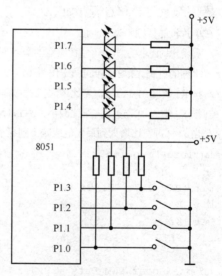

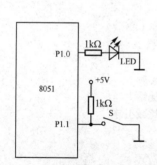

图 2-9 例 2-1 电路图   图 2-10 例 2-2 电路图

汇编语言程序代码如下：

```
          ORG    0000H
          MOV    P1, #0FFH     ;高 4 位的 LED 全灭,低 4 位输入线送 1
ABC:      MOV    A, P1         ;读 P1 口引脚开关状态,并送入 A
          SWAP   A             ;低 4 位开关状态换到高 4 位
          ANL    A, #0F0H      ;保留高 4 位
          MOV    P1, A         ;从 P1 口输出,驱动 4 位 LED
          ORL    P1, #0FH      ;保持高 4 位不变,低 4 位送 1,准备再读开关
          SJMP   ABC           ;循环执行,方便反复调整开关状态,观察执行结果
```

上述程序中每次读取开关状态之前，输入位都先置 1，保证了开关状态的正确写入。

C 程序如下：

```
sfr P1=0x90;
main()
{
    P1=0xff;                    /*P1 低 4 位置 1,高 4 位灯全灭*/
    while(1)
    {
        P1=P1<<4;               /*写入 P1 引脚状态,左移 4 位,将低 4 位的开关状态移至高
                                  4 位后从 P1 口输出,以驱动 LED*/
        P1=P1|0x0f;             /*P1 高 4 位不变,低 4 位置 1,准备再读开关状态*/
    }
}
```

【例 2-3】 脉宽调制（Pulse Width Modulation，PWM）是利用微处理器的数字输出来实现模拟信号输出或对模拟电路进行控制的一种常用技术，广泛应用于测量、通信、功率控制与变换等领域中，如可以控制灯光亮度、可以控制直流电机转速，甚至还可以输出语音信号。有些较新的单片机内部已集成了 PWM 功能，但传统 MCS-51 单片机没有 PWM 输出功能。可以利用 MCS-51 单片机的定时器配合 I/O 接口及软件的方法实现 PWM 输出，这在精度要求不高的场合非常实用。本例用 MCS-51 单片机实现 PWM 输出来驱动 LED 亮度渐变。

实现本例的硬件描述和 C 程序如下：

```
// 单片机晶振频率为 12MHz
// 利用定时器控制产生占空比可变的 PWM 波,从 P1.0 输出
// 本例的占空比指的是低电平的占空比
// 按 K1 键（P1.4）,占空比增大,LED 灯渐亮
// 按 K2 键（P1.5）,占空比减小,LED 灯渐暗
// 当 PWM 占空比增大到最大值或减小到最小值时,蜂鸣器报警（P3.7）
#include "reg51.h"

sbit  PWM_OUT = P1^0;             //PWM 输出引脚
sbit  K1      = P1^4;             //PWM 占空比增大键
sbit  K2      = P1^5;             //PWM 占空比减小键
sbit  BEEP    = P3^7;             //蜂鸣器

unsigned char PWM_Duty = 0x7f;    //占空比初值

/* 定时器 0 中断服务程序 */
void Timer0INT() interrupt 1
{
    TH1 = PWM_Duty;              //更新 PWM 占空比,即 T1 的重装值
    TR1 = 1;                     //启动 T1
    PWM_OUT = 1;                 //PWM 引脚输出关闭电平
}

/* 定时器 1 中断服务程序 */
void Timer1INT() interrupt 3
{
    TR1 = 0;                     //PWM 有效电平输出时间到,停止 T1
```

```c
    PWM_OUT = 0;                        //PWM 引脚输出开启电平
}

/* 以毫秒为单位的延时子程序 */
void delayms(unsigned char ms)
{
    unsigned char i;
    while(ms--)
    {
        for(i = 0; i < 92; i++);
    }
}

/* 蜂鸣器子程序 */
void Beep()
{
    BEEP = 0;                           //蜂鸣器鸣响
    delayms(100);
    BEEP = 1;                           //关闭蜂鸣器
}

void main()
{
    P1 = 0xFF;                          //口线状态初始化
    TMOD = 0x22;                        //T0、T1 为自动重装 8 位定时器
                                        //T0 控制 PWM 波的周期
                                        //T1 控制 PWM 波的占空比
    TH0 = 0;                            //T0 重装值
    TH1 = PWM_Duty;                     //T1 重装值
    TL1 = PWM_Duty;                     //T1 计数值
    EA = 1;                             //开总中断允许
    ET0 = 1;                            //开 T0 中断
    ET1 = 1;                            //开 T1 中断
    TR0 = 1;                            //启动 T0

    while(1)
    {
        while(K1 == 0)                  //增大键 K1 按下时
        {
            delayms(10);
            if(PWM_Duty != 0xff)        //占空比未达到最大值时,增大占空比
            {
                PWM_Duty++;
            }
            else                        //占空比达到最大值时,停止增大并报警
            {
                Beep();
            }
        }
```

```
        while(K2 == 0)                  //减小键 K2 按下时
        {
            delayms(10);
            if(PWM_Duty > 0x10)          //占空比未达到最小值时,减小占空比
            {
                PWM_Duty--;
            }
            else                         //占空比达到最小值时,停止减小并报警
            {
                Beep();
            }
        }
    }
}
```

2.6 时钟电路和时序

2.6.1 时钟电路

单片机工作是在统一的时钟脉冲控制下一拍一拍地进行的，这个脉冲是由单片机控制器中的时序电路发出的。单片机的时序就是 CPU 在执行指令时所需控制信号的时间顺序。为了保证各部件间的同步工作，单片机内部电路应在唯一的时钟信号下严格按时序进行。MCS-51 单片机内部有一个高增益反相放大器，用于构成振荡器，但要形成时钟脉冲，外部还需附加电路。MCS-51 单片机的时钟脉冲产生方法有以下两种。

1．内部时钟方式

利用芯片内部的振荡器，在引脚 XTAL1 和 XTAL2 两端跨接晶体振荡器（简称晶振），就构成了稳定的自激振荡器，发出的脉冲直接送入内部时钟电路。单片机内部时钟电路如图 2-11 所示。外接晶振时，C_1 和 C_2 的值通常选择为 30pF 左右；C_1 和 C_2 对频率有微调作用，晶振或陶瓷谐振器的频率范围可在 1.2～12MHz 之间选择。为了减小寄生电容，更好地保证振荡器稳定、可靠工作，振荡器和电容应尽可能与单片机引脚 XTAL1 和 XTAL2 安装得近一些。

2．外部时钟方式

此方式是将外部振荡脉冲接入 XTAL1 或 XTAL2。HMOS 型和 CHMOS 型单片机外部时钟信号的接入方式不同，见表 2-9。单片机（HMOS 型）外部时钟电路如图 2-12 所示。

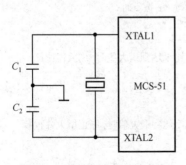

图 2-11 单片机内部时钟电路

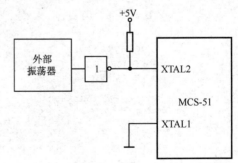

图 2-12 单片机（HMOS 型）外部时钟电路

表 2-9 MCS-51 单片机外部时钟接入方法

芯 片 类 型	接 线 方 法	
	XTAL1	XTAL2
HMOS	接地	接外部时钟脉冲输入端
CHMOS	接外部时钟脉冲输入端	悬空

2.6.2 时序

CPU 执行指令的一系列动作都是在时序电路控制下进行的，由于指令的字节数不同，取这些指令所需要的时间就不同。即使是字节数相同的指令，由于执行操作有较大差别，不同的指令执行时间也不一定相同，即所需要的节拍数不同。为了便于对 CPU 时序进行分析，人们按指令的执行过程规定了几种周期，即时钟周期、状态周期、机器周期和指令周期，这些也称为时序定时单位。

1．时钟周期

时钟周期也称为振荡周期，定义为时钟脉冲频率（f_{OSC}）的倒数，它是单片机中最基本的、最小的时间单位。在一个时钟周期内，CPU 仅完成一个最基本的动作。对同一种机型的单片机，时钟频率越高，单片机的工作速度就越快。但是，由于不同的单片机硬件电路和器件不完全相同，因此要求的时钟频率范围也不一定相同。为方便描述，振荡周期用 P 表示。

2．状态周期

时钟周期信号经 2 分频后成为内部的时钟信号，用作单片机内部各功能部件按序协调工作的控制信号。2 分频后的时钟周期称为状态周期，用 S 表示。这样，一个状态周期就有两个时钟周期，前半状态周期相应的时钟周期定义为 P1，后半状态周期相应的时钟周期定义为 P2。

3．机器周期

完成一个基本操作所需要的时间称为机器周期。MCS-51 单片机有固定的机器周期，规定一个机器周期有 6 个状态，分别表示为 S1～S6，而一个状态包含两个时钟周期，那么一个机器周期就有 12 个时钟周期，可以表示为 S1P1，S1P2，…，S6P1，S6P2。一个机器周期共包含 12 个振荡脉冲，即机器周期就是振荡脉冲的 12 分频。显然，如果使用 6MHz 的时钟频率，一个机器周期就是 2μs；而如果使用 12MHz 的时钟频率，一个机器周期就是 1μs。

4．指令周期

指令周期是执行一条指令所需要的时间，一般由若干个机器周期组成。指令不同，所需要的机器周期数也不同。对于一些简单的单字节指令，在取指令周期中，指令取出到指令寄存器中后，立即译码执行，不再需要其他的机器周期。对于一些比较复杂的指令，如转移、乘除运算等指令，则需要两个或两个以上的机器周期。通常，包含一个机器周期的指令称为单周期指令，包含两个机器周期的指令称为双周期指令，只有乘除运算为 4 周期指令。MCS-51 单片机的大部分指令为单周期指令。MCS-51 单片机的指令按它们的长度可分为单字节指令、双字节指令和 3 字节指令。执行这些指令需要的时间是不同的，有以下几种形式：单字节指令单机器周期、单字节指令双机器周期、双字节指令单机器周期、双字节指令双机器周期、3 字节指令双机器周期、单字节指令 4 机器周期（如单字节的乘除法指令）。

5．MCS-51 单片机指令的取指及执行时序

图 2-13 所示为单周期和双周期指令的取指及执行时序。图中，ALE 信号是用于锁存地址的选通信号，ALE 信号由时钟频率 6 分频得到，在整个指令执行过程中的多数指令 ALE 信号是周期信号。通常，在每个机器周期内 ALE 信号出现两次，时刻为 S1P2 和 S4P2，信号的有效宽度为一个 S

状态。每出现一次 ALE 信号，CPU 进行一次读指令操作，但并不是每条指令在 ALE 信号生效时都能有效地读指令。如果是单周期指令，则在 S4P2 期间仍有操作，但读出的字节被丢弃，且读后的 PC 值不加1。如果是双周期指令，则在 S4P2 期间读两字节，在 S6P2 时结束指令。

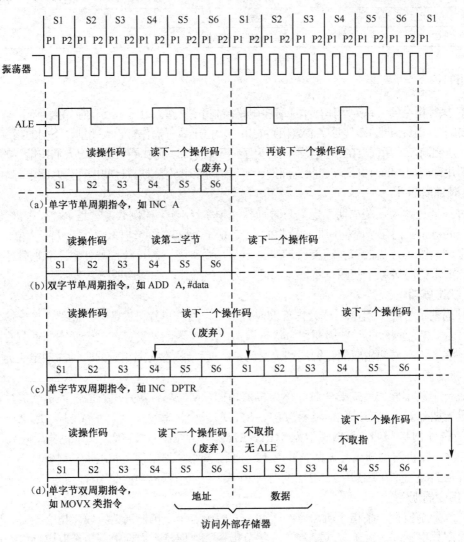

图 2-13　单周期和双周期指令的取指及执行时序

当 CPU 对外部 RAM 读写时，ALE 不是周期信号。

2.7　单片机的工作方式

2.7.1　复位方式

复位是单片机的初始化操作。单片机在上电启动运行时，都需要先复位。其作用是使 CPU 和其他部件都处于一个确定的初始状态，并从这个状态开始工作，因而，复位是一种很重要的操作方式。但单片机本身是不能自动进行复位的，必须配合相应的外部复位电路才能实现。

1. 复位电路

单片机的外部复位电路有上电自动复位和上电加按键手动复位两种。

1）上电自动复位

上电自动复位利用电容器的充电实现。MCS-51 单片机的上电自动复位电路如图 2-14 所示。在时钟电路工作后，在 RST 端连续给出两个机器周期的高电平就可完成复位操作。图中给出了复位电路参数。

2）上电加按键手动复位

MCS-51 单片机的上电加按键手动复位电路如图 2-15 所示。当复位按键按下后，复位端通过 51Ω 的小电阻与+5V 电源接通，电容迅速放电，使 RST 引脚为高电平；当复位按键弹起后，+5V 电源通过 2kΩ 电阻对 22μF 电容重新充电，RST 引脚出现复位正脉冲，其持续时间取决于 RC 电路的时间常数。

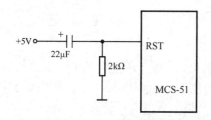

图 2-14 MCS-51 单片机的上电自动复位电路

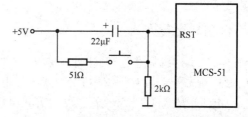

图 2-15 MCS-51 单片机的上电加按键手动复位电路

2. 复位状态

初始复位不改变 RAM（包括工作寄存器 R0～R7）的状态，复位后 MCS-51 单片机内部各特殊功能寄存器的状态见表 2-10。

表 2-10 复位后 MCS-51 单片机内部各特殊功能寄存器的状态

特殊功能寄存器	初 始 状 态	特殊功能寄存器	初 始 状 态
ACC	00H	TMOD	00H
PC	0000H	TCON	00H
PSW	00H	TL0	00H
SP	07H	TH0	00H
DPTR	0000H	TL1	00H
P0～P3	0FFH	TH1	00H
IP	xx000000B	B	00H
IE	0x000000B	SCON	00H
PCON	0xxx0000B	SBUF	不定

注：表中 x 为不定数。

复位时，ALE 和 $\overline{PSEN}$ 成输入状态，即 ALE = $\overline{PSEN}$ = 1，内部 RAM 不受复位影响。复位后，P0～P3 口输出高电平且使这些双向口皆处于输入状态，并将 07H 写入堆栈指针 SP，同时将 PC 和其余特殊功能寄存器清零。此时，单片机从起始地址 0000H 开始重新执行程序。所以，当单片机运行出错或进入死循环时，可使其复位后重新运行。

2.7.2 程序执行方式

MCS-51 单片机的基本工作方式是程序执行方式，分为连续执行工作方式和单步执行工作方式。

1．连续执行工作方式

连续执行工作方式是所有单片机都需要的一种工作方式。单片机在复位后，其 PC 值为0000H。因此，单片机在复位后总是转向 0000H 地址开始执行程序，一般在 0000H 地址放一条无条件转移指令（LJMP），以便跳转到用户程序的入口地址处连续执行用户程序。

2．单步执行工作方式

单步执行工作方式是用户调试程序的一种工作方式，一次执行一条指令。单步执行工作方式是利用单片机的外部中断功能实现的。在单片机开发系统上有单步执行键，该键相当于单片机的外部中断源。当它被按下时，产生一个负脉冲，即中断请求信号 $\overline{INT0}$ 或 $\overline{INT1}$。MCS-51单片机在外部中断信号的作用下，自动执行预先安排在中断服务程序中的单步执行指令，执行完后中断返回。

2.7.3 低功耗运行方式

MCS-51 单片机除具有一般的程序执行方式外，还具有两种低功耗运行方式，即待机（或称为空闲）方式和掉电（或称停机）方式，备用电源直接由 V_{CC} 引脚输入。第 1 种方式可使功耗减小，电流一般为 1.7～5mA；第 2 种方式可使功耗减到最小，电流一般为 5～50μA。

1．电源控制寄存器

待机方式和掉电方式均由特殊功能寄存器 PCON（电源控制寄存器）中的有关位控制。PCON字节地址为 87H，不能按位地址格式访问，对应各位称为位序，见表 2-11。

表 2-11　PCON 各位名称

位　序	D7	D6	D5	D4	D3	D2	D1	D0
位名称	SMOD	—	—	—	GF1	GF0	PD	IDL

（1）SMOD：波特率倍增位。

（2）GF1 和 GF0：通用标志位。由软件置位、复位。

（3）PD：掉电方式位。若 PD = 1，则进入掉电工作方式。

（4）IDL：待机方式位。若 IDL = 1，则进入待机工作方式。

若 PD 和 IDL 同时为 1，则进入掉电工作方式。复位时，PCON 中所有位均为 0。

2．待机方式

若写 1 字节到 PCON，使 IDL=1，PD=0，单片机即进入待机方式。例如，执行指令 ORL　PCON，#01H 后，单片机进入待机方式。

通常 CPU 耗电量占芯片耗电量的 80%～90%，所以 CPU 停止工作就会大大降低功耗。在待机方式下，单片机消耗的电流可由正常的 24mA 降为 3mA，甚至更低。

终止待机方式的方法有以下两种。

1）通过硬件复位

由于在待机方式下时钟振荡器一直在运行，RST 引脚上的有效信号只需要保持两个机器周期就能使 IDL 置 0，单片机即退出待机状态，从它停止运行的地方恢复程序的执行，即从空闲方式的启动指令之后继续执行。注意，为了防止对 I/O 接口的操作出现错误，置空闲方式指令的下一条指令不应为写 I/O 接口或写外部 RAM 的指令。

2）通过中断方法

若在待机期间，任何一个允许的中断被触发，IDL 都会被硬件置 0，从而结束待机方式，单片机进入中断服务程序。这时，通用标志 GF0 或 GF1 可用来指示中断是在正常操作期间还是在待机期间发生的。例如，使单片机进入待机方式的那条指令也可同时将通用标志位置位，中断服务程序可以先检查此标志位，以确定服务的性质。中断结束后，程序将从空闲方式的启动指令之后继续执行。

3．掉电方式

PCON 寄存器的 PD 位控制单片机进入掉电方式。当 CPU 执行指令 ORL　PCON, #02H 后，单片机进入掉电方式。

当单片机进入掉电方式时，必须使外围器件或设备处于禁止状态。为此，在请求进入掉电方式之前，应将一些必要的数据写入 I/O 接口的锁存器中，以禁止外围器件或设备产生误动作。例如，当系统扩展有外部 RAM 时，在进入掉电方式前，应当在 P2 口置入适当数据，使之不产生任何外部存储器的片选信号。

思考题与习题 2

2-1　MCS-51 单片机内部包含哪些主要功能部件？它们的作用是什么？

2-2　MCS-51 单片机的 $\overline{EA}$、ALE 和 $\overline{PSEN}$ 引脚的功能是什么？

2-3　程序计数器（PC）有多少位？它的主要功能是什么？

2-4　简述 MCS-51 单片机内部 RAM 区地址空间的分配特点。

2-5　MCS-51 单片机如何实现工作寄存器组 R0～R7 的选择？

2-6　单片机复位后，各特殊功能寄存器中的初始化状态是什么？

2-7　在 MCS-51 单片机的 21 个特殊功能寄存器中，哪些具有位寻址能力？

2-8　程序状态字寄存器（PSW）的作用是什么？

2-9　MCS-51 单片机的 P3 口具有哪些功能？

2-10　MCS-51 单片机的外部总线是由哪些总线构成的？

2-11　MCS-51 单片机对外有几根专用控制线？

2-12　单片机时钟电路有何用途？起什么作用？

2-13　什么是时钟周期、状态周期、机器周期和指令周期？当单片机的时钟频率为 12MHz 时，一个机器周期是多少？ALE 引脚的输出频率是多少？

2-14　什么时候需要复位操作？对复位信号有何要求？

2-15　按例 2-3 的要求画出对应的硬件电路图。

2-16　设计一个按键电路。当按键长按 5s 以上时，系统复位；当按键短时间按下时，控制 LED 的开、关。

第3章　MCS-51 指令系统及汇编程序设计

本章教学要求:

(1) 熟悉 MCS-51 指令系统的分类、格式。

(2) 熟悉 MCS-51 指令系统的 7 种寻址方式。

(3) 掌握 MCS-51 指令系统的数据传送、算术和逻辑运算、转移控制、布尔运算等指令。

(4) 掌握 MCS-51 指令系统的各种指令对寄存器资源的占用情况。

(5) 熟悉汇编语言程序设计的基本步骤和方法。

(6) 掌握 MCS-51 汇编语言的顺序、分支、循环、查表及子程序的结构及编程方法。

3.1　指令系统简介

计算机所有指令的集合,称为该计算机的指令系统,它是表征计算机性能的重要标志。每种计算机都有它自己特有的指令系统。指令是指计算机执行某种操作(如传送数据、进行算术运算等)的命令。

要让计算机工作,就得向计算机发出指令。但计算机只能懂得数字,如对于 MCS-51 单片机,要将数据 5BH 送到 P1 口,必须在 ROM 中某一单元写上这样的机器码指令: 75905BH。这是一个书写成十六进制的机器码,该指令中的 75H 是表示数据传送功能的操作码,90H 和 5BH 表示操作数,该机器码的意思是将立即数 5BH 送到 90H 的地址中,90H 是 P1 口锁存器的内部 RAM 地址。指令的第一种格式就是机器码指令格式,即数字格式。但这种指令格式非常难记。于是为便于记忆就有了另一种指令格式,即汇编指令格式。汇编指令是采用助记符表示的指令格式。如实现前述功能的汇编指令为: MOV　P1, #5BH。

MCS-51 汇编语言典型的指令格式为:

操作码　[操作数 1 [,操作数 2]…]　　　[;注释]

其中方括号表示可选项,根据操作码的功能可有可无。操作码是用助记符表示的字符串,其作用是命令 CPU 进行某种操作。操作数是参与指令操作的数据或数据的地址。操作数可以有 1, 2 或 3 个,也可以没有。第 1 个操作数与操作码之间用若干空格分隔,有 2 个或 3 个操作数时,操作数之间用逗号分隔。不同功能的指令,操作数的作用不同。注释用于增强源程序的可读性和可维护性,一般说明指令或程序的功能。注释用分号与前面隔开。

MCS-51 汇编语言需用 40 多种助记符表征 30 多种指令功能。由于功能助记符需要定义,诸如内部 RAM、ROM、外部 RAM 等,因此同一种功能需要用几种助记符表示(如数据传送指令 MOV, MOVX, MOVC 等)。MCS-51 单片机能够识别并执行的指令共有 111 条,这111 条指令构成了 MCS-51 单片机的指令系统。其特点如下。

(1) 指令执行时间短。1 个机器周期的指令有 64 条,2 个机器周期的指令有 45 条,而 4 个机器周期的指令仅有两条(即乘法和除法指令)。

(2) 指令字节少。单字节指令有 49 条,双字节指令有 46 条,三字节指令有 16 条。

(3) 位操作指令极为丰富,这体现了 MCS-51 单片机具有面向控制的特点。

3.1.1　指令系统的分类

MCS-51 单片机能够识别并执行的指令共有 111 条,可以按指令所占字节数、指令执行时间和指令功能进行分类。

1. 按指令所占字节数分类

按指令所占字节数可分为以下 3 类：单字节指令（49 条）；双字节指令（46 条）；三字节指令（16 条）。

2. 按指令执行时间分类

按指令执行时间可分为以下 3 类：单周期指令（64 条）；双周期指令（45 条）；四周期指令（2 条）。

3. 按指令功能分类

按指令功能可分为以下 5 类：数据传送指令（29 条）；算术运算指令（24 条）；逻辑运算指令（24 条）；控制转移指令（17 条）；位操作指令（17 条）。

以上 3 种分类表示了指令在空间、时间和功能 3 方面的属性。空间属性是指一条指令在 ROM 中存储所占用的字节数。时间属性是指一条指令执行所占用的时间，用机器周期来表示时间。功能属性是指一条指令的操作功能。本章以功能分类来介绍。

3.1.2 指令格式

指令由操作码和操作数组成。操作码用来规定要执行的操作的性质，操作数为指令的操作提供数据或地址。

1. 指令的基本格式

指令的汇编语言形式是用助记符表示的，其基本格式为：

[符号地址:]　操作码　[操作数 1 [,操作数 2] [,操作数 3]]　　[;注释]

其中符号地址和操作码之间用“:”作为分隔符，也可再加上若干空格。操作码和操作数之间用空格作为分隔符。操作数之间用“,”作为分隔符。注释之前用“;”作为分隔符。一条指令必须在一行中写完，例如：

MAIN: MOV A, #10H　　　　　;主程序段

其中，MAIN 为符号地址；MOV 为操作码；A 和#10H 为两个操作数；最后是注释。

指令在送入单片机执行之前，必须先转换成机器语言形式。转换成机器语言的过程称为汇编，汇编有机器汇编和手工汇编两种方法。

2. 指令的编码格式

机器语言是用二进制代码表示的。对一条指令进行二进制编码，可以是单字节或多字节的，按照它们占用的存储空间形成了下面 3 种编码格式。

（1）单字节指令：单字节指令指的是该指令占用 1 字节的存储单元。

（2）双字节指令：双字节指令指的是该指令占用 2 字节的存储单元。

（3）三字节指令：三字节指令指的是该指令占用 3 字节的存储单元。

3.1.3 指令中的常用符号

为了便于阅读指令，MCS-51 指令助记符中的一些常用符号约定如下。

Rn:　　　表示当前工作寄存器 R0～R7 中的一个

@Ri:　　表示寄存器间接寻址,常用作间接寻址的地址指针。其中 Ri 代表 R0 和 R1 寄存器中的一个

direct:　表示内部 RAM 单元的地址及特殊功能寄存器 SFR 的地址。对 SFR 而言,既可使用它的物理地址,也可直接使用它的名字

#data:　表示 8 位立即数,即 8 位常数,取值范围为 00H～0FFH

#data16：表示 16 位立即数，即 16 位常数，取值范围为 0000H～0FFFFH

addr16：表示 16 位地址

addr11：表示 11 位地址

rel：   用补码形式表示的地址偏移量，取值范围为–128～+127

bit：   表示内部 RAM 和 SFR 中的具有位寻址功能的位地址。SFR 中的位地址可以直接出现在指令中，为了阅读方便，也可用 SFR 的名字和所在的数位表示。例如，表示 PSW 中奇偶校验位，可写成 D0H，也可写成 PSW.0 的形式

@：   表示间接寻址寄存器或基址寄存器的前缀符号

$：   表示当前指令的地址

/：   位操作数的前缀，表示对该位操作数取反，如/bit

(x)：   表示存储单元 x 的内容

((x))： 表示以寄存器或存储单元 x 的内容作为地址的存储单元的内容

→：   表示数据传送方向

3.1.4 寻址方式

在 MCS-51 指令系统中，操作数是一个重要的组成部分，它指定了参与操作的数据或数据所在的地址单元。寻址方式就是指在地址范围内如何灵活方便地找到所需要的数据或数据所在的地址。寻址方式越多，则单片机处理各种数据的功能就越强，灵活性就越大。

MCS-51 指令系统的寻址方式主要有立即寻址、直接寻址、寄存器寻址、寄存器间接寻址、基址加变址寻址、相对寻址和位寻址 7 种。

1. 立即寻址

立即寻址是将操作数据直接写在指令中，它作为指令的一部分存放在代码段里，位置在程序存储器中。立即寻址中的操作数，称为立即数。例如：

    MOV A, #30H   ;30H→A

这条指令的指令代码为"01110100"，它规定了源操作数是立即寻址。其功能是将指令操作码后的立即数 30H 传送到累加器 A 中。该指令的执行过程如图 3-1 所示。

图 3-1 MOV A,#30H 指令执行过程示意图

2. 直接寻址

直接寻址是将操作数的地址直接存放在指令中。这种寻址方式的操作数指的是内部 RAM 中存放数据的地址，或存放数据的一个特殊功能寄存器地址。例如：

    MOV A, 30H   ;(30H)→A

这条指令的指令代码为"11100101"，它规定了源操作数是直接寻址。其功能是将指令操作码后的操作数（30H）作为内部 RAM 的地址，将 30H 单元中的内容（BCH）送入累加器 A 中。该指令的执行过程如图 3-2 所示。

直接寻址方式可以访问的范围如下。

（1）特殊功能寄存器。这部分存储单元既可以用单元地址给出，也可以用寄存器符号的形式给出。例如，MOV A,90H 和 MOV A,P1 为同一条指令的两种写法。

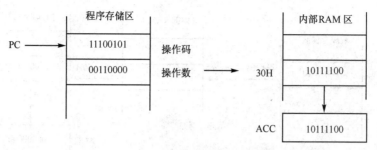

图 3-2　MOV　A, 30H 指令执行过程示意图

（2）内部 RAM 的低 128 字节单元。直接以单元地址的形式给出［对于 8032/8052 等单片机，其内部高 128 字节 RAM（80H～FFH）不能用直接寻址方式访问］。

（3）位地址空间。即内部 RAM 中 20H～2FH 中的 128 个位地址，以及 SFR 中的 11 个可进行位寻址的寄存器中的位地址（可位寻址的特殊功能寄存器有 B，ACC，PSW，IP，IE，SCON，TCON，P0～P3）。

（4）在一些程序控制指令中，可采用直接寻址方式提供程序转移的目标地址。

3. 寄存器寻址

寄存器寻址是指操作数存放在寄存器中，寻址的寄存器已隐含在指令的操作码中。例如：

```
MOV A, R5        ; (R5) → A
```

其功能是把 R5 的内容送入累加器 A 中。源操作数采用寄存器寻址方式，指令代码形式为"11101101"，十六进制数为 EDH。注意，指令代码中低 3 位为 101，表示操作数为 R5。现假设 PSW 中 RS1 和 RS0 分别为 0 和 1，则可知现在的 R5 在第 1 组，则它的地址为 0DH。执行过程如图 3-3 所示。

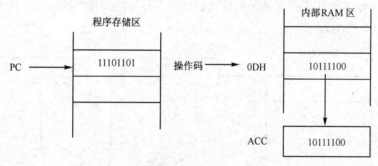

图 3-3　MOV　A, R5 指令执行过程示意图

寄存器寻址方式的寻址范围如下。

（1）4 个工作寄存器组共 32 个通用寄存器（在指令中只能使用当前寄存器组）。当前寄存器组的选择是通过对 PSW 中的 RS1 和 RS0 设置来实现的。

（2）部分特殊功能寄存器，如 A，B，DPTR。

4. 寄存器间接寻址

寄存器间接寻址是指操作数存放在以寄存器内容为地址的单元中。例如：

```
MOV A, @R0       ; ((R0)) → A
```

指令功能为将 R0 所指出的内部 RAM 单元内容送入累加器 A 中，执行过程如图 3-4 所示。图中设 R0=60H。

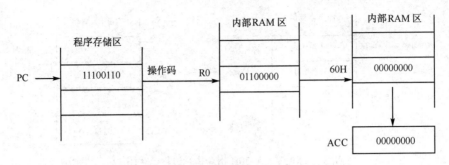

图 3-4　MOV　A, @R0 指令执行过程示意图

寄存器间接寻址的寻址范围如下：

（1）内部低 128 字节单元（只能使用 R0 和 R1 作为间接寻址寄存器）；

（2）外部 RAM（64KB 空间，使用 DPTR 作为间接寻址寄存器。另外，外部低 128 字节单元也可用 R0 和 R1 作为间接寻址寄存器）；

（3）在堆栈操作指令（PUSH 和 POP）中，以堆栈指针 SP 作为间接寻址寄存器，寻址空间为内部 RAM。

5. 基址加变址寻址

基址加变址寻址是指操作数存放在以变址寄存器和基址寄存器的内容相加形成的数为地址的单元中。其中，累加器 A 作为变址寄存器，程序计数器 PC 或寄存器 DPTR 作为基址寄存器。

基址加变址寻址方式常用于查表操作。例如：

```
MOVC  A, @A+PC        ;(PC)+1→PC,((A)+(PC))→A
MOVC  A, @A+DPTR      ;((A)+(DPTR))→A
```

这两条指令中操作数 2 采用了基址寄存器加变址寄存器的间接寻址方式。其中第一条指令的执行过程如图 3-5 所示。

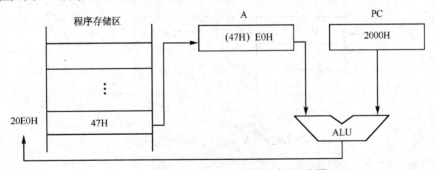

图 3-5　MOVC　A, @A+PC 执行过程示意图

MCS-51 单片机的基址加变址寻址只能对程序存储器进行寻址。

6. 相对寻址

相对寻址是将程序计数器 PC 的当前值与指令第 2 字节给出的偏移量相加，从而形成转移的目标地址。例如：

```
JC  80H        ;C=1 则跳转
```

若这条双字节的转移指令存放在 1005H 开始的地址单元中，取出操作码后 PC 指向 1006H，取出偏移量后，PC 指向 1007H，故在计算偏移量相加时，PC 值已为 1007H，即指向了该条指令的下一条指令。这样，执行完上述指令后，最终形成的地址为 0F87H 而非 1087H，这是由于偏移量是有符号数（即偏移量是用补码形式表示的地址，取值范围为–128～+127）。这里的偏移量 80H 是 –128 的补码。补码运算后，形成跳转地址为 0F87H。指令的执行过程如图 3-6 所示。

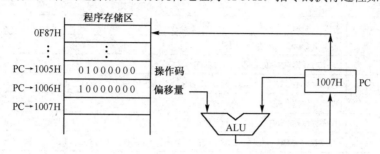

图 3-6　JC　80H（当 C=1 时）执行过程示意图

7．位寻址

位寻址是指对内部 RAM 20H～2FH 中的 128 个位地址，以及 SFR 中的 11 个可进行位寻址的寄存器中的位地址寻址（可位寻址的特殊功能寄存器有 B，ACC，PSW，IP，IE，SCON，TCON，P0～P3）。例如：

```
MOV C, 20H
```

此指令是将 RAM 中位寻址区 20H 位地址中的内容，送给位累加器 Cy。位寻址指令不同于字节地址寻址指令，例如：

```
MOV A, 20H
```

此指令是将内部 RAM 中 20H 单元（1 字节）的内容送给累加器 A。

位寻址方式使用直接寻址方式，有下列 4 种表示形式。

（1）直接使用位地址。包括位寻址区的位地址 00H～7FH 和部分特殊功能寄存器的位地址。例如，PSW 寄存器第 2 位的位地址为 D2H。

（2）位名称表示法。特殊功能寄存器中的一些寻址位是有符号名的，对其进行位寻址时可用其符号名。例如，PSW 寄存器的第 2 位可用 OV 表示。

（3）单元地址加位表示法。例如，2F 单元的第 1 位，可表示为 2FH.1。再如，D0H 单元（PSW）的第 2 位，可表示为 D0H.2。

（4）特殊功能寄存器名称加位表示法。例如，PSW 寄存器的第 2 位可表示为 PSW.2。

对于可位寻址的特殊功能寄存器，上面 4 种表示法是等效的。以读取 PSW 第 2 位为例的 4 种位寻址指令如下：

```
MOV C, 0D2H          ;直接使用位地址寻址
MOV C, OV            ;使用位名称表示法寻址
MOV C, 0D0H.2        ;使用单元地址加位表示法寻址
MOV C, PSW.2         ;使用特殊功能寄存器名称加位表示法寻址
```

在 MCS-51 指令系统中，指令对哪一个存储器空间进行操作，是由指令的操作码和寻址方式确定的。对 ROM 只能采用立即寻址和基址加变址寻址方式；对特殊功能寄存器只能采用直接寻址方式，不能采用寄存器间接寻址方式；对 8032/8052 等单片机内部 RAM 的高 128 字节（80H～FFH），只能采用寄存器间接寻址，不能使用直接寻址方式；对位操作指令只能对位寻址区进行操作；外部扩展的 RAM 只能用 MOVX 指令访问，而内部 RAM 的低 128 字节（00H～7FH）既能用直接寻址，也能用间接寻址，操作指令最丰富。

综合上述的 7 种寻址方式，可列出每种寻址方式涉及的存储器空间，见表 3-1。

表 3-1　每种寻址方式涉及的存储器空间

寻 址 方 式	存储器空间
立即寻址	程序存储器
直接寻址	内部 RAM 低 128 字节、SFR
寄存器寻址	工作寄存器 R0～R7、A、B、DPTR
寄存器间接寻址	内部 RAM：@R0，@R1，SP。外部 RAM：@R0，@R1，@DPTR
基址加变址寻址	程序存储器：@A+PC，@A+DPTR
相对寻址	程序存储器 256B 范围内：PC+偏移量
位寻址	内部 RAM 的位寻址区（20H～2FH 字节地址）、某些可位寻址的 SFR

3.2　指　令　系　统

3.2.1　数据传送指令

MCS-51 指令系统的数据传送指令共有 29 条（见表 3-2）。助记符有 MOV，MOVC，MOVX，XCH，XCHD，SWAP，PUSH，POP。数据传送指令一般的操作是把源操作数指定的内容传送到目的操作数指定的单元中，指令执行完成后，源操作数指定的内容不变，目的操作数指定单元中的内容等于源操作数指定的内容。如果要求在进行数据传送时，目的操作数指定单元中的内容不丢失，则不能用直接传送指令，而采用交换型的数据传送指令。数据传送指令不影响标志位 Cy，AC 和 OV，但可能会对奇偶校验标志位 P 有影响。

表 3-2　MCS-51 指令系统的数据传送指令

分　　类	指令助记符	功 能 说 明		字 节 数	机 器 周 期
以累加器为目的操作数的指令	MOV　A,Rn	(Rn)	→ A	1	1
	MOV　A,direct	(direct)	→ A	2	1
	MOV　A,@Ri	((Ri))	→ A	1	1
	MOV　A,#data	data	→ A	2	1
以寄存器 Rn 为目的操作数的指令	MOV　Rn,A	(A)	→ Rn	1	1
	MOV　Rn,direct	(direct)	→ Rn	2	2
	MOV　Rn,#data	data	→ Rn	2	1
以直接地址为目的操作数的指令	MOV　direct,A	(A)	→ direct	2	1
	MOV　direct,Rn	(Rn)	→ direct	2	2
	MOV　direct1,direct2	(direct2)	→ direct1	3	2
	MOV　direct,@Ri	((Ri))	→ direct	2	2
	MOV　direct,#data	data	→ direct	3	2
以间接地址为目的操作数的指令	MOV　@Ri,A	(A)	→ (Ri)	1	1
	MOV　@Ri,direct	(direct)	→ (Ri)	2	2
	MOV　@Ri,#data	data	→ (Ri)	2	1
16 位数的传送指令	MOV　DPTR,#data16	dataH	→ DPH	3	2
		dataL	→ DPL		
读程序存储器指令	MOVC　A,@A+DPTR	((A)+(DPTR))	→ A	1	2
	MOVC　A,@A+PC	(PC) +1	→ PC	1	2
		((A)+(PC))	→ A		

分 类	指令助记符	功 能 说 明		字 节 数	机 器 周 期
累加器 A 与外部 RAM 数据传送指令	MOVX　A,@Ri	((Ri))	→ A	1	2
	MOVX　@Ri,A	(A)	→ (Ri)	1	2
	MOVX　A,@DPTR	((DPTR))	→ A	1	2
	MOVX　@DPTR,A	(A)	→ (DPTR)	1	2
堆栈操作	PUSH　direct	(SP)+1	→ SP	2	2
		(direct)	→ (SP)		
	POP　direct	((SP))	→ direct	2	2
		(SP) − 1	→ SP		
交换指令	XCH　A,Rn	(A)	←→ (Rn)	1	1
	XCH　A,direct	(A)	←→ (direct)	2	1
	XCH　A,@Ri	(A)	←→ ((Ri))	1	1
	XCHD　A,@Ri	(A.3~A.0)	←→ ((Ri.3~Ri.0))	1	1
	SWAP　A	(A.3~A.0)	←→ (A.7~A.4)	1	1

1. 以累加器为目的操作数的指令（4 条）

```
助记符              功能说明
MOV  A, Rn         ;(Rn)→A        Rn 中的内容送到累加器 A 中
MOV  A, direct     ;(direct) →A   直接地址单元中的内容送到累加器 A 中
MOV  A, @Ri        ;((Ri)) →A     Ri 内容指向的地址单元中的内容送到累加器 A 中
MOV  A, #data      ;data→A        立即数送到累加器 A 中
```

功能：将源操作数指定内容送到累加器 A 中。

2. 以寄存器 Rn 为目的操作数的指令（3 条）

```
助记符              功能说明
MOV  Rn, A         ;(A)→Rn        累加器 A 中的内容送到寄存器 Rn 中
MOV  Rn, direct    ;(direct) →Rn  直接寻址单元中的内容送到寄存器 Rn 中
MOV  Rn, #data     ;data→Rn       立即数直接送到寄存器 Rn 中
```

功能：将源操作数指定的内容送到所选定的工作寄存器 Rn 中。

3. 以直接地址为目的操作数的指令（5 条）

```
助记符                   功能说明
MOV  direct, A          ;(A)→direct         累加器 A 中的内容送到直接地址单
                                             元中
MOV  direct, Rn         ;(Rn)→direct        寄存器 Rn 中的内容送到直接地址单
                                             元中
MOV  direct1, direct2   ;(direct2)→direct1  直接地址单元 2 中的内容送到直接地址
                                             单元 1 中
MOV  direct, @Ri        ;((Ri)) →direct     以寄存器 Ri 中的内容为地址的单元
                                             中的内容送到直接地址单元中
MOV  direct,#data       ;data→direct        立即数送到直接地址单元中
```

功能：将源操作数指定的内容送到由直接地址指出的内部存储单元中。例如：

```
MOV  20H, A             ;累加器 A 中的内容送到 20H 直接地址单元中
MOV  20H, R1            ;寄存器 R1 中的内容送到 20H 直接地址单元中
MOV  20H, 30H           ;30H 直接地址单元中的内容送到 20H 直接地址单元中
```

```
MOV  20H, @R1            ;以寄存器R1中的内容为地址的单元中的内容送到20H直接地址
                         ;单元中
MOV  20H, #34H           ;立即数送到20H直接地址单元中
MOV  P2, #34H            ;立即数送到P2直接地址单元中
```

4．以间接地址为目的操作数的指令（3条）

助记符	功能说明	
MOV @Ri, A	;(A)→(Ri)	累加器A中的内容送到以Ri中的内容为地址的RAM单元中
MOV @Ri, direct	;(direct)→(Ri)	直接地址单元中的内容送到以Ri中的内容为地址的RAM单元中
MOV @Ri, #data	;data→(Ri)	立即数送到以Ri中的内容为地址的RAM单元中

功能：将源操作数指定的内容送到以R0或R1为地址指针的内部RAM存储单元中。例如：

```
MOV  @R0, A              ;累加器A中的内容送到以R0中的内容为地址的RAM单元中
MOV  @R1, 20H            ;20H单元中的内容送到以R1中的内容为地址的RAM单元中
MOV  @R0, #34H           ;立即数34H送到以R0中的内容为地址的RAM单元中
```

5．16位数的传送指令（1条）

助记符	功能说明
MOV DPTR, #data16	;dataH→DPH,dataL→DPL
	;16位常数的高8位送到DPH中,低8位送到DPL中

功能：将一个16位的立即数送到DPTR中。其中高8位送到DPH中，低8位送到DPL中。
例如：

```
MOV  DPTR, #1234H        ;指令执行后,DPH中的值为12H,DPL中的值为34H
```

如果分别向DPH和DPL送数，则结果也一样。例如下面两条指令：

```
MOV  DPH, #12H
MOV  DPL, #34H
```

就相当于执行了 MOV DPTR,#1234H。

MCS-51单片机是一种8位机，这是唯一的一条16位立即数传递指令。

6．累加器A与外部RAM数据传送指令（4条）

助记符	功能说明	
MOVX A, @Ri	;((Ri))→A	寄存器Ri指向的外部RAM单元中的内容送到累加器A中
MOVX @Ri, A	;A→(Ri)	累加器A中内容送到寄存器Ri指向的外部RAM单元中
MOVX A, @DPTR	;((DPTR))→A	数据指针指向的外部RAM单元中的内容送到累加器A中
MOVX @DPTR, A	;(A)→(DPTR)	累加器A中内容送到数据指针指向的外部RAM单元中

功能：在MCS-51单片机中，与外部RAM打交道的只可以是累加器A。所有需要送入外部
RAM的数据必须通过A传送，而所有要写入的外部RAM中的数据也必须通过A写入。

在此可以看出内部RAM与外部RAM的区别，内部RAM间可以直接进行数据传递，而外部
RAM则不行。例如，要将外部RAM中某一单元（假设为0100H单元的数据）送入另一个单元（假
设为0200H单元），则必须先将0100H单元中的内容写入A，然后再送到0200H单元中。

要读或写外部 RAM,必须知道 16 位的 RAM 地址。在后两条指令中,地址被直接放在 DPTR 中。而前两条指令,由于 Ri(即 R0 或 R1)只是 8 位的寄存器,因此只提供低 8 位地址,此时,高 8 位地址要由 P2 口来提供。使用时,应先将要读或写的地址送到 DPTR 或 Ri(高 8 位地址送到 P2 口)中,然后再用读写指令。

【例 3-1】 将外部 RAM 的 100H 单元中内容送到外部 RAM 的 200H 单元中。

```
MOV     DPTR, #0100H
MOVX    A, @DPTR
MOV     DPTR, #0200H
MOVX    @DPTR, A
```

7. 读程序存储器指令(2 条)

助记符	功能说明
MOVC A, @A+DPTR	;((A)+(DPTR))→A
	;表格地址单元中的内容送到累加器 A 中
MOVC A, @A+PC	;(PC)+1→PC,((A)+(PC))→A
	;表格地址单元中的内容送到累加器 A 中

功能:将 ROM 中的数据送到 A 中。常用这两条指令来查一个已存储在 ROM 中的数据表格。这两条指令也称为查表指令。

以 DPTR 或 PC 为基址,以 A 为变址,在不断修改 A 中内容(等值增量)的同时,执行这两条指令,实现对 ROM 中存储的一块区域数据的读取。

以 PC 为基址时,不用设置 PC 的值,只需根据 A 的内容,就可以查出表格中的数据。但表格只能放在该条查表指令后面的 256 个单元中,表格的大小受到限制,而且表格只能被一段程序所利用。而以 DPTR 为基址时,表格的大小和位置可以在 64KB 的 ROM 中任意安排,并且表格可被任意程序块所共享。

说明:查找到的结果放在 A 中,因此,这两条指令执行前后,A 中的值不一定相同。

【例 3-2】 有一个 1～10 的平方表存放在 0100H 开始的 ROM 中,用 DPTR 和 R0 基址+变址的寻址方式实现查表功能,确定 1～10(在 R0 中)的平方值。

```
MOV     DPTR, #0100H
MOV     A, R0
MOVC    A, @A+DPTR
...
ORG     0100H                                   ;ORG 是指明后面数据块的起始地址
DB      0, 1, 4, 9, 16, 25, 36, 49, 64, 81, 100    ;DB 是定义字节指令
```

8. 堆栈操作(2 条)

助记符	功能说明
PUSH direct	;(SP)+1→SP,(direct)→(SP)
	;堆栈指针首先加 1,直接寻址单元中的数据送到堆栈指针 SP 所指的单元中
POP direct	;(SP)→direct,(SP)-1→SP
	;堆栈指针 SP 所指的单元中的数据送到直接寻址单元中,SP 再进行减 1 操作

功能:第 1 条为压入堆栈指令,就是将 direct 中的内容送入堆栈中;第 2 条为弹出堆栈指令,就是将堆栈中的内容送回到 direct 中。例如:

```
MOV     SP, #5FH
MOV     A, #100
MOV     B, #20
```

```
        PUSH    ACC
        PUSH    B
```

其中，PUSH ACC 指令是这样执行的：将 SP 中的值加 1，即变为 60H，然后将 A 中的值送入 60H 单元中，因此执行完本条指令后，内存 60H 单元中的值就是 100。同样，执行 PUSH B 时，是将 SP 中的值加 1，即变为 61H，然后将 B 中的值送入 61H 单元中，即执行完本条指令后，61H 单元中的值变为 20。

9. 交换指令（5 条）

助记符	功能说明	
XCH A, Rn	;(A)←→(Rn)	累加器与工作寄存器 Rn 中的内容互换
XCH A, direct	;(A)←→(direct)	累加器与直接地址单元中的内容互换
XCH A, @Ri	;(A)←→((Ri))	累加器与工作寄存器 Ri 所指存储单元中的内容互换
XCHD A, @Ri	;(A.3~A.0)←→((Ri.3~Ri.0))	累加器与工作寄存器 Ri 所指存储单元中的低半字节内容互换
SWAP A	;(A.3~A.0)←→(A.7~A.4)	累加器中的内容高低半字节互换

功能：前 4 条指令是把累加器 A 中的内容与源操作数所指的数据相互交换，最后一条指令将累加器 A 中的内容高低半字节互换。

【例 3-3】 假设 A 中内容为 34H，R0 指向的单元内容为 56H，执行下列指令后看结果。

```
MOV     R6, #29H        ;R6=29H
XCH     A, R6           ;A=29H,R6=34H
SWAP    A               ;A=92H
XCH     A, R6           ;A=34H,R6=92H
XCHD    A, @R0          ;A=36H,((R0))=54H
```

3.2.2 算术运算指令

MCS-51 指令系统的算术运算指令共有 24 条（见表 3-3）。助记符有 ADD，ADDC，SUBB，DA，INC，DEC，MUL，DIV。算术运算主要是执行加、减、乘、除四则运算。另外，MCS-51 指令系统中有相当一部分是进行加 1、减 1 操作，以及 BCD 码的运算和调整，我们把这些也都归类为运算指令。虽然 MCS-51 单片机的算术/逻辑单元（ALU）仅能对 8 位无符号整数进行运算，但利用进位标志位 Cy，则可进行多字节无符号整数的运算。同时利用溢出标志位，还可以对带符号数进行补码运算。需要指出的是，除加 1、减 1 指令外，这类指令大多数都会对 PSW（程序状态字）有影响，在使用中应特别注意。

表 3-3 MCS-51 指令系统的算术运算指令

分　类	指令助记符	功能说明		字 节 数	机 器 周 期
不带进位位的加法指令	ADD A, #data	(A) + data	→ A	2	1
	ADD A, direct	(A) + (direct)	→ A	2	1
	ADD A, Rn	(A) + (Rn)	→ A	1	1
	ADD A, @Ri	(A) + ((Ri))	→ A	1	1
带进位位的加法指令	ADDC A, #data	(A) + data + (Cy)	→ A	2	1
	ADDC A, direct	(A) + (direct) + (Cy)	→ A	2	1
	ADDC A, Rn	(A) + (Rn) + (Cy)	→ A	1	1
	ADDC A, @Ri	(A) + ((Ri)) + (Cy)	→ A	1	1

分　　类	指令助记符	功　能　说　明	字　节　数	机　器　周　期
加1指令	INC　A	(A) + 1　　　→ A	1	1
	INC　direct	(direct) + 1　→ direct	2	1
	INC　@Ri	((Ri)) + 1　→ (Ri)	1	1
	INC　Rn	(Rn) + 1　　→ Rn	1	1
	INC　DPTR	(DPTR) + 1　→ DPTR	1	2
十进制调整指令	DA　A	对 A 的内容进行十进制调整	1	1
带借位位减法指令	SUBB　A, direct	(A) – (direct) – (Cy) → A	2	1
	SUBB　A, #data	(A) – data – (Cy)　→ A	2	1
	SUBB　A, Rn	(A) – (Rn) – (Cy)　→ A	1	1
	SUBB　A, @Ri	(A) – ((Ri)) – (Cy)　→ A	1	1
减1指令	DEC　A	(A) – 1　　　→ A	1	1
	DEC　direct	(direct) – 1　→ direct	2	1
	DEC　@Ri	((Ri)) – 1　→ (Ri)	1	1
	DEC　Rn	(Rn) – 1　　→ Rn	1	1
乘法指令	MUL　AB	(A) × (B)　　→ A 和 B	1	4
除法指令	DIV　AB	(A) ÷ (B)　　→ A 和 B	1	4

　　算术运算指令的执行结果将影响 PSW（程序状态字）的标志位，对标志位有影响的所有指令见表 3-4。

表 3-4　影响标志位的指令表

指令助记符	标　志　位			指令助记符	标　志　位		
	Cy	OV	AC		Cy	OV	AC
ADD　A, #data	?	?	?	CJNE　A, #data, rel	?		
ADD　A, direct	?	?	?	CJNE　A, direct, rel	?		
ADD　A, Rn	?	?	?	CJNE　Rn, #data, rel	?		
ADD　A, @Ri	?	?	?	CJNE　@Ri, #data, rel	?		
ADDC　A, #data	?	?	?	MOV　C, bit	?		
ADDC　A, direct	?	?	?	CLR　C	0		
ADDC　A, Rn	?	?	?	SETB　C	1		
ADDC　A, @Ri	?	?	?	ANL　C, bit	?		
SUBB　A, direct	?	?	?	ANL　C, /bit	?		
SUBB　A, #data	?	?	?	ORL　C, bit	?		
SUBB　A, Rn	?	?	?	ORL　C, /bit	?		
SUBB　A, @Ri	?	?	?	CPL　C	?		
MUL　AB	0	?		RLC　A	?		
DIV　AB	0	?		RRC　A	?		
DA　A	?						

　　注：① ? 表示指令执行的结果将使该标志位发生变化；② 除表中所列指令对标志位有影响外，其余指令均不对标志位产生影响。

1. 加法指令

1）不带进位位的加法指令（4条）

助记符	功能说明	
ADD A, #data	;(A)+data→A	累加器 A 中的内容与立即数#data 相加，结果存在 A 中
ADD A, direct	;(A)+(direct) →A	累加器 A 中的内容与直接地址单元中的内容相加，结果存在 A 中
ADD A, Rn	;(A)+(Rn)→A	累加器 A 中的内容与工作寄存器 Rn 中的内容相加，结果存在 A 中
ADD A, @Ri	;(A)+((Ri))→A	累加器 A 中的内容与工作寄存器 Ri 所指向地址单元中的内容相加,结果存在 A 中

功能：将 A 中的值与源操作数所指内容相加，最终结果存在 A 中。

例如，假设 A 中内容为 84H，30H 的内容为 8DH，执行指令

    ADD A, 30H

后，A 中的值为 11H。另外，Cy=1，AC=1，OV=1，P=0。

2）带进位位的加法指令（4条）

助记符	功能说明	
ADDC A, direct	;(A)+(direct)+(Cy)→A	累加器 A 中的内容与直接地址单元中的内容连同进位位中的值相加,结果存在 A 中
ADDC A, #data	;(A)+data+(Cy)→A	累加器 A 中的内容与立即数连同进位位中的值相加，结果存在 A 中
ADDC A, Rn	;(A)+(Rn)+(Cy)→A	累加器 A 中的内容与工作寄存器 Rn 中的内容连同进位位中的值相加,结果存在 A 中
ADDC A, @Ri	;(A)+((Ri))+(Cy)→A	累加器 A 中的内容与工作寄存器 Ri 指向地址单元中的内容连同进位位中的值相加,结果存在 A 中

功能：将 A 中的值与源操作数所指内容连同进位位 Cy 中的值相加，最终结果存在 A 中，常用于多字节数运算中。

说明：由于 MCS-51 单片机是一种 8 位机，因此只能进行 8 位的数学运算，但 8 位运算的范围只有 0~255，这在实际工作中是不够的，因此就要进行扩展。一般是将两个 8 位（2 字节）的数学运算合起来成为一个 16 位的运算，这样，可以表达的数的范围就达到 0~65 535。

【例 3-4】 设 1067H 存在 R1R0 中，30A0H 存在 R3R2 中，计算 R1R0+R3R2，结果存在 R5R4 中。

```
MOV     A, R0
ADD     A, R2               ;(R0)+(R2)→A 和 Cy
MOV     R4, A
MOV     A, R1
ADDC    A, R3               ;(R1)+(R3)+(Cy)→A 和 Cy
MOV     R5, A
```

3）加1指令（5条）

助记符	功能说明	
INC A	;(A)+1→A	累加器 A 中的内容加 1,结果存在 A 中
INC direct	;(direct)+1→direct	直接地址单元中的内容加 1,结果送回原地址单元中

```
INC  @Ri   ;((Ri))+1→(Ri)        寄存器的内容指向的地址单元中的内容加 1,结果送回
                                  原地址单元中
INC  Rn    ;(Rn)+1→Rn            寄存器 Rn 的内容加 1,结果送回原寄存器中
INC  DPTR  ;(DPTR)+1→DPTR        数据指针寄存器的内容加 1,结果送回数据指针寄存器中
```

功能：将指出的操作数内容加 1。

【例3-5】 设 A=12H，R0=33H，(21H)=32H，(34H)=22H，DPTR=1234H，连续执行下面指令后看相应寄存器和单元中的结果。

```
INC     A              ;A=13H
INC     R0             ;R0=34H
INC     21H            ;(21H)=33H
INC     @R0            ;(34H)=23H
INC     DPTR           ;DPTR=1235H
```

4）十进制调整指令（1 条）

```
助记符              功能说明
DA  A              ;在进行 BCD 码加法运算时,跟在 ADD 和 ADDC 指令之后,用来对 A 累加器中
                   ;的 BCD 码加法运算结果进行自动修正
```

例如：设 A=00010101BCD（代表十进制数 15）

```
ADD A, #8          ;A = 00011101B,按二进制规律相加
DA  A              ;A = 00100011BCD（代表十进制数 23）,调整为十进制的 BCD 码
                   ;（实现按十进制规律加）
```

2. 减法指令

1）带借位位的减法指令（4 条）

```
助记符              功能说明
SUBB A, direct  ;(A) - (direct) - (Cy)→A    累加器 A 中的内容与直接地址单元中的
                                            内容连同借位位中的值相减,结果存在
                                            A 中累加器 A 中的内容与立即数连同借
SUBB A, #data   ;(A) - data - (Cy)→A        位位中的值相减,结果存在 A 中
SUBB A, Rn      ;(A) - Rn - (Cy)→A          累加器 A 中的内容与工作寄存器 Rn
                                            中内的容连同借位位中的值相减,结果
                                            存在 A 中
SUBB A, @Ri     ;(A) - ((Ri)) - (Cy)→A      累加器 A 中的内容与工作寄存器 Ri 指
                                            向的地址单元中的内容连同借位位中的
                                            值相减,结果存在 A 中
```

功能：将累加器 A 的内容与源操作数所指内容连同借位位中的值相减，结果送回到累加器 A 中。在执行减法过程中，如果位 7（D7）有借位，则进位标志位 Cy 置 1，否则清零；如果位 3（D3）有借位，则辅助进位标志位 AC 置 1，否则清零；如果位 6 有借位而位 7 没有借位，或位 7 有借位而位 6 没有借位，则溢出标志位 OV 置 1，否则清零。

若要进行不带借位位的减法操作，则必须先将 Cy 清零。

例如，设 A=C9H，R2=55H，Cy=1，执行指令

```
SUBB  A, R2
```

后，A 中的值为 73H。

2）减 1 指令（4 条）

```
助记符              功能说明
DEC  A           ;(A) - 1 →A                累加器 A 中的内容减 1,结果送回累加器 A 中
```

```
    DEC  direct  ;(direct) - 1→direct        直接地址单元中的内容减 1,结果送回直接地址单
                                              元中
    DEC  @Ri     ;((Ri)) - 1→(Ri)            寄存器 Ri 指向的地址单元中的内容减 1,结果送
                                              回原地址单元中
    DEC  Rn      ;(Rn) - 1→Rn                寄存器 Rn 中的内容减 1,结果送回寄存器 Rn 中
```

功能：将指出的操作数内容减 1。如果原来的操作数为 00H，则减 1 后将产生下溢出，使操作数变成 0FFH，但不影响任何标志位。

3．乘法指令（1 条）

```
    助记符           功能说明
    MUL AB          ;(A)×(B)→A 和 B          累加器 A 中的内容与寄存器 B 中的内容相乘,
                                             结果存在 A 和 B 中
```

功能：将 A 和 B 中的两个 8 位无符号数相乘，两数相乘结果一般比较大，因此最终结果用一个 16 位数来表达，其中高 8 位存在 B 中，低 8 位存在 A 中。在乘积大于 FFH 时，OV 置 1，否则 OV 为 0，而 Cy 总是 0。

例如，设 A=4EH，B=5DH，执行指令

```
    MUL AB
```

后，乘积是 1C56H。所以在 B 中放的是 1CH，而 A 中放的则是 56H，并且 OV=1，P=0。

4．除法指令（1 条）

```
    助记符           功能说明
    DIV AB          ;(A)÷(B)→A 和 B          累加器 A 中的内容除以寄存器 B 中的内容,所得到的
                                             商存在累加器 A 中,而余数存在寄存器 B 中
```

功能：将 A 中的 8 位无符号数除以 B 中的 8 位无符号数（A/B），结果商放在 A 中，余数放在 B 中。Cy 和 OV 都是 0。

如果在做除法前 B 中的值是 00H，也就是除数为 0，那么 OV=1。

例如，设 A=11H，B=04H，执行指令

```
    DIV AB
```

后，A=04H，B=01H；Cy=0，OV=0，P=1。

3.2.3 逻辑运算指令

MCS-51 指令系统的逻辑运算指令共有 24 条（见表 3-5），助记符有 ANL，ORL，XRL，CLR，CPL，RL，RLC，RR，RRC。有与、或、异或、求反、左/右移位、清零等逻辑操作，有直接、寄存器和寄存器间址等寻址方式。这类指令一般不影响程序状态字（PSW）。

表 3-5 MCS-51 指令系统的逻辑运算指令

分 类	指令助记符	功能说明		字 节 数	机 器 周 期
逻辑或指令	ORL A,Rn	(A)∨(Rn)	→A	1	1
	ORL A,direct	(A)∨(direct)	→A	2	1
	ORL A,@Ri	(A)∨((Ri))	→A	1	1
	ORL A,#data	(A)∨data	→A	2	1
	ORL direct,A	(direct)∨(A)	→direct	2	1
	ORL direct,#data	(direct)∨data	→direct	3	2

分　类	指令助记符	功能说明		字　节　数	机器周期
逻辑与指令	ANL　A,Rn	(A)∧(Rn)	→A	1	1
	ANL　A,direct	(A)∧(direct)	→A	2	1
	ANL　A,@Ri	(A)∧((Ri))	→A	1	1
	ANL　A,#data	(A)∧data	→A	2	1
	ANL　direct,A	(direct)∧(A)	→direct	2	1
	ANL　direct,#data	(direct)∧data	→direct	3	2
逻辑异或指令	XRL　A,Rn	(A)⊕(Rn)	→A	1	1
	XRL　A,direct	(A)⊕(direct)	→A	2	1
	XRL　A,@Ri	(A)⊕((Ri))	→A	1	1
	XRL　A,#data	(A)⊕data	→A	2	1
	XRL　direct,A	(direct)⊕(A)	→direct	2	1
	XRL　direct,#data	(direct)⊕data	→direct	3	2
清零与取反指令	CPL　A	/(A)	→A	1	1
	CLR　A	0	→A	1	1
循环移位指令	RL　A	A中内容向左环移1位		1	1
	RLC　A	A中内容带进位位向左环移1位		1	1
	RR　A	A中内容向右环移1位		1	1
	RRC　A	A中内容带进位位向右环移1位		1	1

1. 逻辑或指令（6 条）

助记符	功能说明	
ORL　A, Rn	;(A)∨(Rn)→A	累加器 A 中的内容和寄存器 Rn 中的内容执行逻辑或操作,结果存在累加器 A 中
ORL　A, direct	;(A)∨(direct)→A	累加器 A 中的内容和直接地址单元中的内容执行逻辑或操作,结果存在累加器 A 中
ORL　A, @Ri	;(A)∨((Ri))→A	累加器 A 中的内容和工作寄存器 Ri 指向的地址单元中的内容执行逻辑或操作,结果存在累加器 A 中
ORL　A, #data	;(A)∨data→A	累加器 A 中的内容和立即数执行逻辑或操作,结果存在累加器 A 中
ORL　direct, A	;(direct)∨(A)→direct	直接地址单元中的内容和累加器 A 中的内容执行逻辑或操作,结果存在直接地址单元中
ORL　direct, #data	;(direct)∨data→direct	直接地址单元中的内容和立即数执行逻辑或操作,结果存在直接地址单元中

功能：将两个单元中的内容执行逻辑或操作。如果目的操作数的直接地址是 I/O 地址，则为"读—修改—写"操作。例如：

```
MOV  A, #45H          ;A=45H
MOV  R1, #25H         ;R1=25H
MOV  25H, #39H        ;(25H)=39H
```

```
     ORL  A, @R1                ;45H∨39H = 7DH, A = 7DH
     ORL  25H, #13H             ;39H∨13H = 3BH, (25H) = 3BH
     ORL  25H, A                ;3BH∨7DH =7FH, (25H) = 7FH
```

2. 逻辑与指令（6 条）

助记符	功能说明	
ANL A, Rn	;(A)∧(Rn)→A	累加器 A 中的内容和寄存器 Rn 中的内容执行逻辑与操作,结果存在累加器 A 中
ANL A, direct	;(A)∧(direct)→A	累加器 A 中的内容和直接地址单元中的内容执行逻辑与操作,结果存在寄存器 A 中
ANL A, @Ri	;(A)∧((Ri))→A	累加器 A 中的内容和工作寄存器 Ri 指向的地址单元中的内容执行逻辑与操作,结果存在累加器 A 中
ANL A, #data	;(A)∧data→A	累加器 A 中的内容和立即数执行逻辑与操作,结果存在累加器 A 中
ANL direct, A	;(direct)∧(A)→direct	直接地址单元中的内容和累加器 A 中的内容执行逻辑与操作,结果存在直接地址单元中
ANL direct, #data	;(direct)∧data→direct	直接地址单元中的内容和立即数执行逻辑与操作,结果存在直接地址单元中

功能：将两个单元中的内容执行逻辑与操作。如果目的操作数的直接地址是 I/O 地址，则为"读—修改—写"操作。例如：

```
     MOV A, #45H                ;A=45H
     MOV R1, #25H               ;R1=25H
     MOV 25H, #79H              ;(25H)=79H
     ANL A, @R1                 ;45H∧79H = 41H, A = 41H
     ANL 25H, #15H              ;79H∧15H = 11H, (25H) = 11H
     ANL 25H, A                 ;11H∧41H = 01H, (25H) = 01H
```

3. 逻辑异或指令（6 条）

助记符	功能说明	
XRL A, Rn	;(A)⊕(Rn)→A	累加器 A 中的内容和寄存器 Rn 中的内容执行逻辑异或操作,结果存在累加器 A 中
XRL A, direct	;(A)⊕(direct)→A	累加器 A 中的内容和直接地址单元中的内容执行逻辑异或操作,结果存在寄存器 A 中
XRL A, @Ri	;(A)⊕((Ri))→A	累加器 A 中的内容和工作寄存器 Ri 指向的地址单元中的内容执行逻辑异或操作,结果存在累加器 A 中
XRL A, #data	;(A)⊕data→A	累加器 A 中的内容和立即数执行逻辑异或操作,结果存在累加器 A 中
XRL direct, A	;(direct)⊕(A)→direct	直接地址单元中的内容和累加器 A 中的内容执行逻辑异或操作,结果存在直接地址单元中
XRL direct, #data	;(direct)⊕data→direct	直接地址单元中的内容和立即数执行逻辑异或操作,结果存在直接地址单元中

功能：将两个单元中的内容执行逻辑异或操作。如果目的操作数的直接地址是 I/O 地址，则为"读—修改—写"操作。例如：

```
     MOV A, #45H                ;A=45H
     MOV R1, #25H               ;R1=25H
     MOV 25H, #39H              ;(25H)=39H
     XRL A, @R1                 ;45H⊕39H = 7CH, A = 7CH
```

```
    XRL 25H, #13H                    ;39H⊕13H = 2AH, (25H) = 2AH
    XRL 25H, A                       ;2AH⊕7CH =56H, (25H) = 56H
```

4. 清零与取反指令（2条）

助记符　　　功能说明

```
    CLR  A          ;0→A,清零指令,将累加器 A 中的内容清零
    CPL  A          ;/(A)→A,取反指令,将累加器 A 中的内容按位取反
```

例如，若 A=5CH，执行

```
    CPL  A
```

后的结果是 A=A3H。

5. 循环移位指令（4条）

助记符　　　功能说明

```
    RL  A           ;累加器 A 中的内容向左环移 1 位
    RLC A           ;累加器 A 中的内容带进位标志位向左环移 1 位
    RR  A           ;累加器 A 中的内容向右环移 1 位
    RRC A           ;累加器 A 中的内容带进位标志位向右环移 1 位
```

功能：对累加器 A 中的内容进行简单的逻辑操作。除带进位标志位的移位指令外，其他都不影响 Cy，AC，OV 等标志位。

例如，若 A=5CH，Cy=1，执行

```
    RLC A
```

后，结果为 A=B9H，Cy=0，P=1。

对 RLC 和 RRC 指令，在 Cy=0 时：RLC 相当于乘以 2，RRC 相当于除以 2。

3.2.4　控制转移指令

MCS-51 指令系统的控制转移指令有 17 条（见表 3-6），助记符有 ACALL，LCALL，RET，RETI，AJMP，LJMP，SJMP，JMP，CJNE，DJNZ，JZ，JNZ，NOP。控制转移指令用于控制程序的流向，所控制的范围即为 ROM 区间。MCS-51 单片机的控制转移指令丰富，有对 64KB 程序空间地址单元进行访问的长调用、长转移指令，也有对 2KB 程序空间地址单元进行访问的绝对调用和绝对转移指令，还有在一页范围内短相对转移及其他无条件转移指令，这些指令的执行一般都不会对标志位有影响。

表 3-6　MCS-51 指令系统的控制转移指令

分　类		指令助记符	功　能　说　明	字节数	机器周期
无条件转移指令	短转移指令	AJMP addr11	(PC)+2→PC，addr11→PC.10～PC.0	2	2
	长转移指令	LJMP addr16	addr16→PC	3	2
	相对转移指令	SJMP rel	(PC)+2+rel→PC	2	2
	间接转移指令	JMP @A+DPTR	(A)+(DPTR)→PC	1	2
条件转移指令	判 A 为 0 转移指令	JZ rel	A = 0，则(PC)+2+rel→PC	2	2
	判 A 不为 0 转移指令	JNZ rel	A≠0，则(PC)+2+rel→PC	2	2

分　类		指令助记符	功　能　说　明	字节数	机器周期
条件转移指令	比较不等转移指令	CJNE　A, #data, rel	A≠data,　　　　　则(PC)+3+rel→PC	3	2
		CJNE　A, direct, rel	A≠(direct),　　　则(PC)+3+rel→PC	3	2
		CJNE　Rn, #data, rel	Rn≠data,　　　　则(PC)+3+rel→PC	3	2
		CJNE　@Ri, #data, rel	((Ri))≠data,　　　则(PC)+3+rel→PC	3	2
	减1不为0转移指令	DJNZ Rn，rel	(Rn)−1→Rn, Rn≠0, 则(PC)+2+rel→PC	2	2
		DJNZ direct，rel	(direct)−1→direct, (direct)≠0, 则(PC)+3+rel→PC	3	2
调用与返回指令	长调用指令	LCALL addr16	(PC)+3→PC, (SP)+1→SP, (PC.7~PC.0)→(SP), (SP)+1→SP, (PC.15~PC.8)→(SP), addr16→PC	3	2
	短调用指令	ACALL addr11	(PC)+2→PC, (SP)+1→SP, (PC.7~PC.0)→(SP), (SP)+1→SP, (PC.15~PC.8)→(SP), addr11→PC.10~PC.0	2	2
	子程序返回指令	RET	(SP)→PC.15~PC.8, (SP)−1→SP, (SP)→PC.7~PC.0, (SP)−1→SP	1	2
	中断子程序返回指令	RETI	(SP)→PC.15~PC.8, (SP)−1→SP, (SP)→PC.7~PC.0, (SP)−1→SP	1	2
空操作指令		NOP	空操作	1	1

1. 无条件转移类指令（4条）

1）短转移类指令

```
AJMP  addr11        ;(PC)+2→PC,addr11→PC.10~PC.0,程序计数器赋予新值（11位
                     地址）,PC.15~PC.11不改变,程序跳转到新PC值指向的地址处
```

2）长转移类指令

```
LJMP  addr16        ;addr16→PC,给程序计数器赋予新值（16位地址）,程序跳转到新PC
                     值指向的地址处
```

3）相对转移指令

```
SJMP  rel           ;(PC)+2+rel→PC,当前程序计数器的值先加上2,再加上偏移量后给
                     程序计数器赋予新值,程序跳转到新PC值指向的地址处
```

4）间接转移指令

```
JMP  @A+DPTR        ;(A)+(DPTR)→PC,累加器的值加上数据指针的值后给程序计数器赋
                     新值,程序跳转到新PC值指向的地址处
```

上面前3条指令都可理解成：PC值改变,程序即跳转到一个标号处。它们的区别如下。

（1）跳转范围不同。

```
AJMP  addr11        ;短跳转范围：2KB
LJMP  addr16        ;长跳转范围：64KB
SJMP  rel           ;相对跳转范围：−128~+127
```

（2）指令构成不同。AJMP和LJMP后跟的是绝对地址,而SJMP后跟的是相对地址。

（3）指令长度不同。

原则上,所有用SJMP或AJMP的地方都可以用LJMP来替代。

第4条指令与前3条指令相比有所不同。这条指令的转移地址由A+DPTR形成,并直接送入PC,对A,DPTR和标志位均无影响。本指令可代替众多的判别跳转指令,又称为散转指令,多用于多分支程序结构中。

【例3-6】 利用间接转移指令实现散转程序结构。

```
            MOV    DPTR, #TAB      ;将 TAB 代表的地址送入 DPTR
            JMP    @A+DPTR         ;跳转
TAB:        AJMP   ROUT0           ;A = 0 时,跳转到 ROUT0 开始的程序段
TAB+2:      AJMP   ROUT1           ;A = 2 时,跳转到 ROUT1 开始的程序段
TAB+4:      AJMP   ROUT2           ;A = 4 时,跳转到 ROUT2 开始的程序段
TAB+6:      AJMP   ROUT3           ;A = 6 时,跳转到 ROUT3 开始的程序段
            ...
ROUT0:      ...
ROUT1:      ...
ROUT2:      ...
ROUT3:      ...
```

执行该段程序时,程序将根据 A 中的内容转移到不同的程序段去执行——散转。

2. 条件转移指令(8 条)

条件转移指令是指在满足一定条件时程序进行相对转移,否则程序继续执行本指令的下一条指令。

1)判 A 内容是否为 0 转移指令(2 条)

```
    JZ   rel          ;若A=0,则(PC)+2+rel→PC。累加器中的内容为 0,则程序转移
                       到偏移量所指向的地址处,否则程序往下执行
    JNZ  rel          ;若 A≠0,则(PC)+2+rel→PC。累加器中的内容不为 0,则程序转
                       移到偏移量所指向的地址处,否则程序往下执行
```

功能:程序转移到相对于当前 PC 值的 8 位偏移量的地址处,即新的 PC 值=当前 PC 值+2+偏移量 rel。在编写汇编语言源程序时,可以将 rel 理解成标号,直接写成:

```
    JZ   标号         ;即程序转移到标号处
```

【例3-7】 条件转移程序结构举例。

```
    MOV    A, R0
    JZ     L1         ;如果 R0=0,则程序转移至标号 L1,0FFH→R1
    MOV    R1, #00H   ;如果 R0≠0,则程序不转移,00H→R1
    AJMP   L2
L1: MOV    R1, #0FFH
L2: SJMP   L2
```

在执行上面这段程序前,如果 R0=0,结果是 R1=0FFH;如果 R0≠0,结果是 R1=00H。把上面例子中的 JZ 改成 JNZ 后,如果 R0=0,结果是 R1=00H;如果 R0≠0,结果是 R1=0FFH。

2)比较不等转移指令(4 条)

```
    CJNE A, #data, rel     ;若A≠data,则(PC)+3+rel→PC。累加器中的内容不等于立即
                            数,则程序转移到偏移量所指向的地址处,否则程序往下执行
    CJNE A, direct, rel    ;若A≠(direct),则(PC)+3+rel→PC。累加器中的内容不等于
                            直接地址单元中的内容,则程序转移到偏移量所指向的地址处,
                            否则程序往下执行
    CJNE Rn, #data, rel    ;若Rn≠data,则(PC)+3+rel→PC。工作寄存器 Rn 中的内容
                            不等于立即数,则程序转移到偏移量所指向的地址处,否则程序
                            往下执行
    CJNE @Ri, #data, rel   ;若((Ri))≠data,则(PC)+3+rel→PC。工作寄存器 Ri 指向地
                            址单元中的内容不等于立即数,则程序转移到偏移量所指向
                            的地址处,否则程序往下执行
```

功能：将两个操作数所指内容进行比较，相等时程序顺序执行，不相等时转移。

在编写汇编语言源程序时，可以将 rel 理解成标号，直接写成：

```
CJNE  A, #data, 标号        ;若A≠data,则程序转移到标号处
CJNE  A, direct, 标号       ;若A≠(direct),则程序转移到标号处
CJNE  Rn, #data, 标号       ;若Rn≠data,则程序转移到标号处
CJNE  @Ri, #data, 标号      ;若((Ri))≠data,则程序转移到标号处
```

利用这些指令，可以判断两数是否相等，再继续利用进位位（Cy），还可判断两数的大小。在两数不相等时，如果前面的数大，则 Cy=0，否则 Cy=1。

【例3-8】 比较 R0 中的数是否大于 10H。

```
        MOV   A, R0
        CJNE  A, #10H, L1         ;如R0≠10H,则转移至标号L1处
        MOV   R1, #0              ;如R0=10H,则不转移,00H→R1
        AJMP  L3
L1:     JC    L2                  ;如Cy=1,即R0<10H,则转移至标号L2处
        MOV   R1, #0AAH           ;否则Cy=0,即R0>10H,则0AAH→R1
        AJMP  L3
L2:     MOV   R1, #0FFH           ;如R0<10H,则0FFH→R1
L3:     SJMP  L3
```

结果是：如果 R0=10H，则 R1=00H；如果 R0>10H，则 R1=0AAH；如果 R0<10H，则 R1=0FFH。

3）减 1 不为 0 转移指令（2 条）

```
DJNZ  Rn, rel        ;(Rn) - 1→Rn,若Rn≠0,则(PC)+2+rel→PC。工作寄存器Rn
                      中的内容减1后不等于0,则程序转移到偏移量所指向的地址处,否则
                      程序往下执行
DJNZ  direct, rel    ;(direct)- 1→direct,若(direct)≠0,则(PC)+2+rel→PC。直接
                      地址单元中的内容减1后不等于0,则程序转移到偏移量所指向的地址
                      处,否则程序往下执行
```

功能：DJNZ 指令将第 1 个操作数所指内容减 1，然后看这个值是否等于 0，如果等于 0，就往下执行，如果不等于 0，就转移到第 2 个操作数所指定的地方去。

【例3-9】 求 01H～0AH 十个数的和，结果放在 A 中。

```
        MOV    23H, #0AH
        CLR    A
LOOP:   ADD    A, 23H
        DJNZ   23H, LOOP
        SJMP   $
```

上述程序段的执行过程是：将 23H 单元中的数连续相加，存至 A 中，每加一次，23H 单元中的数值减 1，直至减到 0，共加 0AH 次。

3. 调用与返回指令（4 条）

1）调用指令（2 条）

```
LCALL  addr16               ;长调用指令
ACALL  addr11               ;短调用指令
```

上述两条指令都是在主程序中调用子程序，两者的区别是：对短调用指令，被调用子程序入口地址必须与调用指令的下一条指令的第 1 字节在相同的 2KB 存储区内。

使用时可以用标号作为调用地址，例如：

```
LCALL  标号                  ;标号表示子程序首地址
```

```
ACALL  标号
```

指令的执行过程是：当前 PC 压栈，子程序首地址送 PC，实现转移。

2）返回指令（2 条）

```
RET                          ;子程序返回指令
RETI                         ;中断子程序返回指令
```

功能：RET 指令是将堆栈栈顶内容（2 字节，调用时保存的当前 PC 值）弹出给 PC，实现返回。RETI 指令除具有 RET 指令的功能实现程序返回外，还有对中断优先级状态触发器的清零作用。两者不能互换使用。

4．空操作指令（1 条）

```
NOP
```

功能：这条指令除使 PC 加 1，消耗一个机器周期外，没有执行任何操作。空操作指令可用于短时间的延时。

3.2.5 位操作指令

在 MCS-51 单片机的硬件结构中，有一个位处理器（又称布尔处理器），它有位操作指令 17 条，包括位传送、逻辑运算、控制程序转移等。助记符有：MOV，CLR，CLP，SETB，ANL，ORL，JC，JNC，JB，JNB，JBC。MCS-51 指令系统的位操作指令见表 3-7。

表 3-7 MCS-51 指令系统的位操作指令

分　类	指令助记符	功　能　说　明	字节数	机器周期
位传送指令	MOV C, bit	(bit) → Cy	2	1
	MOV bit, C	(Cy) → bit	2	1
位清零和置位	CLR C	0 → Cy	1	1
	CLR bit	0 → bit	2	1
	SETB C	1 → Cy	1	1
	SETB bit	1 → bit	2	1
位逻辑运算指令	ANL C, bit	(Cy) ∧ (bit) → Cy	2	2
	ANL C, /bit	(Cy) ∧ /(bit) → Cy	2	2
	ORL C, bit	(Cy) ∨ (bit) → Cy	2	2
	ORL C, /bit	(Cy) ∨ /(bit) → Cy	2	2
	CPL C	/(Cy) → Cy	1	1
	CPL bit	/(bit) → bit	2	1
位条件转移指令	JC rel	Cy = 1，　则(PC)+2+rel→PC	2	2
	JNC rel	Cy = 0，　则(PC)+2+rel→PC	2	2
	JB bit, rel	(bit) = 1，则(PC)+3+rel→PC	3	2
	JNB bit, rel	(bit) = 0，则(PC)+3+rel→PC	3	2
	JBC bit, rel	(bit) = 1，则(PC)+3+rel→PC, 0→bit	3	2

在 MCS-51 单片机中，有一部分 RAM 和一部分 SFR 是具有位寻址功能的。

可位寻址的 RAM 区是 20H～2FH 共 16 字节单元，即 128 个位单元（位地址空间为 00H～7FH）。

可位寻址的 SFR 有 ACC，B，PSW，IP，IE，SCON，TCON 和 P0～P3 口。它们是 SFR 中字节地址能被 8 整除的部分。

位指令中位地址的表达形式有以下 4 种。

● 直接地址方式，如 0A8H；

- 点操作符方式，如 IE.0；
- 位名称方式，如 EX0；
- 用户定义名方式，如用伪指令 BIT 定义：

```
WZD0  BIT  EX0         ;用伪指令 BIT 定义位字符名称 WZD0,定义后,允许指令中用 WZD0 代替
                        位名称 EX0
```

以上举例的 4 种位地址表达方式都是指中断允许控制寄存器（IE）中的 0 位，它的位地址是 0A8H 或 IE.0，位名称是 EX0，另外，这里还为它定义了用户定义名 WZD0。

1. 位传送指令（2 条）

```
MOV  C,bit             ;(bit)→Cy,某位数据送 Cy
MOV  bit,C             ;(Cy)→bit,Cy 数据送某位
```

功能：实现位累加器（Cy）和其他位地址之间的数据传递。如：

```
MOV  C,P1.0            ;将 P1.0 的状态送给 Cy
MOV  P1.0,C            ;将 Cy 中的状态送到 P1.0 引脚上
```

2. 位清零和置位（4 条）

1）位清零指令

```
CLR  C                 ;0→Cy,使 Cy=0
CLR  bit               ;0→bit,使指定位地址中的值等于 0
```

如：CLR P1.0   ;使 P1.0 清零

2）位置 1 指令

```
SETB  C                ;1→Cy,使 Cy=1
SETB  bit              ;1→bit,使指定位地址中的值等于 1
```

如：SETB P1.0   ;使 P1.0 置 1

3. 位逻辑运算指令（6 条）

1）位与指令

```
ANL  C,bit             ;(Cy)∧(bit)→Cy,Cy 值与指定位的值相与,结果送回 Cy
ANL  C,/bit            ;(Cy)∧/(bit)→Cy,先将指定位地址中的值取出后取反
                        (位地址中的值本身并不改变),再和 Cy 值相与,结果送回 Cy
```

如：ANL C,/P1.0   ;(Cy)∧/(P1.0)→Cy

2）位或指令

```
ORL  C,bit             ;(Cy)∨(bit)→Cy,Cy 值与指定位的值相或,结果送回 Cy
ORL  C,/bit            ;(Cy)∨/(bit)→Cy,先将指定位地址中的值取出后取反
                        (位地址中的值本身并不改变),再和 Cy 值相或,结果送回 Cy
```

3）位取反指令

```
CPL  C                 ;/(Cy)→Cy,使 Cy 值取反
CPL  bit               ;/(bit)→bit,使指定位地址中的值取反
```

如：CPL P1.0   ;/(P1.0)→P1.0

4. 位条件转移指令（5 条）

1）Cy 条件转移指令

```
JC  rel                ;若 Cy = 1,则(PC)+2+rel→PC。Cy 为 1,则程序转移到偏移量所指
                        向的地址处,否则顺序执行
JNC  rel               ;若 Cy = 0,则(PC)+2+rel→PC。Cy 为 0,则程序转移到偏移量所
                        指向的地址处,否则顺序执行
```

rel 可以使用标号，例如：

```
    JNC    标号                   ;Cy 为 0,则程序转移到指定标号处
```

2）位变量条件转移指令

```
    JB     bit,rel               ;若(bit)=1,则(PC)+3+rel→PC。如果指定的(bit)=1,则程序转
                                  移,否则顺序执行
    JNB    bit,rel               ;若(bit)=0,则(PC)+3+rel→PC。如果指定的(bit)=0,则程序转
                                  移,否则顺序执行
    JBC    bit,rel               ;若(bit)=1,则(PC)+3+rel→PC。如果指定的(bit)=1,则程序转
                                  移,并将该位清零,否则顺序执行
```

【例 3-10】 P3.2 口和 P3.3 口各接有一只按键，要求当它们分别按下时（P3.2=0 或 P3.3=0），使 P1 口分别为 00H 或 FFH。

```
START:  MOV    P1, #0FFH
        MOV    P3, #0FFH          ;P1 和 P3 初始化为输入方式
    L1: JNB    P3.2, L2           ;若 P3.2=0,则转到 L2
        JNB    P3.3, L3           ;若 P3.2=1,P3.3=0,则转到 L3
        LJMP   L1                 ;若 P3.2=1,P3.3=1,则转到 L1（等待）
    L2: MOV    P1, #00H           ;若 P3.2=0,使 P1 口全为 0
        LJMP   L1
    L3: MOV    P1, #0FFH          ;若 P3.3=0,使 P1 口全为 1
        LJMP   L1
```

3.3   汇编语言程序设计

与高级语言相比，汇编语言具有实时性强、代码效率高、运行速度快及节约内存空间等优点，同时还可以充分利用机器的硬件结构与功能来操作硬件接口。在前面介绍的 MCS-51 单片机内部结构、指令系统、寻址方式、各类指令格式及功能的基础上，下面介绍使用 MCS-51 指令系统编写汇编程序的方法。

任何复杂的程序都可由顺序结构、分支结构及循环结构等构成，每种结构只有一个入口和一个出口，整个程序也只有一个入口和一个出口。结构化程序设计的特点会使程序的结构清晰、易于读写和验证、可靠性高。在汇编语言程序设计中，也普遍采用结构化的程序设计方法。下面将介绍汇编语言程序编写的一般知识、程序设计的基本步骤和格式，以及各种结构的程序设计方法，包括顺序结构程序、分支结构程序、循环结构程序、查表程序和子程序等。

3.3.1   汇编语言程序设计的步骤

一个性能优良的单片机应用系统是合理的硬件与完善的软件的有机组合。软件就是各种指令依某种规律组合成的程序。软件设计或程序设计的任务就是利用计算机语言对系统欲达到的功能进行描述和规定。MCS-51 单片机提供 111 条指令，它们以指令助记符的形式出现，指令助记符的集合称为汇编语言。由汇编语言编写的程序称为汇编语言源程序。汇编语言源程序必须翻译成机器代码组成的目标程序，机器才能执行。用汇编语言编制程序的过程，称为汇编语言程序设计。

使用汇编语言设计一个程序大致可分为以下几个步骤。

（1）分析题意，明确要求。在解决问题之前，首先要明确所要解决的问题和要达到的目的、技术指标等。

（2）确定算法。根据实际问题的要求、给出的条件及特点，找出规律性，最后确定所采用的计算公式和计算方法，这就是一般所说的算法。算法是进行程序设计的依据，它决定了程序

的正确性和程序的指令。

（3）绘制程序流程图，用图解来描述和说明解题步骤。程序流程图是解题步骤及其算法进一步具体化的重要环节，是程序设计的重要依据，它直观清晰地体现了程序的设计思路。流程图是由预先约定的各种图形、流程线及必要的文字符号构成的。

（4）分配内存工作单元，确定程序与数据区的存放地址。

（5）编写源程序。流程图设计好后，程序设计思路就比较清楚了，接下来的任务就是选用合适的汇编语言指令来实现流程图中每个框内的要求，从而编制出一个有序的指令流，这就是源程序设计。

（6）程序优化。程序优化的目的在于缩短程序的长度，加快运算速度和节省存储单元。例如，恰当地使用循环程序和子程序，通过改进算法和正确使用指令来节省工作单元及减少程序执行的时间。

（7）上机调试、修改和最后确定源程序。只有通过上机调试并得出正确结果的程序，才能认为是正确的程序。对于单片机来说，没有自开发的功能，需要使用仿真器或利用仿真软件进行仿真调试，修改源程序中的错误，直至正确为止。

3.3.2 汇编语言的程序编辑和汇编

汇编语言源程序由汇编指令和伪指令两者构成。用汇编语言编写的源程序通常需要经过微机汇编程序编译（汇编）成机器码后才能被单片机执行。为了对源程序汇编，在源程序中必须使用一些"伪指令"。伪指令是便于程序阅读和编写的指令，它既不控制机器的操作也不能被汇编成机器代码，只是为汇编程序所识别的常用符号，并指导汇编如何进行，故称为伪指令。

1. MCS-51 单片机的伪指令

MCS-51 单片机的常用伪指令有 ORG，END，EQU，DB，DW，DS 和 BIT 等。

1）汇编起始伪指令 ORG

格式：

    [标号:] ORG 16 位地址

功能：规定程序块或数据块存放的起始地址。

例如：

```
        ORG  8000H              ;该伪指令规定下面的第一条指令从地址 8000H 单
                               ;元开始存放,即标号 START 的值为 8000H
    START:  MOV  A, #30H
            ...
```

2）汇编结束伪指令 END

格式：

    [标号:] END [表达式]

功能：结束汇编。汇编程序遇到 END 伪指令后即结束汇编。处于 END 之后的程序，汇编程序不予处理。

例如：

```
        ORG  2000H
    START:  MOV  A, #00H
            ...
    END  START                 ;表示标号 START 开始的程序段结束
```

3）等值伪指令 EQU

格式：

  字符名称　EQU　操作数

功能：将操作数赋予规定的字符名称。

  其中的"字符名称"不是标号，不能用"："作为分隔符；"操作数"可以是一个数值，也可以是一个已经有定义的名字或可以求值的表达式。用 EQU 指令赋值以后的字符名称可以用作数据地址、代码地址、位地址或直接当作一个立即数使用。因此，给字符名称所赋的值可以是 8 位或 16 位的二进制数。

  例如：

  TEST　　EQU　R0
  MOV　　A, TEST

这里将 TEST 等值为汇编符号 R0，在指令中 TEST 就可代替 R0 来使用。

  又如：

  AB　　　EQU　16H
  DELY　　EQU　1234H
  MOV　　A, AB
  LCALL　DELY

这里 AB 被赋值以后当作直接地址使用，而 DELY 被定义为 16 位地址，是一个子程序的入口。使用 EQU 伪指令时必须先赋值、后使用，而不能先使用、后赋值。

4）定义字节伪指令 DB

格式：

  [标号:]　DB　8 位二进制数表

功能：DB 指令在 ROM 中，从指定的地址单元开始，定义若干个 8 位内存单元的内容。用来在 ROM 的某一部分存入一组 8 位二进制数，或者是将一个数据表格存入 ROM。这个伪指令在汇编以后，将影响 ROM 的内容。

  例如：

    ORG　　　1010H
  TAB:　　DB　　　　32, 'C', 25H, −1

以上伪指令经汇编以后，将对从 1010H 开始的若干内存单元赋值：

地　址	数　据
1010	20
1011	43
1012	25
1013	FF

  (1010H)=20H

  (1011H)=43H

  (1012H)=25H

  (1013H)=FFH

其中，43H 是字符 C 的 ASCII 码，FFH 是数值−1 的补码，十进制数 32 也换算为十六进制数 20H。其数据存储格式如右表所示。

5）定义字伪指令 DW

格式：

  [标号:]　DW　16 位二进制数表

功能：DW 指令是在 ROM 中，从指定的地址单元开始，定义若干个 16 位数据。一个 16 位数要占两个存储单元，其中高 8 位存入低地址单元，低 8 位存入高地址单元。

  例如：

    ORG　　　1100H
  TAB :　　DW　　　　1234H, 0ABH, 10

以上伪指令经汇编后，将对从 1100H 开始的若干个内存单元赋值：

(1100H)=12H
(1101H)=34H
(1102H)=00H
(1103H)=ABH
(1104H)=00H
(1105H)=0AH

地　址	数　据
1100	12
1101	34
1102	00
1103	AB
1104	00
1105	0A

其数据存储格式如右表所示。

DB 和 DW 伪指令都只对 ROM 起作用，不能对 RAM 的内容进行赋值或进行初始化工作。

6）定义存储区伪指令 DS

格式：

　　　　[标号:] DS 表达式

功能：从指定（标号）地址开始（无标号时从顺序地址开始），保留指定数目（表达式的值）的字节单元作为备用存储区，供程序运行使用（用于 ROM）。这些单元的初值均为 0。

例如：

```
        ORG     2000H
TAB:    DS      05H
```

经汇编后，从地址 2000H 开始预留 5 个存储单元。

7）位定义伪指令 BIT

格式：

　　　　字符名称 BIT 位地址

功能：将位地址赋给字符名称。

例如：

```
     S   BIT     P1.0
```

经汇编后，S 符号的值是 P1.0 的地址 90H。

2. 汇编语言源程序编辑

源程序的编写要依据 MCS-51 汇编语言的基本规则，特别要用好常用的汇编指令（即伪指令），例如：

```
DATA0   EQU     30H             ;伪指令,将 30H 赋给字符名称 DATA0
        ORG     4000H           ;伪指令,规定下面程序从 4000H 单元开始存放
        MOV     R0, #DATA0      ;30H→R0
        MOV     R1, DATA0       ;(30H)→R1
        CJNE    R1, #00H, NEXT  ;R1≠00H,则转 NEXT
HERE:   SJMP    HERE
NEXT:   CLR     A               ;0→A
LOOP:   INC     R0              ;(R0)+1→R0
        ADD     A, @R0          ;(A)+((R0))→A
        DJNZ    R1, LOOP        ;(R1)-1→R1,R1≠0,则转 LOOP
        SJMP    HERE
        END                     ;伪指令,汇编到此结束
```

以上程序的功能是对从 DATA0+1（即 31H）开始连续存储的多个 8 位二进制数进行累加，DATA0（即 30H）中是欲累加的 8 位二进制数的个数。

源程序可用记事本录写，并以“.ASM”扩展名存盘，以备汇编程序汇编。

3．汇编语言源程序的汇编

1）汇编程序的汇编过程

用汇编语言编写的源程序必须通过汇编程序汇编，才能使源程序转换成相应的由机器码指令组成的目标程序。较长的程序一般采用微机汇编程序进行汇编，短小程序或练习程序可用人工汇编（查汇编指令与指令编码对照表）。在单片机开发系统的计算机上都配备汇编程序。

2）人工汇编

对简单的实验程序进行人工汇编，即把程序用助记符指令写出后，通过手工方式查指令编码表，逐个把助记符指令翻译成机器码，然后把得到的机器码程序（以十六进制形式）输入单片机开发器中，并进行调试。由于手工汇编是按绝对地址进行定位的，因此，对具有偏移量的计算和程序的修改有诸多不便，通常只有程序较小或条件所限时才使用。

前面的源程序汇编之后的结果如下：

```
源程序                              地址      目标码
DATA0    EQU     30H
         ORG     4000H
         MOV     R0, #DATA0      ;4000   7830
         MOV     R1, DATA0       ;4002   A930
         CJNE    R1, #00H, NEXT  ;4004   B90002
HERE:    SJMP    HERE            ;4007   80FE
NEXT:    CLR     A               ;4009   E4
LOOP:    INC     R0              ;400A   08
         ADD     A, @R0          ;400B   26
         DJNZ    R1, LOOP        ;400C   D9FC
         SJMP    HERE            ;400E   80F7
         END
```

3.3.3 结构化程序设计方法

1．顺序结构程序

顺序结构是程序结构中最简单的一种。用程序流程图表示时，是一个处理框紧接着一个处理框。在执行程序时，从第一条指令开始顺序执行直到最后一条指令为止。

【例3-11】 将内部 RAM 20H 单元中的压缩 BCD 码拆成两个 ASCII 码存入 21H 和 22H 单元。低 4 位存入 21H 单元，高 4 位存入 22H 单元。

分析：首先将 20H 单元中的数除以 10H（即右移 4 位），得到其十位和个位的 BCD 码，再分别与 30H 相加转换为对应的 ASCII 码。程序流程图如图 3-7 所示。

程序如下：

```
ORG     2000H
MOV     A, 20H
MOV     B, #10H      ;除以10H
DIV     AB
ORL     B, #30H      ;低4位BCD码
```

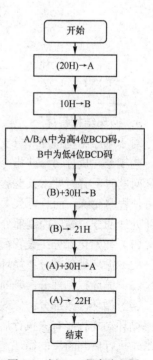

图 3-7　例 3-11 程序流程图

```
                                        ;转换为 ASCII 码
    MOV      21H, B
    ORL      A, #30H              ;高 4 位 BCD 码
                                  ;转换为 ASCII 码
    MOV      22H, A
    END
```

2. 分支结构程序

分支结构程序可根据要求无条件或有条件地改变程序执行流向。编写分支结构程序主要在于正确使用转移指令。分支结构有：单分支结构、双分支结构、多分支结构（散转）。

【例 3-12】 设变量 x 以补码形式存放在内部 RAM 30H 单元中，变量 y 与 x 的关系是

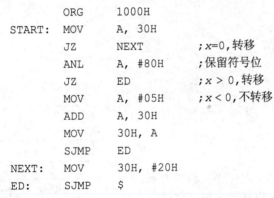

$$y = \begin{cases} x, & x > 0 \\ 20H, & x = 0 \\ x+5, & x < 0 \end{cases}$$

编写程序，根据 x 的值求 y 的值，并放回原单元中。

分析：要根据 x 的大小来决定 y 的值，在判断 $x>0$ 和 $x<0$ 时，采用 JZ 指令进行判断。程序流程图如图 3-8 所示。

程序如下：

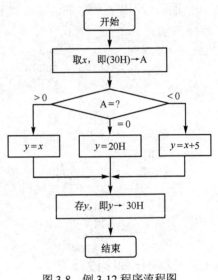

```
            ORG      1000H
    START:  MOV      A, 30H
            JZ       NEXT         ;x=0,转移
            ANL      A, #80H      ;保留符号位
            JZ       ED           ;x > 0,转移
            MOV      A, #05H      ;x < 0,不转移
            ADD      A, 30H
            MOV      30H, A
            SJMP     ED
    NEXT:   MOV      30H, #20H
    ED:     SJMP     $
```

图 3-8　例 3-12 程序流程图

3. 循环结构程序

对于顺序结构程序和分支结构程序，前者每条指令只执行一次，后者则根据不同条件会跳过一些指令，执行另一些指令。这两种程序的特点是每条指令至多只执行一次。但是，在处理实际问题时，有时要求某些程序段多次重复执行，此时就应采用循环结构程序来实现。这样不仅可使程序简练，而且可大大节省存储单元。典型的循环结构程序包含 4 部分：初始化部分、循环处理部分、循环控制部分和循环修改部分。

（1）初始化部分：设置循环开始的初始值，为循环做准备。

（2）循环处理部分：循环程序中重复执行的内容。

（3）循环控制部分：判断是否结束循环。

（4）循环修改部分：修改循环参数，为执行下一次循环做准备。

循环结构程序有先执行后判断和先判断后执行两种基本结构，如图 3-9 所示。图 3-9（a）为"先执行后判断"的循环结构程序的结构图。其特点是一进入循环，先执行循环处理部分，然后根据循环控制条件判断是否结束循环。若不结束，则继续执行循环操作，否则进行结束处

理并退出循环。图 3-9（b）为"先判断后执行"的循环结构程序的结构图。其特点是将循环的控制部分放在循环的入口处，先根据循环控制条件判断是否结束循环。若不结束，则继续执行循环操作，否则进行结束处理并退出循环。

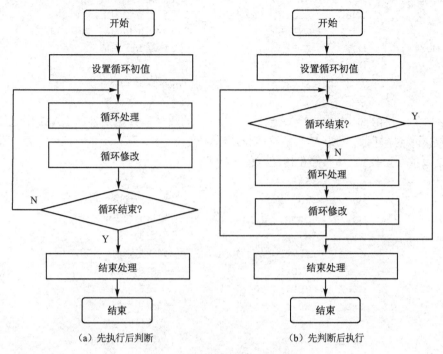

（a）先执行后判断   （b）先判断后执行

图 3-9   循环结构程序的结构图

【例 3-13】   设有一带符号的数组存放在内部 RAM 以 20H 为首地址的连续单元中，其长度为 90，要求找出其中的最大值，并将其存放到内部 RAM 1FH 单元中，试编写相应的程序。

分析：开始时将第 1 单元内容送 A，接着从第 2 单元起依次将其内容 x 与 A 中值比较，如果 x>A 中值，那么将 x 送 A；如果 A 中值≥x，那么 A 中值不变，直到最后一个单元内容与 A 中值比较，操作完毕，则 A 中值就是该数组中的最大值。这里需要解决如何判别两个带符号数 A 中值和 x 的大小的问题。通常可以采用如下的方法：首先判断 A 中值和 x 是否同号，若为同号，则进行 A 中值减 x 操作，若差>0，则 A 中值>x，若差<0，则 A 中值<x；若为异号，则可判断 A 中值（或 x）是否为正，若为正，则 A 中值（或 x）>x（或 A 中值），若为负，则 A 中值（或 x）<x（或 A 中值）。

程序如下：

```
          ORG    1000H
SCMPPMA:  MOV    R0, #20H            ;置取数指针 R0 初值
          MOV    B, #59H             ;置循环计数器 B 初值
          MOV    A, @R0              ;第一个数送 A
SCLOOP:   INC    R0                  ;修改指针
          MOV    R1, A               ;暂存
          XRL    A, @R0              ;两数符号相同?
          JB     ACC.7, RESLAT       ;若相异,则转 RESLAT
          MOV    A, R1               ;若相同,则恢复 A 中原来值
          CLR    C                   ;C 清零
          SUBB   A, @R0              ;两数相减,以判断两者的大小
```

```
                JNB      ACC.7, SMEXT1        ;若 A 中值为大,则转 SMEXT1
CXAHER:         MOV      A, @R0               ;若 A 中值为小,则将大数送入 A
                SJMP     SMEXT2
RESLAT:         XRL      A, @R0               ;恢复 A 中原值
                JNB      ACC.7, SMEXT2        ;若 A 中值为正,则转 SMEXT2
                SJMP     CXAHER               ;若 A 中值为负,则转 CXAHER
SMEXT1:         MOV      A,R1                 ;恢复 A 中原值
SMEXT2:         DJNZ     B, SCLOOP
                MOV      1FH, A               ;最大者送 1FH 单元
                END
```

【例 3-14】 将内部 RAM 中起始地址为 DATA 的数据串传送到外部 RAM 中起始地址为 BUF 的存储区域内,直到发现 "$" 字符停止传送。

本例结束条件为找到 "$" 停止传送。程序如下:

```
                ORG      8000H
                MOV      R0, #DATA            ;置源数据区首地址
                MOV      DPTR, #BUF           ;置目的数据区首地址
LOOP0:          MOV      A, @R0               ;取数据
                CJNE     A, #24H, LOOP1       ;判断是否为$字符
                SJMP     LOOP2                ;是$,转结束
LOOP1:          MOVX     @DPTR, A             ;不是$,执行传送
                INC      R0                   ;修改源地址
                INC      DPTR                 ;修改目的地址
                SJMP     LOOP0                ;传送下一个数据
LOOP2:          RET
```

前面例子都是单循环程序,在现实中经常会遇到多重循环。一个循环程序的循环体中还包含一个或多个循环的结构,即双重循环或多重循环。

【例 3-15】 设 8031 单片机使用 6MHz 的晶振(机器周期为 2μs),试设计延迟 20s 的延时程序。

分析:延时程序的功能相当于硬件定时器的功能。延时程序的延迟时间就是该程序的执行时间,DJNZ 指令的执行周期是两个机器周期(即 4μs),给出相应的循环次数,采用多重循环程序实现延时 20s。

程序如下:

```
                ORG      4000H
DEYPRG:         MOV      R5, #100             ;置外循环计数器 R5 初值为 100
LOOP1:          MOV      R6, #200             ;置 2 层循环计数器 R6 初值为 200
LOOP2:          MOV      R7, #248             ;置 3 层循环计数器 R7 初值为 248
LOOP3:          DJNZ     R7, LOOP3            ;3 层循环计数结束否?
                DJNZ     R6, LOOP2            ;2 层循环计数结束否?
                DJNZ     R5, LOOP1            ;外循环计数结束否?
                RET
```

在上例中采用了多重循环程序,即在一个循环体中又包含了其他的循环程序,这种方法是实现延时程序的常用方法。使用多重循环时,必须注意以下几点:

(1) 循环嵌套,必须层次分明,不允许产生内、外层循环交叉;

(2) 外循环可以一层层向内循环进入,结束时由里往外一层层退出;

(3) 内循环可以直接转入外循环,实现一个循环由多个条件控制的循环结构方式。

4．查表程序

查表程序是一种常用的程序，它广泛用于 LED 显示器控制、打印及数据补偿、计算、转换等功能程序中，具有程序简单、执行速度快等优点。查表，就是根据变量 x 在表格中查找 y，使 $y = f(x)$。

【例3-16】 试编写程序，将十六进制数转换成 ASCII 码。

分析：十六进制数 0～9 的 ASCII 码为 30H～39H，A～F 的 ASCII 码为 41H～46H，ASCII 码表的首地址为 ASCTAB。

入口：HEX 单元的低 4 位存放十六进制数。

出口：转换后的 ASCII 码送回 HEX 单元。

程序如下：

```
            ORG     0200H
    HEX     EQU     33H
    HEXASC: MOV     A, HEX
            ANL     A, #0FH
            MOV     DPTR, #ASCTAB
            MOVC    A, @A+DPTR
            MOV     HEX, A
            RET
    ASCTAB: DB      30H, 31H, 32H, 33H
            DB      34H, 35H, 36H, 37H
            DB      38H, 39H, 41H, 42H
            DB      43H, 44H, 45H, 46H
            END
```

在这个程序中，查表指令 MOVC　A, @A+ DPTR 也可以用 MOVC　A, @A+ PC。由于表格首地址有两条指令，占用 3 个地址空间，因此变址调整应加 03H。

【例3-17】 设有一个巡回检测报警装置，需对 16 路输入进行检测，每路有一个最大允许值，为双字节。检测时需根据测量的路数，找出该路的最大允许值。再判断输入值是否大于最大允许值，如大于则报警。这里只考虑查找最大允许值。

分析：设 x 为路数，放在 R2 中。y 为最大允许值，放在表格中。查表后，最大允许值放在 R3 和 R4 中。

程序如下：

```
            ORG     4000H
    PM1:    MOV     A, R2         ;其值范围为 00H～0FH(如 04)
            ADD     A, R2         ;A←(R2)×2,因最大允许值占 2 字节(如 08)
            MOV     R3, A         ;R3←(R2)×2(如 08)
            ADD     A, #06H       ;加偏移量, (如 400CH-4006H=#06H)
            MOVC    A, @A+PC      ;查第 1 字节(如地址=400CH+8=4015H)
            XCH     A, R3         ;存第 1 字节(如 33),准备取第 2 字节
            ADD     A, #03H       ;加偏移量(如 400CH-400AH+01H=#03H)
            MOVC    A, @A+PC      ;查第 2 字节(如 400AH+0BH=4016H)
            MOV     R4, A         ;存第 2 字节(如 88)
            RET
    TABI:   DW      2520, 3721, 4264, 7560    ;最大允许值表
            DW      3388, 3265, 7883, 9943
            DW      1050, 4051, 6785, 8931
            DW      5468, 5871, 3284, 6688
```

在本例中，表格长度不能超过 256 字节。若表格长度大于 256 字节，必须用 MOVC　A，@A+DPTR 指令。

5. 子程序

在同一个程序中，往往有许多地方都需要执行同样的一项任务，而该任务又并非规则情况，不能用循环程序来实现，这时可以对这项任务进行独立编写，形成一个子程序。在原来的主程序需要执行该任务时，调用该子程序，执行完后又返回主程序，继续以后的操作，这就是所谓的子程序结构。在程序设计过程中，适当使用子程序具有以下优点：

（1）不必重复编写同样的程序，提高了编码的效率；

（2）缩短了源程序和目标程序的长度，节省了 ROM 的空间；

（3）使程序模块化、通用化，便于阅读、交流和共享；

（4）便于分块调试。

通常人们将一些常用的标准子程序驻留在 RAM 或外部存储器中，构成了子程序库。丰富的子程序库对用户十分方便，对某些子程序的调用就像使用一条指令一样。更重要的是，子程序有利于程序的移植，可以减少很多不必要的重复工作。下面详细介绍子程序的编程要点。

在子程序调用过程中，需要解决以下两个方面的问题：

（1）保护现场和恢复现场；

（2）调用程序与被调用程序之间的参数传递。

对于一个具体的子程序，哪些参数应当保护，是否需要现场保护，应视实际情况确定。在进入汇编子程序时，特别是进入中断服务子程序时，还应注意现场保护问题，即对于那些不需要进行传递的参数，包括内存单元的内容、工作寄存器的内容，以及各标志位的状态等，都不能因调用子程序而改变。方法就是在进入子程序时，将需要保护的数据压入堆栈，而空出这些数据所占用的工作单元，供子程序使用。在返回调用程序之前，再将压入堆栈的数据弹出到原有的工作单元，恢复其原来的状态，使调用程序可以继续往下执行。

子程序调用时，要特别注意主程序与子程序之间的信息交换问题。在调用一个子程序时，主程序应先把有关参数（子程序入口条件）放到某些约定的位置，子程序在运行时，可以从约定的位置得到有关参数。同样子程序结束前，也应把处理结果（出口条件）送到约定位置。返回后，主程序便可从这些位置得到需要的结果，这就是参数传递。

参数传递大致可分为以下几种方法。

（1）传递数据。将数据通过工作寄存器 R0～R7 和累加器来传送，即主程序和子程序在交接处，通过上述寄存器和累加器存储同一参数。

（2）传送地址。数据存放在 RAM 中，参数传递时只通过 R0，R1 或 DPTR 传递数据所存放的地址。

（3）通过堆栈传递参数。在调用之前，先把要传送的参数压入堆栈，进入子程序之后，再将压入堆栈的参数弹出到工作寄存器或者其他内存单元。

【例 3-18】　试编写程序，计算 $Y = \sum a_i^2$ 。

分析：a_1，a_2，…，a_{10} 存放在内部 RAM 20H 开始的存储区域内，计算所得结果存放在 R3 和 R2 中。要求：平方运算编写成子程序 SORT，主程序通过调用 SORT 并求和完成运算。参数的传递用累加器。

程序如下：

```
              ORG     8000H
      MAIN:   MOV     R0, #20H              ;置数据指针
```

```
              MOV      R7, #10              ;置计数初值
              MOV      R3, #0               ;结果单元清零
              MOV      R2, #0
LOOP:         MOV      A, @R0               ;取数
              ACALL    SORT                 ;调用求平方子程序
              ADD      A, R2                ;累加平方和
              MOV      R2, A
              CLR      A                    ;清进位位 Cy
              ADDC     A, R3
              MOV      R3, A
              INC      R0                   ;修改指针
              DJNZ     R7, LOOP             ;未完,继续
              SJMP     EN
SORT:         MOV      DPTR, #TAB           ;进入子程序查平方表
              MOVC     A, @A+DPTR
              RET                           ;返回主程序
TAB:          DB       0, 1, 4, 9, 16
              DB       25, 36, 49, 64, 81
```

【例 3-19】 设有 50 个用 ASCII 码表示的十六进制数存放在内部 RAM 以 30H 为首地址的连续单元中。要求将其转换成相应的十六进制数并存放到外部 RAM 以 4100H 为首地址的 25 个连续单元中。根据上述要求，使用堆栈传递参数的方法编写程序。

程序如下：

```
              ORG      4000H
MAIASH: MOV      R0, #2FH             ;置取数指针 R0 初值,从 30H 开始
              MOV      DPTR, #40FFH         ;置数据指针 DPTR,下一个地址是 4100H
              MOV      SP, #20H             ;置堆栈指针 SP 初值
              MOV      R2, #19H             ;置循环计数器 R2 初值为 25
NELOOP: INC      R0                   ;修改 R0
              INC      DPTR                 ;修改 DPTR 指下一个
              MOV      A, @R0               ;取被转换的 ASCII 码并压入堆栈
              PUSH     ACC
              ACALL    SUBASH               ;调用 SUBASH 子程序
              POP      1FH                  ;相应的十六进制数送 1FH 单元
              INC      R0                   ;修改 R0
              MOV      A, @R0               ;取被转换的 ASCII 码并压入堆栈
              PUSH     ACC
              ACALL    SUBASH               ;调用 SUBASH 子程序
              POP      ACC                  ;相应的十六进制数送 A
              SWAP     A                    ;作为高 4 位
              ORL      A, 1FH               ;合成两位十六进制数
              MOVX     @DPTR, A             ;送存数单元
              DJNZ     R2, NELOOP           ;转换结束否? 若未完,则继续
              SJMP     EN
SUBASH: MOV      R1, SP               ;SP 值不能改变,否则不能正确返回
              DEC      R1
              DEC      R1
              XCH      A, @R1               ;从堆栈取出被转换的数送 A
```

```
        CLR     C
        SUBB    A, #3AH         ;为 0～9 的 ASCII 码否？小于 3AH？减 30H
        JC      ASCDTG          ;若小于,则转 ASCDTG
        SUBB    A, #07H         ;若否,则再减去 7, (A)-3AH-07H+0AH=(A)-37H
ASCDTG: ADD     A, #0AH         ;转换成十六进制数
        XCH     A, @R1          ;转换后的十六进制数压入堆栈
EN:     RET
```

思考题与习题 3

3-1 什么是寻址方式？MCS-51 指令系统有哪些寻址方式？相应的寻址空间在何处？

3-2 访问外部数据存储器和程序存储器可以用哪些指令来实现？举例说明。

3-3 试用下列 3 种寻址方式编程，将立即数 0FH 送入内部 RAM 的 30H 单元中。

（1）立即寻址方式；（2）寄存器寻址方式；（3）寄存器间接寻址方式。

3-4 试编写一段程序，将内部 RAM 的 30H 和 31H 单元内容传送到外部 RAM 的 1000H 和 1001H 单元中。

3-5 试编写一段程序，将外部 RAM 的 40H 单元中的内容传送到 0100H 单元中。

3-6 试编写一段程序，将 R3 中的数乘以 4（用移位指令）。

3-7 试编写一段程序，将 R2 中的各位倒序排列后送到 R3 中。

3-8 试编写一段程序，将 P1 口的高 5 位置位，低 3 位不变。

3-9 若(R1)=30H, (A)=40H, (30H)=60H, (40H)=08H，试分析执行下列程序段后上述各单元内容的变化：

```
MOV     A, @R1
MOV     @R1, 40H
MOV     40H, A
MOV     R1, #7FH
```

3-10 若(A)=E8H, (R0)=40H, (R1)=20H, (R4)=3AH, (40H)=2CH, (20)=0FH，试写出下列各指令独立执行后有关寄存器和存储单元的内容。若该指令影响标志位，试指出 Cy、AC 和 OV 的值。

```
（1）MOV     A, @R0
（2）ANL     40H, #0FH
（3）ADD     A, R4
（4）SWAP    A
（5）DEC     @R1
（6）XCHD    A, @R1
```

3-11 加法和减法指令影响哪些标志位？是怎么影响的？

3-12 SJMP 指令和 AJMP 指令都是双字节转移指令，它们有什么区别？各自的转移范围是多少？能否用 AJMP 指令代替程序中的所有 SJMP 指令？为什么？

3-13 试编写程序，将 R1 中的低 4 位数与 R2 中的高 4 位数合并成一个 8 位数，并将其存放在 R1 中。

3-14 若(CY)=1, (P1)=10100011B, (P3)=01101100B，试指出执行下列程序段后，Cy、P1 口及 P3 口内容的变化情况：

```
MOV     P1.3, C
MOV     P1.4, C
MOV     C, P1.6
MOV     P3.6, C
MOV     C, P1.0
MOV     P3.4, C
```

3-15 若 DPTR=507BH, SP=32H, (30H)=50H, (31H)=5FH, (32H)=3CH, 执行下列程序段后, 试指出 DPH=( ), DPL=( ), SP=( )的结果。

```
POP      DPH
POP      DPL
POP      SP
```

3-16 采用 MCS-51 单片机汇编语言进行程序设计的步骤是什么?

3-17 常用的程序结构有哪几种? 特点是什么?

3-18 子程序调用时, 参数的传递方法有哪几种?

3-19 编写程序, 将内部 30H～39H 单元中的内容送到以 2000H 为首地址的外部存储器中。

3-20 编写程序, 采用算术平均值滤波法求采样平均值, 设 8 次采样值依次放在 20H～27H 的连续单元中, 结果保留在 A 中。

3-21 编写程序, 将存放在内部 RAM 起始地址为 20H 和 30H 的两个 3 字节无符号数相减, 结果存放在内部 RAM 的 70H, 71H, 72H 单元中 (低位对应低字节)。

3-22 假设在 R0 指向的内部 RAM 区, 存有 20 个十六进制数的 ASCII 字串。将 ASCII 码转换为十六进制数, 然后两两合成一字节, 从低地址单元到高地址单元依次组合。

第4章 MCS-51单片机的C程序设计

本章教学要求：

（1）熟悉C51语法基础和程序结构。

（2）掌握C51结构化程序设计。

（3）掌握C51对单片机硬件的访问方法。

（4）掌握C51函数定义与调用。

（5）了解汇编语言和C51的混合编程。

4.1 C51概述

C语言是一种通用的程序设计语言，其代码率高，数据类型及运算符丰富，位操作能力强，适用于各种应用的程序设计。使用C语言进行单片机应用系统开发，具有编程灵活、调试方便、目标代码编译效率高的特点。C语言也是目前使用最广的单片机应用系统编程语言。

由C语言编程的单片机应用程序，称为单片机C语言程序，简称C51语言程序。MCS-51单片机开发系统的编译软件可以对51系列单片机C语言源程序进行编译，称为C51编译器。在C51编译软件中，可以进行51系列单片机C语言程序的调试。

为了增强对单片机硬件的操作能力，C51编译器扩展了适合于MCS-51单片机硬件的数据类型、存储类型、存储模式、指针类型和中断函数等，以使单片机C语言程序保持C语言程序本身不依赖计算机硬件系统的特点，而只需要略加补充有关硬件的操作，就可在不同的计算机系统间进行快速移植。C51编译器针对MCS-51单片机硬件在下列几方面对C语言标准进行了扩展：

（1）扩展了专门访问MCS-51单片机硬件的数据类型；

（2）存储类型按MCS-51单片机存储空间分类；

（3）存储模式按MCS-51单片机存储空间选定编译器模式；

（4）指针分为通用指针和存储器指针；

（5）函数增加了中断函数和再入函数。

使用具有C51编译扩展功能的C语言进行MCS-51单片机应用系统的开发编程，简称C51编程。C51编程具有以下特点：

（1）可管理内部寄存器和存储器的分配，编程时，无须考虑不同存储器的寻址和数据类型等细节问题；

（2）程序由若干函数组成，具有良好的模块化结构，可移植性好，便于项目的维护和管理；

（3）有丰富的子程序库可直接调用，从而大大减少用户的编程工作量，提高编程效率；

（4）与汇编语言交叉编程，用汇编语言编写与硬件有关的程序，用C51编写与硬件无关的运算程序，充分发挥两种语言的长处，提高开发效率。

C51编程和汇编语言编程过程一样。单片机C语言源程序经过编辑、编译、连接后生成目标程序文件（.BIN和.HEX），然后运行即可。调试51系列单片机C语言程序目前可用Keil C51仿真软件。

注意：虽然使用C51编程可以取代烦琐的汇编语言编程，但仍需要了解MCS-51单片机的硬件结构，而且C51程序的目标代码在效率上还是不及汇编程序，所以对于单片机系统的开发应采用汇编语言与C51混合编程的方法更为有效。

4.2　C51 语法基础

4.2.1　标识符和关键字

标识符用来标识源程序中某个对象的名字，这些对象可以是语句、数据类型、函数、变量、数组等。

标识符由字符串、数字和下画线等组成，应该注意的是第一个字符必须是字母或下画线，不能用数字开头，如"1_a"是错误的，编译时会有错误提示。在 C51 编译器中，只支持标识符的前 32 位为有效标识。

C51 语言是区分大小写的一种高级语言，如"a_1"和"A_1"是两个完全不同的标识符。

C51 中有些库函数的标识符是以下画线开头的，所以一般不要以下画线开头命名用户自定义的标识符。标识符在命名时应当简单，含义清晰，这样有助于阅读、理解程序。

关键字则是编程语言保留的特殊标识符，它们具有固定的名称和含义，在程序编写中不允许将关键字另作他用。C51 中的关键字除有 ANSI C 标准的 32 个关键字外，还根据 MCS-51 单片机的特点扩展了相关的关键字。C51 关键字见表 4-1。

表 4-1　C51 关键字

关 键 字	用 途	说 明
auto	存储种类说明	用以说明局部自动变量，通常可忽略此关键字
break	程序语句	退出最内层循环和 switch 语句
case	程序语句	switch 语句中的选择项
char	数据类型说明	单字节整型数或字符型数据
const	存储类型说明	在程序执行过程中不可更改的常量值
continue	程序语句	转向下一次循环
default	程序语句	switch 语句中的失败选择项
do	程序语句	构成 do-while 循环结构
double	数据类型说明	双精度浮点数
else	程序语句	构成 if-else 选择结构
enum	数据类型说明	枚举
extern	存储种类说明	在其他程序模块中说明了的全局变量
float	数据类型说明	单精度浮点数
for	程序语句	构成 for 循环结构
goto	程序语句	构成 goto 转移结构
if	程序语句	构成 if-else 选择结构
int	数据类型说明	基本整型数
long	数据类型说明	长整型数
register	存储种类说明	使用 CPU 内部寄存器变量
return	程序语句	函数返回
short	数据类型说明	短整型数
signed	数据类型说明	有符号数，二进制数据的最高位为符号位
sizeof	运算符	计算表达式或数据类型的字节数
static	存储种类说明	静态变量

关 键 字	用 途	说 明
struct	数据类型说明	结构类型数据
switch	程序语句	构成 switch 选择结构
typedef	数据类型说明	重新进行数据类型定义
union	数据类型说明	联合类型数据
unsigned	数据类型说明	无符号数
void	数据类型说明	无类型数据
volatile	数据类型说明	该变量在程序执行中可被隐含地改变
while	程序语句	构成 while 和 do-while 循环结构
bit	位标量声明	声明一个位标量或位类型函数
sbit	位标量声明	声明一个可位寻址变量
sfr	特殊功能寄存器声明	声明一个特殊功能寄存器
sfr16	特殊功能寄存器声明	声明一个 16 位的特殊功能寄存器
data	存储器类型说明	直接寻址的内部 RAM
bdata	存储器类型说明	可位寻址的内部 RAM
idata	存储器类型说明	间接寻址的内部 RAM
pdata	存储器类型说明	分页寻址的外部 RAM
xdata	存储器类型说明	外部 RAM
code	存储器类型说明	程序存储器
interrupt	中断函数说明	定义一个中断函数
reentrant	再入函数说明	定义一个再入函数
using	寄存器组定义	定义芯片的工作寄存器

在 C51 的文本编辑器中编写 C 程序，系统可以将保留关键字以不同颜色显示出来，如 int 关键字的默认颜色为天蓝色。

4.2.2 数据类型

C51 具有 ANSI C 的所有标准数据类型。其基本数据类型包括：char，int，short，long，float 和 double。对 C51 编译器来说，short 类型和 int 类型相同，double 类型和 float 类型相同，整型数和长整型数的存储是高字节在低地址中、低字节在高地址中。除此之外，为了更加方便地利用 MCS-51 单片机的结构，C51 还增加了一些特殊的数据类型，包括 bit，sbit，sfr，sfr16。C51 数据类型见表 4-2。

表 4-2 C51 数据类型

数 据 类 型	数据类型关键字	位 数	数 值 范 围
有符号字符型	signed char	8	−128～+127
无符号字符型	unsigned char	8	0～255
有符号整型	signed int	16	−32 768～+32 767
无符号整型	unsigned int	16	0～65 535
有符号长整型	signed long	32	−2 147 483 648～+2 147 483 647
无符号长整型	unsigned long	32	0～4 294 967 295
浮点型	float	32	1.176E−38～3.40E+38

数 据 类 型	数据类型关键字	位 数	数 值 范 围
位类型	bit	1	0 或 1
SFR 位类型	sbit	1	0 或 1
SFR 字节类型	sfr	8	0～255
SFR 字类型	sfr16	16	0～65 535

对于 char、int、long、float 和指针型数据的定义同 ANSI C，这里不再赘述。

1. bit（位标量）

bit 是 C51 编译器的一种扩充数据类型，利用它可定义一个位标量，但不能定义位指针，也不能定义位数组。它的值是一位二进制数，不是 0，就是 1，类似一些高级语言中的 boolean 型数据的 True 和 False。一个函数中可包含 bit 类型的参数，函数返回值也可为 bit 类型。

bit 可访问 MCS-51 单片机内部 RAM 20H～2FH 范围内的位对象。C51 编译器提供了一个 bdata 存储器类型，允许将具有 bdata 类型的对象放入 MCS-51 单片机内的位寻址区。

2. sfr（特殊功能寄存器）

sfr 也是一种 C51 编译器的扩充数据类型，占用一个内存单元，取值范围为 0～255。利用它，可以访问 MCS-51 单片机内部的所有特殊功能寄存器。如用 sfr P1 = 0x90 这一句定义了一个特殊功能寄存器变量"P1"，0x90 是指 MCS-51 单片机的 P1 口地址 90H，变量 P1 即指 MCS-51 单片机的 P1 口。在后面的语句中，可以用 P1 = 255（对 P1 口的所有引脚置高电平）之类的语句操作特殊功能寄存器。

3. sfr16（16 位特殊功能寄存器）

sfr16 也是一种 C51 编译器的扩充数据类型，用于定义存在于 MCS-51 单片机内部 RAM 的 16 位特殊功能寄存器，如定时器 T0 和 T1。sfr16 型数据占用两个内存单元，取值范围为 0～65 535。

4. sbit（可寻址位）

sbit 也是一种 C51 编译器的扩充数据类型，利用它可以访问芯片内部的特殊功能寄存器中的可寻址位。

在 MCS-51 单片机中，经常要访问特殊功能寄存器中的某些位，可以用关键字 sbit 定义可位寻址的特殊功能寄存器的位寻址对象。定义方法有如下 3 种。

（1）sbit 位变量名 = 位地址

将位的绝对地址赋给位变量，位地址必须位于 80H～FFH（特殊功能寄存器的位地址）之间。

（2）sbit 位变量名 = 特殊功能寄存器名^位位置

当可寻址位位于特殊功能寄存器中时，可采用这种方法。位位置是一个 0～7 之间的常数。

（3）sbit 位变量名 = 字节地址^位位置

这种方法是以一个常数（字节地址）作为基地址，该常数必须在 80H～FFH（特殊功能寄存器的字节地址）之间。位位置是一个 0～7 之间的常数。

MCS-51 单片机中的特殊功能寄存器和特殊功能寄存器可寻址位，已被预先定义放在文件 reg51.h 中，在程序的开头只需要加上#include<reg51.h>或#include<reg52.h>即可。

sbit 和 bit 的区别：sbit 定义特殊功能寄存器中的可寻址位，而 bit 则可定义内部 RAM 的 20H～2FH 中的可寻址位。

4.2.3　C51 运算符

C51 运算符见表 4-3。

表 4-3　C51 运算符

运算符类型	运 算 符	结 合 方 向
算术运算符	+ - * / %	自左至右
关系运算符	< > <= >= == !=	自左至右
逻辑运算符	! && ||	"!" 自右至左，"&&" 和 "||" 自左至右
按位操作运算符	& | ^ ~ << >>	自左至右
自增、自减运算符	++ --	自右至左
赋值运算符	=	自右至左
复合赋值运算符	+= -= *= /= %= <<= >>= &= ^= |=	自右至左
指针操作的运算符	& *	自右至左

运算符的优先级为：！（非）→算术运算符→关系运算符→&& 和 \|\| →赋值运算符。

4.2.4　程序结构

与 ANSI C 一样，C51 程序是一个函数定义的集合，可以由任意个函数构成，其中必须有一个主函数 main( )。程序的执行是从主函数 main( )开始的，调用其他函数后返回主函数 main( )，最后在主函数中结束整个程序，而不管函数的排列顺序如何。

函数定义由 4 部分构成：类型、函数名、参数表和函数体。

C51 程序的组成结构如下：

```
全局变量说明                        /*可被各函数引用*/
类型说明 main()                     /*主函数*/
{
    声明部分
    语句部分
}
类型说明 函数名1(形式参数表)          /*函数1*/
{
    声明部分
    语句部分
}
    …
类型说明 函数名n(形式参数表)          /*函数n*/
{
    声明部分
    语句部分
}
```

C51 程序的函数以"{"开始，以"}"结束。函数在程序中可以有 3 种形式出现：函数定义、函数调用和函数声明。函数分为两类：库函数和用户自定义函数。

C51 程序的编程规则如下：

（1）C51 程序是一个函数定义的集合，一个 C51 程序必须有一个主函数 main( )，可由一个主函数 main( )和任意个函数构成。C51 程序的基本单位是函数。

（2）一个 C51 程序的执行从主函数 main( )开始，不论 main( )函数在整个程序中的位置如何。

（3）每个变量必须先说明后引用。

（4）C51 程序一行可以书写多条语句，但每条语句必须以"；"结尾，一条语句也可以多行书写。

（5）C51 程序中的花括号（"{"和"}"）必须成对出现，位置随意，多个花括号可同行书写，也可逐行书写。为层次分明，增加可读性，同一层的花括号对齐，采用逐层缩进方式书写。

（6）C51 程序的注释用"//"或"/*……*/"表示，"//"用于单行注释，"/*……*/"用于单行或多行注释。

4.3 C51 对 MCS-51 单片机的访问

4.3.1 存储类型

MCS-51 单片机的存储器分为内部 RAM、特殊功能寄存器、外部 RAM、内部 ROM 和外部 ROM。使用汇编指令访问这些存储器时，通常使用不同的指令即可。而在 C51 中访问这些存储器时，是通过定义不同存储类型的变量，以说明该变量所访问的存储器位置。C51 的各种数据存储类型见表 4-4。

表 4-4 C51 的各种数据存储类型

存 储 位 置	存储类型关键字	位 数	范 围
直接寻址内部 RAM	data	8	0～255
位寻址内部 RAM	bdata	8	0～255
间接寻址内部 RAM	idata	8	0～255
分页寻址外部 RAM	pdata	8	0～255
寻址外部 RAM	xdata	16	0～65 535
寻址 ROM	code	16	0～65 535

1．data 存储类型

data 存储类型变量可以直接寻址内部 RAM 的通用 RAM（128B），访问速度快。

2．bdata 存储类型

bdata 存储类型变量可以位寻址内部 RAM 的可位寻址存储区（16B），允许位与字节混合访问。

3．idata 存储类型

idata 存储类型变量可以间接寻址内部 RAM 的全部地址空间（256B）。

4．pdata 存储类型

pdata 存储类型变量可以分页（256B）寻址由指令 MOVX   @Ri 访问的外部 RAM 空间。

5．xdata 存储类型

xdata 存储类型变量可以寻址由指令 MOVX   @DPTR 访问的 64KB 外部 RAM 空间。

6．code 存储类型

code 存储类型变量可以寻址由指令 MOVC   @A+DPTR 访问的 64KB 内、外部 ROM 空间。

访问内部 RAM（data，bdata，idata）比访问外部 RAM（xdata，pdata）相对要快一些，因此,可将经常使用的变量置于内部 RAM 中，而将较大及很少使用的数据单元置于外部 RAM 中。例如：

```
char  data  x;  /*（等价于data char x）定义变量x为8位，置于内部RAM中*/
```

如果用户不对变量的存储类型定义，则编译器承认默认存储类型，默认的存储类型由编译控制命令的存储模式部分决定。

4.3.2 存储模式

存储模式决定了变量的默认存储类型和参数传递区，变量定义不明确存储类型时使用默认值。C51 有 3 种存储模式：SMALL，LARGE 和 COMPACT。在固定存储器地址中进行变量参数传递是 C51 的一个标准特征。C51 的数据存储模式见表 4-5。

表 4-5 C51 的数据存储模式

存 储 模 式	说　明
小编译模式 SMALL	参数及局部变量放入可直接寻址的内部 RAM（最大 128B，默认存储类型是 data），因此访问十分方便。另外所有对象，包括栈，都必须嵌入内部 RAM。栈长很关键，因为实际栈长依赖于不同函数的嵌套层数
紧凑编译模式 COMPACT	参数及局部变量放入分页外部 RAM（最大 256B，默认的存储类型是 pdata），通过工作寄存器 R0 和 R1 间接寻址，栈空间位于内部 RAM 中
大编译模式 LARGE	参数及局部变量直接放入外部 RAM（最大 64KB，默认存储类型为 xdata），使用数据指针 DPTR 进行寻址。用此数据指针访问的效率较低，尤其是对两字节或多字节的变量，这种数据存储类型的访问机制直接影响代码的长度，不方便之处在于这种数据指针不能对称操作

数据存储模式的设定有两种方式，即使用预处理命令或使用编译控制命令。

1）使用预处理命令设定数据存储模式

使用预处理命令设定数据存储模式时，只需要在程序的第一句加预处理命令即可。例如：

```
#pragma small          /*设定数据存储模式为小编译模式*/
#pragma compact        /*设定数据存储模式为紧凑编译模式*/
#pragma large          /*设定数据存储模式为大编译模式*/
```

2）使用编译控制命令设定数据存储模式

使用编译控制命令设定数据存储模式，是在用 C51 编译程序对 C51 源程序进行编译时使用编译控制命令。例如：

```
C51  源程序名 SMALL        /*设定数据存储模式为小编译模式*/
C51  源程序名 COMPACT      /*设定数据存储模式为紧凑编译模式*/
C51  源程序名 LARGE        /*设定数据存储模式为大编译模式*/
```

例如，C51 源程序为 file1.C，若使程序中的变量存储类型和参数传递区限定在外部 RAM，即设定数据存储模式为 COMPACT（紧凑编译模式）：

方法 1 为在程序的第一句加预处理命令：#pragma　compact。

方法 2 为用 C51 对 file1.C 进行编译时，使用编译控制命令：C51　file1.C　COMPACT。

【例 4-1】 变量和函数的存储模式设置。

```
#pragma small          /*默认存储类型为直接寻址内部 RAM*/
char data i, j, k;     /*在内部直接寻址 RAM 中定义了 3 个变量,默认为自动变量*/
char i, j, k;          /*未指明存储类型，由#pragma small 决定，与前一句完全等价*/
int xdata m, n;        /*在外部 RAM 中定义了两个自动变量*/
static char m, n;      /*在内部直接寻址 RAM 中定义了两个静态变量*/
unsigned char xdata ram[10]; /*在外部 RAM 中定义了大小为 10B 的数组变量*/
int func1(int i, int j) large        /*指定函数中变量是 LARGE 模式*/
{
```

```
        return(i+j);
    }
    int func2(int i, int j)                 /*未指明存储模式,按默认的 SMALL 模式*/
    {
        return(i-j);
    }
```

4.3.3 对特殊功能寄存器的访问

MCS-51 单片机内部有 21 个特殊功能寄存器（SFR），分散在内部 RAM 区的 80H～FFH 地址范围内。对 SFR 的操作只能用直接寻址方式。为了能直接访问这些特殊功能寄存器，C51 提供了定义 sfr 的方法。这与 ANSI C 不兼容，只适用于 MCS-51 单片机。

1. 用 sfr 数据类型访问特殊功能寄存器

访问特殊功能寄存器可用关键字 sfr 定义特殊功能寄存器数据类型来实现。定义特殊功能寄存器名的语法如下：

  sfr 特殊功能寄存器名=整型常量；

例如：

```
    sfr PSW=0xD0;              /*定义程序状态字 PSW,因 MCS-51 单片机的 PSW 地址为 D0H*/
    sfr TMOD=0x89;            /*定义定时/计数器方式控制寄存器 TMOD,因 MCS-51 单片机的
                                 TMOD 地址为 89H*/
    sfr P1=0x90;              /*定义 P1 口,因 MCS-51 单片机的 P1 口地址为 90H*/
    sfr SCON=0x98;            /*定义串行口控制寄存器 SCON,因 MCS-51 单片机的 SCON 地址
                                 为 98H*/
```

定义之后，在程序中就可以直接引用特殊功能寄存器名了，注意 sfr 之后的特殊功能寄存器名称必须大写。

2. 用 sbit 数据类型访问可位寻址的特殊功能寄存器中的位

MCS-51 单片机内部 21 个特殊功能寄存器中有 11 个特殊功能寄存器是可位寻址的。访问这些可位寻址的特殊功能寄存器中的位可通过用关键字 sbit 定义特殊功能寄存器位寻址数据类型来实现。定义特殊功能寄存器位名的语法有下列 3 种。

  sbit 特殊功能寄存器位名=特殊功能寄存器名^整型常量

其中，特殊功能寄存器名是已由 sfr 定义了的特殊功能寄存器名，整型常量是可位寻址特殊功能寄存器中的位（是一个 0～7 之间的常数）。

  sbit 特殊功能寄存器位名=整型常量 1^整型常量 2

其中，整型常量 1 是指可位寻址特殊功能寄存器的字节地址（在 80H～FFH 之间），整型常量 2 是指该寄存器中的位（是一个 0～7 之间的常数）。

  sbit 特殊功能寄存器位名=整型常量

其中，整型常量是可位寻址特殊功能寄存器的绝对位地址（位于 80H～FFH 之间）。

例如：

```
    sfr PSW=0xD0;            /*首先定义程序状态字 PSW,
                               因 MCS-51 单片机的 PSW 地址为 D0H*/
    sbit OV=PSW^2;           /*在前面定义了 PSW 后,OV 位于 PSW 的第 2 位*/
    sbit AC=0xD0^6;          /*D0H 是程序状态字 PSW 的字节地址,
                               辅助进位标志位 AC 位于 PSW 的第 6 位*/
```

```
sbit RS0=0xD0^3;              /*工作寄存器组控制位 RS0 位于 PSW 的第 3 位*/
sbit CY=0xD7;                 /*进位标志位 Cy 的绝对位地址为 D7H*/
```

标准 SFR 在 reg51.h 和 reg52.h 等头文件中已经被定义，只要用#include 包含命令作出声明即可使用。

【例 4-2】 访问特殊功能寄存器。

```
#include <reg51.h>
sbit P10=P1^0;               /*定义 P10 为 P1 口第 0 位,即 P1.0 口*/
sbit P12=P1^2;               /*定义 P12 为 P1 口第 2 位,即 P1.2 口*/

void main()
{
    P10=1;                   /*置位 P1.0 口*/
    P12=0;                   /*复位 P1.2 口*/
    PSW=0x08;                /*程序状态字置 0x08*/
    ...

}
```

4.3.4 对存储器和并行口的访问

MCS-51 单片机内部有 128B 的 RAM 区（00H～7FH），可扩展外部 64KB 的 ROM 和 RAM，有 P0，P1，P2，P3 四个 8 位双向并行 I/O 接口，每个接口可以按字节输入或输出，也可以按位进行输入或输出，4 个口共 32 根口线。使用 C51 编程时，内/外部存储器、内部并行 I/O 接口与外部扩展并行 I/O 接口可以统一在头文件中定义，也可以在程序中进行定义（一般在程序开始的位置）。C51 定义存储器、并行口的方法如下。

1. 对存储器使用绝对地址访问

C51 编译器提供了一组宏定义用来对 MCS-51 单片机的 CODE，DATA，PDATA 和 XDATA 空间进行绝对地址访问。函数原型如下：

```
#define CBYTE((unsigned char volatile *)0x50000L)
#define DBYTE((unsigned char volatile *)0x40000L)
#define PBYTE((unsigned char volatile *)0x30000L)
#define XBYTE((unsigned char volatile *)0x20000L)
#define CWORD((unsigned int volatile *)0x50000L)
#define DWORD((unsigned int volatile *)0x40000L)
#define PWORD((unsigned int volatile *)0x30000L)
#define XWORD((unsigned int volatile *)0x20000L)
```

这些函数原型放在 absacc.h 文件中。

CBYTE 以字节形式对 CODE 区寻址，DBYTE 以字节形式对 DATA 区寻址，PBYTE 以字节形式对 PDATA 区寻址，XBYTE 以字节形式对 XDATA 区寻址，CWORD 以字形式对 CODE 区寻址，DWORD 以字形式对 DATA 区寻址，PWORD 以字形式对 PDATA 区寻址，XWORD 以字形式对 XDATA 区寻址。

【例 4-3】 使用绝对地址访问存储器。

```
#include<absacc.h>
#include<reg52.h>
#define uint unsigned int
```

```
#define uchar unsigned char

void main(void)
{
    uint ui_var1;
    uchar uc_var1;
    ui_var1 = XWORD [0x0000];      /*访问外部 RAM 的 0000H～0001H 地址的内容*/
    uc_var1 = XBYTE [0x0002];      /*访问外部 RAM 的 0002H 地址的内容*/
    XWORD [0x0000]=0xAABB;         /*将 0xAABB 送入外部 RAM 的 0000H～0001H 地址中*/
    XBYTE [0x0002]=0xAA;           /*将 0xAA 送入外部 RAM 的 0002H 地址中*/
    ...
    for(;;);
}
```

2. 对存储器使用指针访问

采用指针的方法，可实现在 C51 程序中对任意指定的存储器地址进行操作。

【例 4-4】 使用指针访问存储器。

```
#define uchar unsigned char
#define uint unsigned int

void test_memory(void)
{
    uchar idata ivar1;
    uchar xdata *xdp;      /*定义一个指向 XDATA 区空间的指针*/
    char data *dp;         /*定义一个指向 DATA 区空间的指针*/
    uchar idata *idp;      /*定义一个指向 IDATA 区空间的指针*/
    xdp=0x1000;            /*给 XDATA 指针赋值,指向 XDATA 区地址 1000H 处*/
    *xdp=0x5A;             /*将数据 5AH 送到 XDATA 区的 1000H 单元*/
    dp=0x61;               /*给 DATA 指针赋值,指向 DATA 区地址 61H 处*/
    *dp=0x23;              /*将数据 23H 送到 DATA 区的 61H 单元*/
    idp=&ivar1;            /*idp 指向 IDATA 区的变量 ivar1*/
    *idp=0x16;             /*数据 16H 送到 IDATA 区的变量 ivar1 所在的地址单元中,
                             等价于 ivar1=0x16*/

}
```

3. C51 定义内部并行 I/O 接口

单片机内部并行 I/O 接口可用关键字 sfr 定义，参见 4.2.2 节。

并行 I/O 接口定义格式举例：

```
sfr P0=0x80;               /*定义 P0 口,地址 80H*/
sfr P1=0x90;               /*定义 P1 口,地址 90H*/
```

【例 4-5】 操作内部并行 I/O 接口。

```
sfr P1=0x90;               /*定义 P1 口,地址 90H*/
sfr P3=0xB0;               /*定义 P3 口,地址 B0H*/
sbit DIPswitch=P1^4;       /*P1 口第 4 位(P1.4 口)为 DIP 开关的输入*/
sbit LEDgreen=P3^5;        /*P3 口第 5 位(P3.5 口)为绿色 LED 的输出*/

void main()
```

```
        {
            unsigned char inval=0;
            for(;;)
            {   if(DIPswitch==1)        /*检查 P1.4 口输入是否为高*/
                {   inval=P1&0x0F;       /*读 P1 口 0～3 位*/
                    LEDgreen =0;         /*置 P3.5 口输出为低*/
                }
                else
                {   LEDgreen =1;         /*置 P3.5 口输出为高*/
                }
                P3=P3|inval;            /*P1 口 0～3 位输出到 P3 口的 0～3 位*/
            }
        }
```

4. C51 定义外部并行 I/O 接口

对外部扩展的并行 I/O 接口，则根据其硬件译码地址，将其看作外部 RAM 的一个单元，使用#define 语句进行定义。用指针定义，指针的定义在 absacc.h 头文件中。

【例 4-6】 操作外部并行 I/O 接口。

```
#include<absacc.h>
#define  PA XBYTE[0xffec]    /*将 PA 定义为外部并行 I/O 接口,地址为 0xffec*/
void main()
{
    PA=0x5A;                  /*将数据 5AH 写入地址为 0xffec 的存储单元或 I/O 接口*/
}
```

在头文件或程序中，内、外部并行 I/O 接口进行定义以后，在程序中就可以使用这些接口了。定义接口地址的目的是便于 C51 编译器按 MCS-51 单片机的实际硬件结构建立 I/O 接口变量名与其实际地址的联系，以便编程人员能用软件模拟 MCS-51 单片机的硬件操作。

4.3.5 位地址访问

C51 编译器支持 bit 数据类型，在 C51 程序中可以使用 bit 数据类型对位地址进行操作。C51 对位变量的定义有 3 种方法。

1. 用 bit 关键字定义 C51 位变量
例如：

```
bit lock;                    /*将 lock 定义为位变量*/
bit direction;               /*将 direction 定义为位变量*/
bit display;                 /*将 display 定义为位变量*/
```

注意：不能定义位变量指针，也不能定义位变量数组。

2. 函数可包含 bit 的参数和返回值
例如：

```
bit fun(bit a1,bit a2)
{
    ...
    return(a1);
}
```

注意：使用禁止中断或包含明确的工作寄存器组切换的函数不能返回位值。

3．可位寻址存储区的位变量定义

MCS-51 单片机内部 RAM 可位寻址区在 20H～2FH 地址范围，C51 编译器允许数据存储类型为 bdata 的变量放入内部 RAM 可位寻址区中。

例如，先定义变量的数据类型和存储类型，然后使用 sbit 定义位变量。

```
bdata int ibdata;              /*ibdata 定义为 bdata 整型变量*/
bdata char carry[5];           /*carry 定义为 bdata 字符数组*/
sbit mybit0= ibdata^0;         /*mybit0 定义为 ibdata 的第 0 位*/
sbit mybit15= ibdata^15;       /*mybit15 定义为 ibdata 的第 15 位*/
sbit arrybit07= carry[0]^7;    /*arrybit07 定义为 carry[0]的第 7 位*/
sbit arrybit37= carry[3]^7;    /*arrybit37 定义为 carry[3]的第 7 位*/
arrybit37=0;                   /*carry[3]的第 7 位赋值为 0(位寻址)*/
carry[0]='A';                  /*carry[0]赋值为'A'(字节寻址)*/
```

^操作符后的最大值取决于指定的基本数据类型。对于 char 而言是 0～7，对于 int 而言是 0～15，对于 long 而言是 0～31。

4.3.6　中断函数

中断服务程序在 C51 程序中是以中断函数的形式出现的，中断函数的格式为：

```
void 函数名() interrupt n using m
{
     函数体语句
}
```

interrupt 是 C51 中中断函数的关键字，n 是中断号，MCS-51 单片机的中断号与中断源的对应关系见表 4-6。

表 4-6　MCS-51 单片机的中断号与中断源的对应关系

中　断　号	中　断　源	入 口 地 址
0	外部中断 0	0003H
1	定时/计数器 0	000BH
2	外部中断 1	0013H
3	定时/计数器 1	001BH
4	串行口中断	0023H

using 是指定中断函数中选用工作寄存器组的关键字，m 是 0～3 范围的常数，若不用该选项，编译器会自动选择默认工作寄存器组（0 组寄存器）。

例如：

```
void T0_srv(void) interrupt 1 using 1      /*定时/计数器 0 中断函数*/
{
                                           /*定时/计数器 0 中断服务程序*/
}
```

编写中断函数的要点：

（1）中断函数不能进行参数传递；

（2）中断函数没有返回值，返回值类型应定义为 void 型；

（3）禁止对中断函数的直接调用；

（4）如果中断函数调用了其他函数，被调用函数与中断函数就使用相同的工作寄存器组；

（5）中断函数最好写在程序尾部。

4.4　C51 结构化程序设计

C51 程序是一种结构化程序，由若干个模块组成，每个模块包含若干个基本结构，而每个基本结构可以包含若干条语句。基本结构有 3 种：顺序结构、选择结构和循环结构。

4.4.1　顺序结构程序

顺序结构是一种最基本、最简单的程序结构。在这种结构中，语句被依次逐条地顺序执行。

【例 4-7】　设计一乘法程序，乘积放在外部 RAM 的 0000H 单元中。

```
void main()
{
    unsigned long  xdata *p;  /*设定 p 是指向外部 RAM 的 unsigned long 指针*/
    unsigned long  x=12345, y=67890, mum;
    mum=x*y;
    p=0;                       /*p 指向外部 RAM 的 0000H 单元*/
    *p=mum;                    /*乘积存入外部 RAM 的 0000H 单元*/
}
```

4.4.2　选择结构程序

用 if 语句可以构成选择结构。它根据给定的条件进行判断，以决定执行某个分支程序段。if 语句有 3 种基本形式。

1. 单分支语句

```
if (条件表达式) 语句组;
```

其语义是：如果条件表达式的值为真（非 0），则执行其后的语句组，否则不执行其后的语句组。单分支语句流程图如图 4-1 所示。

【例 4-8】　寻找两个数中的大数并输出。

```
void  main()
{   unsigned xdata *p;
    unsigned  a=35, b=78, max;
    max=a;
    if (max<b) max=b;
    p=0;                       /*p 指向外部 RAM 的 0000H 单元*/
    *p=max;                    /*最大值存入外部 RAM 的 0000H 单元*/
}
```

在本例中，把 a 先赋予变量 max，再用 if 语句判别 max 和 b 的大小，如果 max 小于 b，则把 b 赋予 max，因此 max 中总是大数。

2. 双分支语句

```
if (条件表达式) 语句组 1;
else 语句组 2;
```

其语义是：如果条件表达式的值为真（非 0），则执行语句组 1，否则执行语句组 2。其流程图如图 4-2 所示。

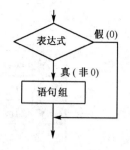

图 4-1 单分支语句流程图

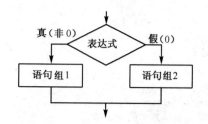

图 4-2 双分支语句流程图

【例 4-9】　寻找两个数中的大数并输出。

```
#include <stdio.h>
void main()
{
    unsigned xdata *p;
    unsigned a=35, b=78, max;
    if(a>b)
        max=a;
    else
        max=b;
    p=0;                    /*p 指向外部 RAM 的 0000H 单元*/
    *p=max;                 /*最大值存入外部 RAM 的 0000H 单元*/
}
```

在本例中，改用 if-else 语句判别 a 和 b 的大小。

3. 多分支语句

前两种形式的 if 语句一般都用于两个分支的情况。当有多个分支选择时，可采用 if-else-if 语句结构，其一般形式为：

```
if (条件表达式 1)
    语句组 1;
else if (条件表达式 2)
    语句组 2;
else if (条件表达式 3)
    语句组 3;
    ...
else if (条件表达式 n)
    语句组 n;
else
    语句 m;
```

其语义是：依次判断条件表达式的值，当出现某个条件表达式的值为真（非 0）时，则执行其对应的语句组。然后跳到整个 if 语句之外继续执行程序。如果所有的表达式的值均为假(0)，则执行语句组 m。然后继续执行后续程序。

【例 4-10】　如图 4-3 所示，单片机 P1 口的 P1.0 和 P1.1 各接一个开关 S_1 和 S_2，P1.4，P1.5，P1.6 和 P1.7 各接一只发光二极管。由 S_1 和 S_2 的不同状态来确定哪只发光二极管被点亮（开关与发光二极管的关系如图 4-3 中的表所示）。

程序如下：

```c
#include <reg51.h>
void main()
{
    char a;
    a=P1;
    a=a&0x03;    /*屏蔽高 6 位*/
    if (a==0)  P1=0x7F;
    else if (a==1)  P1=0xBF;
    else if (a==2)  P1=0xDF;
    else  P1=0xEF;
}
```

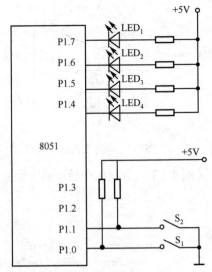

图 4-3　例 4-10 电路图及开关与
发光二极管的关系

S₂	S₁	被点亮的发光二极管
0	0	LED₁
0	1	LED₂
1	0	LED₃
1	1	LED₄

多分支选择还可使用 switch 语句实现，switch 语句结构的一般形式为：

```c
switch (表达式)
{
    case 常量表达式 1: 语句组 1;
    case 常量表达式 2: 语句组 2;
    ...
    case 常量表达式 n: 语句组 n;
    default: 语句组 n+1;
}
```

其语义是：计算表达式的值，并逐个与其后的常量表达式值相比较，当表达式的值与某个常量表达式的值相等时，即执行其后的语句组，然后继续执行后面所有的 case 语句，但不再进行判断；如果表达式的值与所有 case 后的常量表达式的值均不相等，则执行 default 后的语句。

【例 4-11】　用 switch 语句完成例 4-10。

程序如下：

```c
#include<reg51.h>
void main()
{
    char a;
    a=P1;
    a=a&0x03;                /*屏蔽高 6 位*/
    switch (a)
    {   case 0:  P1=0x7F; break;
        case 1:  P1=0xBF; break;
        case 2:  P1=0xDF; break;
        default:  P1=0xEF;
    }
}
```

在使用 switch 语句时还应注意以下几点：

（1）在 case 后的各常量表达式的值不能相同，否则会出现错误；

（2）在 case 后，允许有多条语句，可以不用 { } 括起来；

（3）各 case 和 default 子句的先后顺序可以变动，而不会影响程序的执行结果；

（4）default 子句可以省略不用；

（5）在每个 case 语句之后增加 break 语句，使每次执行之后均可跳出 switch 语句，这样才能实现多分支结构。

4.4.3 循环结构程序

循环结构是程序中一种很重要的结构。其特点是，在给定条件成立时，反复执行某程序段，直到条件不成立为止。给定的条件称为循环条件，反复执行的程序段称为循环体。C 语言提供了多种循环语句，可以组成各种不同形式的循环结构。C 语言提供的循环语句有：

- while 循环语句；
- do-while 循环语句；
- for 循环语句。

1. while 循环语句

while 循环语句的一般形式为：

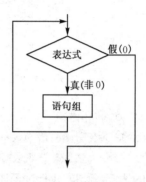

```
while(表达式)  语句组
```

其中表达式是循环条件，语句组为循环体。while 循环语句的语义是：计算表达式的值，当值为真（非 0）时，执行语句组；当值为假（0）时，则终止循环。while 循环语句流程图如图 4-4 所示。

图 4-4 while 循环语句流程图

【例 4-12】 前面的例 4-11 程序只能执行一遍，用 while 语句使其无穷循环执行。

程序如下：

```
#include<reg51.h>
void main()
{   char a;
    while (1)            /*循环条件表达式的值始终为1,无穷循环*/
    {   a=P1;
        a=a&0x03;        /*屏蔽高 6 位*/
        switch (a)
        {   case 0:  P1=0x7F;  break;
            case 1:  P1=0xBF;  break;
            case 2:  P1=0xDF;  break;
            case 3:  P1=0xEF;
        }
    }
}
```

2. do-while 循环语句

do-while 循环语句的一般形式为：

```
do
    语句组
while(表达式);
```

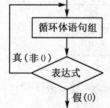

图 4-5 do-while 循环语句流程图

该循环语句与 while 循环语句的不同在于：先执行循环体中的语句组，然后再判断表达式的值是否为真。如果为真（非 0），则继续循环；如果为假（0），则终止循环。因此，do-while 循环至少要执行一次循环体内的语句组。do-while 循环语句流程图如图 4-5 所示。

【例 4-13】 用 do-while 循环语句实现例 4-12。

程序如下：

```
#include<reg51.h>
void main()
{   char a;
    do
    {   a=P1;
        a=a&0x03;          /*屏蔽高 6 位*/
        switch (a)
        {   case 0:  P1=0x7F;  break;
            case 1:  P1=0xBF;  break;
            case 2:  P1=0xDF;  break;
            case 3:  P1=0xEF;
        }
    }  while (1);           /*循环条件表达式的值始终为 1,无穷循环*/
}
```

3．for 循环语句

for 循环语句使用最为灵活，它完全可以取代 while 循环语句。for 循环语句的一般形式为：

    for (表达式 1;表达式 2;表达式 3) 语句组

for 循环语句的执行过程如下。

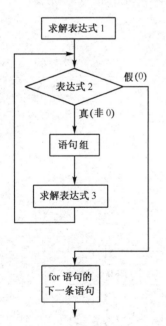

图 4-6　for 循环语句流程图

（1）先求解表达式 1。

（2）求解表达式 2，若其值为真（非 0），则执行 for 循环语句中指定的语句组，然后执行下面第 3 步；若其值为假（0），则转到第 5 步，结束循环。

（3）求解表达式 3。

（4）转回第 2 步继续执行。

（5）循环结束，执行 for 循环语句的下一条语句。

for 循环语句流程图如图 4-6 所示。

说明：

（1）for 循环语句中的"表达式 1（循环变量赋初值）"、"表达式 2（循环条件）"和"表达式 3（循环变量增量）"都是选择项，即可以默认，但";"不能默认。

（2）省略了"表达式 1（循环变量赋初值）"，表示不对循环控制变量赋初值。

（3）省略了"表达式 2（循环条件）"，则不做其他处理时便成为死循环。

（4）省略了"表达式 3（循环变量增量）"，则不对循环控制变量进行操作，这时可在语句组中加入修改循环控制变量的语句。

（5）"表达式 1（循环变量赋初值）"和"表达式 3（循环变量增量）"可同时省略，结果如同前面第（2），（4）两种情况。

（6）3 个表达式都可同时省略，结果如同前面第（2），（3），（4）三种情况的综合效果。

（7）表达式 2 一般是关系表达式或逻辑表达式，但也可是数值表达式或字符表达式，只要其值非零，就执行循环体中的语句组。

【例 4-14】 用 for 循环语句实现例 4-12。

程序如下：

```
#include<reg51.h>
void main()
{    char a;
     for ( ; ; )                  /*无循环条件,无穷循环*/
     {   a=P1;
         a=a&0x03;                 /*屏蔽高 6 位*/
         switch (a)
         {   case  0:  P1=0x7F;  break;
             case  1:  P1=0xBF;  break;
             case  2:  P1=0xDF;  break;
             case  3:  P1=0xEF;
         }
     }
}
```

4．break 语句

break 语句通常用在循环语句和开关语句中。当 break 用在开关语句 switch 中时，可使程序跳出 switch 语句而执行 switch 语句以后的语句。break 在 switch 中的用法已在前面介绍开关语句的例子中遇到，这里不再举例。

当 break 语句用在 do-while，for，while 循环语句中时，可使程序终止循环而执行循环结构后面的语句。通常 break 语句总与 if 语句连在一起，即满足条件时便跳出循环。在多层循环中，一个 break 语句只向外跳一层。

5．continue 语句

continue 语句的作用是跳过循环体中剩余的语句而强行开始执行下一次循环。continue 语句只用在 for，while，do-while 等循环体中，常与 if 条件语句一起使用，用来加速循环。

4.5 C51 程序设计实例

4.5.1 查表程序

在许多单片机嵌入式应用系统中，经常采用查表法代替数学公式的计算。特别是对传感器的非线性补偿的场合，使用查表法比采用复杂的曲线拟合效果要好。可以将预先计算好的数据随程序装入 EPROM 的指定区间，形成数据表。查表程序可以用数组实现。

【例 4-15】 编写一个将摄氏温度转换为华氏温度的查表程序，已知摄氏温度 0，1，2，3，4，5 对应的华氏温度为 32，34，36，37，39，41。

程序如下：

```
#define UCH unsigned char
UCH code tem[ ]={32,34,36,37,39,41};
UCH f_to_c(UCH deg)
{    return tem[deg];
}
void main()
{    UCH x;
     x= f_to_c(3);
}
```

在程序开始定义了无符号数组 tem，并对它进行初始化。存储类型 code 指定编译器将此表定位在 EPROM 中。在主函数 main( )中调用函数 f_to_c(UCH deg)，从数组中查表获取相应的温度转换值。执行该函数调用语句 x=f_to_c(3)后，x 的结果为与 3 摄氏度对应的 37 华氏温度。

【例 4-16】 内部 RAM 的 20H 单元存放着一个 00H～05H 的数，用查表法求出该数的平方值并放入内部 RAM 的 21H 单元中。

程序如下：

```
main()
{   char x,*p;
    char code tab[6]={0,1,4,9,16,25};
    p=0x20;
    x=tab[*p];
    p++;
    *p=x;
}
```

4.5.2 单片机应用程序设计

本节介绍一些使用 MCS-51 单片机内部资源（中断、定时/计数器、I/O 接口）和扩展资源（并行口、A/D、D/A、键盘、显示器）的 C51 实用程序，在程序中用到了一些后续章节的内容（如中断、定时/计数器等），读者可以在学习完后续章节的相关内容后再阅读本节。

【例 4-17】 外部中断 0 引脚（P3.2 口）接一个开关，P1.0 口接一只发光二极管。开关闭合一次，发光二极管改变一次状态。

程序如下：

```
#include<reg51.h>
#include<intrins.h>
sbit  P1_0=P1^0;
void  delay(void)                       /*延时函数*/
{    int a=5000;
     while(a--) _nop_();
}
void  int_srv(void)  interrupt  0  using  1    /*外部中断函数*/
{   delay();
    if(INT0==0)                         /*测试 INT0==0 后 P1.0 取反*/
        {P1_0=!P1_0;  while(INT0==0);}
}
void  main()
{   P1_0=0;
    EA=1;                               /*开中断*/
    EX0=1;
    while(1);
}
```

【例 4-18】 用定时/计数器 0 实现从 P1.0 口输出方波信号，周期为 50ms。设单片机的 f_{osc} = 6MHz。

程序如下：

```
#include<reg51.h>
sbit P1_0=P1^0;
void  main()                                    /*主函数*/
{    TMOD=0x01;                                  /*设置 T0 工作于定时方式 1*/
     TH0=-12500/256;                             /*写定时器中加 1 计数器的计数初值*/
     TL0=-12500%256;
     ET0=1;                                      /*允许 T0 中断*/
     EA=1;                                       /*全部中断允许*/
     TR0=1;                                      /*启动 T0 工作*/
     while(1);                                   /*等待中断*/
}
void T0_srv(void) interrupt  1  using  1        /*中断函数*/
{    TH0=-12500/256;                             /*重写计数初值*/
     TL0=-12500%256;
     P1_0=!P1_0;                                 /*P1.0 取反*/
}
```

【例 4-19】　如图 4-7 所示，单片机扩展可编程接口芯片 8155，8155 的 PA 口控制 8 只发光二极管，形成走马灯，每只发光二极管点亮的时间为 0.1s。

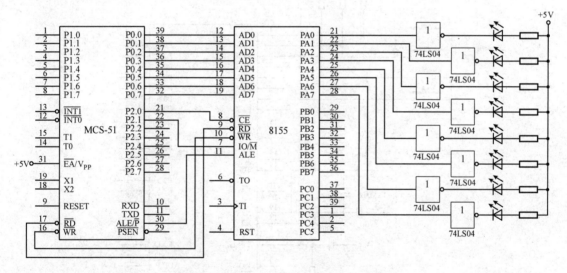

图 4-7　例 4-19 用 8155 扩展显示接口电路图

8155 的端口地址如下。

命令口地址（COM8155）：FEF8H　　　　PA 口地址（PA8155）：FEF9H

PB 口地址（PB8155）：FEFAH　　　　　PC 口地址（PC8155）：FEFBH

程序如下：

```
#include<reg51.h>
#include<absacc.h>
#define  COM8155  XBYTE[0xfef8]
#define  PA8155  XBYTE[0xfef9]
void  delay(void)                               /*延时 1ms 函数*/
{    TH0=-500/256;
     TL0=-500%256;
```

```
        TR0=1;
        while(!TF0);                                    /*循环等待 T0 定时时间到*/
        TF0=0;
        TR0=0;
}
void main()
{    char i;
     char disp_word=0x01;                               /*从第 1 位开始点亮*/
     TMOD=0x01;
     COM8155=0x01;                                      /*初始化 8155*/
     do
     {    PA8155= disp_word;                            /*输出点亮一位*/
          for(i=0; i<100; i++) {delay();}              /*点亮 0.1s*/
          disp_word=disp_word<<1;                       /*左移控制字,准备点亮下一位*/
          if(disp_word= =0) disp_word=0x01;
     } while(1);
}
```

【例 4-20】　如图 4-8 所示为扩展独立键盘电路图，编写程序实现键盘管理。

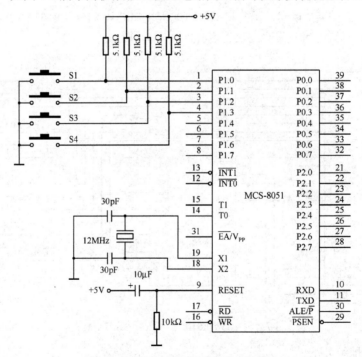

图 4-8　例 4-20 扩展独立键盘电路图

程序如下：

```
        #include<reg51.h>
        #include<absacc.h>
        void delay(void)                                /*延时 1ms*/
        {    TH0=-500/256;
             TL0=-500%256;
             TR0=1;
             while(!TF0);                               /*循环等待 T0 定时时间到*/
             TF0=0;
```

```
            TR0=0;}
    void  main()
    {   char x, i;
        for(;;)
            {x=P1;
                x=x&0x0f;
                if(x==0)
                    continue;
                for(i=0; i<10; i++)
                    delay();                        /*延时10ms去抖动*/
                x=P1;
                x=x&0x0f;
                if(x==0)
                    continue;
            switch(x)
            {case 0x01: PBYTE[0x20]=PBYTE[0x20]+1; break;    /*20单元加1*/
             case 0x02: PBYTE[0x20]=PBYTE[0x20]-1; break;    /*20单元减1*/
             case 0x04: PBYTE[0x20]=0x00; break;             /*20单元清零*/
             case 0x08: PBYTE[0x20]=0xff; }                  /*20单元置全1*/
            }
    }
```

【例4-21】　如图4-9所示为扩展4位动态显示电路，编写控制4位显示器动态显示的程序。

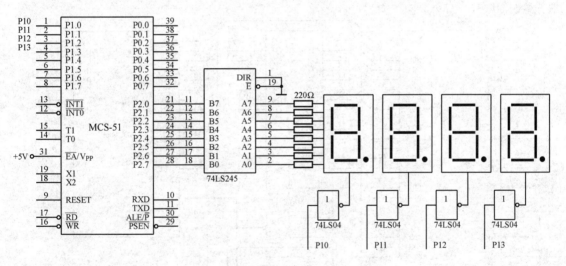

图4-9　例4-21扩展4位动态显示电路

程序如下：

```
    #include<reg51.h>
    #include<intrins.h>
    char code dispdata[ ]={0x3F,0x06,0x5B,0x4F,0x66,0x6D,0x7D,0x07,0x7F, 0x6F};
    char dis_data[4];
    void  delay(void)                           /*延时1ms*/
    {   TH0=-500/256;
        TL0=-500%256;
        TR0=1;
```

```
        while(!TF0);
        TF0=0;
        TR0=0;
    }
    void  disp(char ch1)                                /*显示函数*/
    {   static char ch=0x01;
        P2=dispdata[dis_data[ch1]];
        P1=ch;
        ch=ch<<1;
        if(ch==0x10)  ch=0x01;
    }
    main()
    {   char ch1;
        TMOD=0x01;
        while(1)
        {   for(ch1=0; ch1<4; ch1++)                    /*对 4 位 LED 扫描一遍*/
                {   disp(ch1);
                    delay();
                }
            delay(); delay();
        }
    }
```

【例 4-22】   如图 4-10 所示为扩展 A/D 转换电路。对 8 个通道轮流采集一次，采集的结果
放在数组 ad 中。

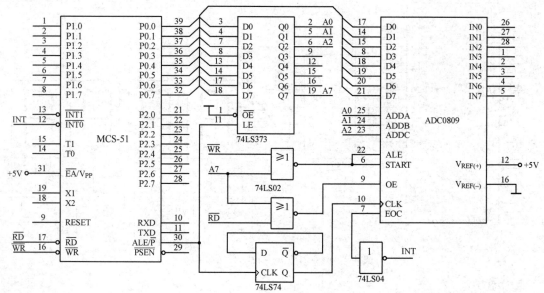

图 4-10 例 4-22 扩展 A/D 转换电路

程序如下：

```
    #include<reg51.h>
    #include<absacc.h>
    sbit ad_busy=P3^2;
    main()
    {   static char idata ad[8];
        char i;
```

```
        char pdata *ad_ch;
        ad_ch=0x78;                    /*设置初始通道地址*/
        for(i=0; i<8; i++)
        { *ad_ch=0;                     /*启动 A/D 转换*/
          i=i;                          /*延时等待 EOC 信号变低*/
          i=i;
          while(ad_busy= =1);           /*查询*/
          ad[i]=*ad_ch;                 /*存放结果*/
          ad_ch++;
        }
    }
```

【例 4-23】　如图 4-11 所示为扩展 D/A 转换电路，要求 DAC0832 输出锯齿波电压信号，信号周期自由。

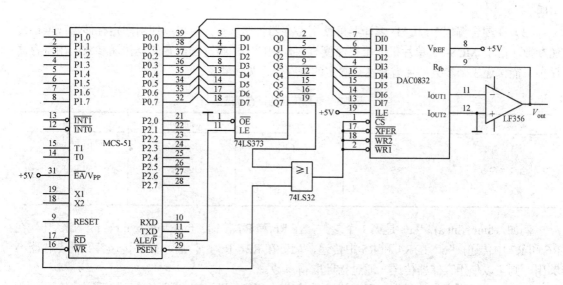

图 4-11　例 4-23 扩展 D/A 转换电路

程序如下：

```
#include<reg51.h>
#include<absacc.h>
#define DA0832 PBYTE[0x7f]
main()
{   char i;
    do
    {   for(i=0; i<255; i++)
        {DAC0832=i;}
    }   while(1);
}
```

4.5.3　C51 语言和汇编语言混合编程

下面简单介绍汇编语言与 C51 高级语言的混合编程。用 C51 高级语言编写主程序和运算程序比较方便，用汇编语言编写与硬件有关的子程序更直接，速度更快。

在混合编程中，关键是传递参数和函数返回值，它们必须有完整的约定。C51 语言程序调用汇编语言程序要注意以下几点。

（1）被调用函数要在主函数中说明：在汇编程序中，要使用伪指令使 CODE 选项有效并声明为可再定位段类型，并且根据不同情况对函数名进行转换，见表 4-7。

表 4-7　函数名的转换

说　　明	符　号　名	解　释
void func(void)	FUNC	无参数传递或不含寄存器参数的函数名不做改变转入目标文件中，名字只是简单地转为大写形式
void func(char)	_FUNC	含寄存器参数的函数名加入 "_" 字符缀前以示区别，它表明这类函数包含寄存器内的参数传递
void func(void)reentrant	_? FUNC	对于重入函数加上 "_?" 字符前缀以示区别，它表明这类函数包含栈内的参数传递

（2）在汇编程序中，对为其他模块使用的符号进行 PUBLIC 声明，对外来符号进行 EXTRN 声明。

（3）在混合编程中，C51 编译器可使用寄存器传递参数，也可以使用固定存储器或堆栈传递参数，由于 MCS-51 单片机的堆栈深度有限，因此多用寄存器或存储器传递参数。用寄存器最多只能传递 3 个参数，且需要选择固定的寄存器，见表 4-8。

表 4-8　参数传递的寄存器选择

参数类型	char	int	long, float	一　般　指　针
第 1 个参数	R7	R6,R7	R4~R7	R1,R2,R3
第 2 个参数	R5	R4,R5	R4~R7	R1,R2,R3
第 3 个参数	R3	R2,R3	无	R1,R2,R3

例如，func1(int a)，"a" 是第 1 个参数，在 R6 和 R7 传递；func2(int b, int c, int *d)，"b" 在 R6 和 R7 中传递，"c" 在 R4 和 R5 中传递，"d" 在 R2，R3 中传递。如果传递参数的寄存器不够用，则可以使用存储器传送，通过指针取得参数。

汇编语言通过寄存器或存储器传递参数给 C51 程序，通过寄存器传递函数返回值给 C51 程序。函数返回值传递使用的寄存器见表 4-9。

表 4-9　函数返回值传递的寄存器选择

返　回　值	寄　存　器	说　　明
bit	C	进位标志
(unsigned)char	R7	
(unsigned)int	R6,R7	高位在 R6，低位在 R7
(unsigned)long	R4~R7	高位在 R4，低位在 R7
float	R4~R7	32 位 IEEE 格式，指数和符号位在 R7
指针	R1,R2,R3	R3 放存储器类型，高位在 R2，低位在 R1

下面通过实例说明混合编程的方法及参数传递过程。

【例 4-24】　用 P1.0 口产生周期为 4ms 的方波信号，同时用 P1.1 口产生周期为 8ms 的方波信号。分别用汇编语言和 C51 语言设计 3 个模块程序如下（单片机使用 12MHz 的晶振）。

模块 1：用 C51 语言编写主程序，使 P1.1 产生周期为 8ms 的方波；

模块 2：用 C51 语言编程，使 P1.0 产生周期为 4ms 的方波；

模块 3：用汇编语言编写延时 1ms 程序。

程序的执行过程是：模块 1 调用模块 2 获得 8ms 方波，模块 2 调用模块 3，向汇编程序传递字符型参数（x = 2），实现 2ms 延时。

（1）模块 1 程序设计（使 P1.1 产生周期为 8ms 的方波）。

```
#include<reg51.h>
#define uchar unsigned char
sbit P1_1=P1^1;
void delay_4ms(void);                    /*声明延时 4ms 函数(模块 2)*/
main()
{   uchar i;
    for(; ; )
    {   P1_1=0;
        delay_4ms();                     /*调用模块 2 延时 4ms*/
        P1_1=1;
        delay_4ms();                     /*调用模块 2 延时 4ms*/
    }
}
```

（2）模块 2 程序设计（delay_4ms：使 P1.0 产生周期为 4ms 的方波）。

```
#include<reg51.h>
#define uchar unsigned char
sbit P1_0=P1^0;
delay_1ms(uchar x);                      /*声明延时 1ms 函数(模块 3)*/
void delay_4ms(void)
{   P1_0=0;
    delay_1ms(2);                        /*调用汇编程序(模块 3)*/
    P1_0=1;
    delay_1ms(2);                        /*调用汇编程序(模块 3)*/
}
```

（3）模块 3 程序设计（用汇编语言编写延时 1ms 程序 delay_1ms）。

```
PUBLIC        _DELAY_1MS                 ;_DELAY_1MS 为其他模块调用
DE            SEGMENT  CODE              ;定义 DE 段为再定位程序段
RSEG          DE                         ;选择 DE 为当前段
_DELAY_1MS: NOP
DELA:         MOV      R1, #0F8H         ;延时
LOP1:         NOP
              NOP
              DJNZ     R1, LOP1
              DJNZ     R7, DELA          ;R7 为 C51 程序传递过来的参数(x=2)
EXIT:         RET
              END
```

以上各模块可以先分别进行汇编和编译，生成.OBJ 文件，然后将各.OBJ 文件连接生成一个新的文件。在集成环境下，连接、调试可以连续进行。使用 Keil C51 仿真软件进行编译、连接的内容参见本书第 10 章。

4.5.4 编程优化的概念

本章介绍了 C51 的基本数据类型、存储类型及 C51 对 MCS-51 单片机内部部件的定义，并

简要介绍了 C51 语言基础知识和各种结构的程序设计，介绍了利用 C51 语言编制单片机应用程序的方法。高效率的程序应该是占用存储空间少、运行时间短、编程省力省时的程序，要想编写高效的 C51 程序，通常需要注意以下问题。

1．选择小存储模式

在小存储模式下，参数及局部变量都放在可直接寻址的内部 RAM 中，这比访问外部 RAM 快得多。在内部 RAM 中有工作寄存器组、位数据区、栈区，还有用户用数据类型定义的变量。但由于内部 RAM 容量的限制，必须权衡利弊，以解决访问效率和空间大小之间的矛盾。

2．尽可能使用最小数据类型

MCS-51 单片机是 8 位机，因此对具有 char 类型的对象的操作比 int 或 long 类型的对象方便得多。建议编程人员只要能满足要求，应尽量使用最小数据类型。

C51 编译器直接支持所有的字节操作，因而如果不是运算符要求，就不做 int 类型的转换。这可用一个乘积运算来说明，两个 char 类型对象的乘积与 MCS-51 指令的操作码"MUL AB"刚好相符。如果用整型完成同样的运算，则需要调用库函数。

3．尽量使用 unsigned 数据类型

只要有可能，尽量使用 unsigned 数据类型。MCS-51 单片机的 CPU 不直接支持有符号数的运算。因而，如果使用有符号数据类型，C51 编译器就必须产生与之相关的更多的代码以解决这个问题；如果使用无符号数据类型，则产生的代码要少得多。

4．尽量使用局部变量

只要有可能，尽量使用局部变量。编译器总是尝试在寄存器里保持局部变量，这样将索引变量（如 for 和 while 循环中的计数变量）声明为局部变量是最好的，这个优化步骤只为局部变量执行。使用 unsigned char/int 的对象，通常能获得最好的结果。

5．选择效率高的编译器

选择效率高的编译器可以更好地优化程序。

思考题与习题 4

4-1　写出一个 C51 程序的结构。

4-2　哪些数据类型是 MCS-51 单片机直接支持的？

4-3　如何定义内部 RAM 的可位寻址区的字符变量？

4-4　试编写一段程序，将内部 RAM 30H 和 31H 单元中的内容传送到外部 RAM 1000H 和 1001H 单元中。

4-5　试编写一段程序，将外部 RAM 40H 单元中的内容传送到 50H 单元。

4-6　试编写一段程序，将 R3 中的数乘以 4。

4-7　试编写一段程序，将 R2 中的各位倒序排列后送入 R3 中。

4-8　试编写一段程序，将 P1 口的高 5 位置位，低 3 位不变。

4-9　设 8 次采样值依次存放在 20H～27H 的连续单元中，采用算术平均值滤波法求采样平均值，结果保留在 30H 单元中。试编写程序。

4-10　从 20H 单元开始有一无符号数据块，其长度在 20H 单元中。编写程序找出数据块中的最小值，并存入 21H 单元。

4-11　混合编程应注意的问题是什么？

4-12　如何编写高效的单片机 C51 程序？

第5章　MCS-51单片机中断、定时/计数器及串行口

本章教学要求：
（1）了解 MCS-51 单片机中断系统的内部结构和工作方式，熟悉中断源和中断控制寄存器，掌握中断服务程序的设计方法。
（2）了解 MCS-51 单片机定时/计数器的结构和工作方式，熟悉定时/计数器的控制寄存器，掌握定时/计数器的应用编程。
（3）了解 MCS-51 单片机串行口的结构和工作方式，熟悉串行口的控制寄存器，掌握串行口的应用编程。

5.1　中　断　系　统

5.1.1　中断系统概述

中断是指计算机在执行某一程序的过程中，由于计算机系统内、外部的某种原因而必须终止原程序的执行，转去完成相应的处理程序，待处理程序结束后再返回继续执行被终止的原程序的过程。如图 5-1 所示。实现这种中断功能的硬件系统和软件系统统称为中断系统。

在中断系统中，经常要用到以下几个概念：CPU 在正常情况下运行的程序称为现行程序；向 CPU 提出中断请求的设备称为中断源；由中断源向 CPU 发出的请求中断的信号称为中断请求信号；CPU 在满足条件的情况下接收中断请求，终止现行程序执行转而为请求中断的对象服务称为中断响应；为请求中断的对象服务的程序称为中断服务程序；现行程序被中断的地址称为断点；中断服务程序结束后返回到原来程序称为中断返回。一般中断系统的基本设置有以下几方面。

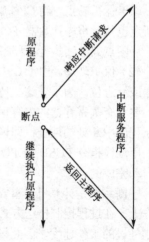

图 5-1　中断响应过程流程图

1. 中断源

中断源包括中断请求信号的产生及该信号怎样被 CPU 有效地识别。要求中断请求信号产生一次，只能被 CPU 接收处理一次，即不能一次中断请求被 CPU 多次响应。这就涉及中断请求信号的及时撤除问题。

2. 中断优先级控制

由于在实际应用系统中往往有多个中断源，且中断请求是随机的，有时还可能会有多个中断源同时提出中断请求，但 CPU 一次只能响应一个中断源发出的中断请求，这时 CPU 响应哪个中断请求，就需要用软件或硬件按中断源工作性质的轻重缓急给它们安排一个优先顺序，即中断的优先级排队。中断优先级越高，则响应优先权就越高。当 CPU 正在执行中断服务程序时，又有中断优先级更高的中断请求产生，CPU 就会暂停原来的中断处理程序而转去处理优先级更高的中断请求，处理完毕后再返回原低级中断服务程序，这一过程称为中断嵌套，具有这种功

能的中断系统称为多级中断系统。没有中断嵌套功能的系统称为单级中断系统。

3. 中断响应过程

（1）检测中断。在每条指令结束后，中断系统自动检测中断请求信号，如果有中断请求且相应的中断允许位为真（CPU 允许中断），则响应中断。

（2）保护现场。CPU 一旦响应了中断，中断系统会自动将当前 PC 内容（断点地址）压入堆栈保护起来，但不保护程序状态字寄存器 PSW、累加器 A 和其他寄存器的内容。若要对原程序中用到的数据和寄存器的内容进行保护，则需要通过入栈操作完成。保护现场前一般要关中断，以防止现场保护过程中有高优先级中断发生而破坏现场保护。保护现场一般用堆栈指令 PUSH 将原程序中用到的寄存器压入堆栈，现场保护之后要开中断，以便响应更高优先级的中断请求。

（3）中断服务。通过执行中断服务程序完成相应的功能。

（4）清除中断请求标志位。CPU 响应中断后，要清除相应的中断请求标志位，以免 CPU 再次响应该中断。

（5）恢复现场。中断服务完成后，返回之前要用弹出堆栈指令使保护在堆栈中的数据和寄存器的值弹出，以实现恢复原有数据的目的。在恢复现场前要关中断，以防止恢复现场过程中再有中断响应破坏恢复现场，现场恢复后应及时开中断。

（6）中断返回。此时 CPU 将 PC 指针内容弹出堆栈，恢复断点，从而使 CPU 继续执行刚才被中断的程序。

这里需要注意两个概念：保护断点和保护现场。

（1）保护断点。当 CPU 响应外设提出的中断请求时，在转入中断服务程序之前，把现行程序断点也就是程序计数器 PC 的当前值保存起来，以便中断服务程序执行结束后返回到原程序时，从断点处继续执行原程序。

（2）保护现场。由于 CPU 执行中断服务程序时，可能要使用原程序中使用过的累加器、寄存器或标志位。为了使这些特殊寄存器的值在中断服务程序中不被冲掉，在进入中断服务程序前，要将有关寄存器的内容保护起来。在中断服务程序执行完时，还必须恢复原寄存器的内容及原程序中断处的地址，即恢复现场和恢复断点。保护现场和恢复现场是通过在中断服务程序中采用堆栈指令 PUSH 及 POP 实现的，而保护断点、恢复断点是由 CPU 响应中断和中断返回时自动完成的。

中断系统是计算机的重要组成部分，没有中断技术，CPU 的大量时间会浪费在原地踏步的操作上。在过程控制传送方式中（如查询方式），由于是 CPU 主动要求传送数据，而它又不能控制外设的工作速度，因此只能用等待的方式解决速度匹配的问题。中断方式则是在外设主动提出数据传送的请求之后才中断原有程序的执行，暂时去与外设交换数据，由于 CPU 工作速度很快，交换数据所花费的时间很短。对于原程序来讲，虽然中断了一个瞬间，由于时间很短，对计算机的运行也不会有什么影响。中断传送方式完全消除了 CPU 在查询方式中的等待现象，大大提高了 CPU 的工作效率。

大体说来，采用中断系统改善了计算机的性能。中断系统的主要特点如下：

（1）有效地解决了快速 CPU 与慢速外设之间的矛盾，可使 CPU 与外设并行工作，大大提高了工作效率；

（2）可以及时处理控制系统中许多随机产生的参数与信息，即计算机具有实时处理的能力，从而提高了控制系统的性能；

（3）使系统具备了处理故障的能力，提高了系统自身的可靠性。

5.1.2　MCS-51 单片机中断系统

1. 中断系统的内部结构

MCS-51 单片机的中断系统由与中断有关的特殊功能寄存器、中断入口、顺序查询逻辑电路组成，其内部结构如图 5-2 所示。

由图 5-2 可见，MCS-51 单片机有 5 个中断源（8052 有 6 个），包括外部中断 $\overline{INT0}$ 和 $\overline{INT1}$，定时/计数器 T0 和 T1 溢出中断，串行口的发送/接收中断（只占一个中断源）。外部中断的中断请求标志位及 T0 和 T1 的溢出中断请求标志位，锁存在定时/计数器控制寄存器（TCON）中，而串行口对应的中断请求标志位则锁存在串行口控制寄存器（SCON）中。

MCS-51 单片机的中断具有两个中断优先级，可实现两级中断服务程序的嵌套，每个中断源的中断级别均可用软件设置。用户可以用开中断指令"SETB　EA"来允许 CPU 接收中断请求，每个中断源可以用软件独立地控制为允许中断或关中断状态。

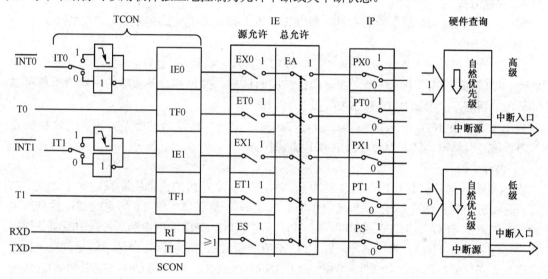

图 5-2　中断系统的内部结构

2. 中断源

MCS-51 单片机中断系统的 5 个中断源见表 5-1。

表 5-1　MCS-51 单片机中断系统的 5 个中断源

$\overline{INT0}$	外部中断 0 请求，由 $\overline{INT0}$ 引脚（P3.2）输入，低电平/负跳变有效，在每个机器周期的 S5P2 采样，中断请求标志位为 IE0
$\overline{INT1}$	外部中断 1 请求，由 $\overline{INT1}$ 引脚（P3.3）输入，低电平/负跳变有效，在每个机器周期的 S5P2 采样，中断请求标志位为 IE1
T0	定时/计数器 0 溢出中断请求，中断请求标志位为 TF0
T1	定时/计数器 1 溢出中断请求，中断请求标志位为 TF1
串行口	串行口中断请求，当串行口完成一帧数据的发送和接收时，便请求中断，中断请求标志位为 TI 或 RI

通常，在实际应用中有以下几种情况可采取中断方式工作。

（1）I/O 设备。一般的 I/O 设备（键盘、打印机、A/D 转换器等）在完成自身的操作后，向 CPU 发出中断请求，请求 CPU 为其服务。

（2）硬件故障。如电源断电就要求把正在执行的程序（继续正确执行程序时所必需的信息，如程序计数器、各寄存器的内容及标志位的状态等）保存下来，以便重新供电后能从断点处继续执行。

（3）实时时钟。在控制中常会遇到定时检测和控制的情况，若用 CPU 执行一段程序来实现延时，则在规定时间内，CPU 便不能进行其他任何操作，从而降低了 CPU 的利用率。因此常采用专门的定时电路，当需要定时时，CPU 发出命令，启动时钟电路开始计时，待达到规定的时间后，时钟电路发出中断请求，CPU 响应并加以处理。

（4）为调试程序而设置的中断源。一个新的程序编好后，需要经过反复调试才能正确可靠地工作，在调试程序时，为了检查中间结果的正确与否或为了寻找问题所在，往往在程序中设置断点或单步运行程序，一般称这种中断为自愿中断。而上述前 3 种中断是由随机事件引起的中断，称为强迫中断。

3．中断方式

MCS-51 单片机的中断系统有两种中断方式，即外部中断和内部中断。

1）外部中断

外部中断是指从单片机外部引脚 $\overline{INT0}$ 和 $\overline{INT1}$ 输入中断请求信号的中断，即外部中断源有两个。如输入/输出的中断请求、实时事件的中断请求、掉电和设备故障的中断请求都可以作为外部中断源，从引脚 $\overline{INT0}$ 和 $\overline{INT1}$ 输入。

外部中断请求 $\overline{INT0}$ 和 $\overline{INT1}$ 有电平触发和跳变（边沿）触发两种触发方式。这两种触发方式可以通过对特殊功能寄存器 TCON 编程来选择。

2）内部中断

内部中断是单片机芯片内部产生的中断。MCS-51 单片机的内部中断有定时/计数器 T0 和 T1 的溢出中断，串行口的发送/接收中断。当定时/计数器 T0 和 T1 的定时或计数到时，由硬件自动置位 TCON 的 TF0 或 TF1，向 CPU 请求中断；CPU 响应中断而转向中断服务程序时，由硬件自动将 TF0 或 TF1 清零，即 CPU 响应中断后能自动撤除中断请求信号。当串行口发送或接收完一帧数据时，由硬件自动置位 SCON 的 TI 或 RI，以此向 CPU 请求中断；CPU 响应中断后，硬件不能自动将 TI 或 RI 清零，即 CPU 响应串行口中断后不能自动撤除中断请求信号，必须由用户采用软件方法将 TI 或 RI 清零来撤除。

4．中断控制寄存器

MCS-51 单片机的中断系统在 4 个特殊功能寄存器控制下工作。这 4 个特殊功能寄存器是：定时/计数器控制寄存器（TCON）、串行口控制寄存器（SCON）、中断允许控制寄存器（IE）和中断优先级控制寄存器（IP）。通过对这 4 个特殊功能寄存器的各位进行置位或复位操作，可实现各种中断控制功能。

1）中断请求控制

（1）TCON 中的中断请求标志位

TCON 为定时/计数器控制寄存器，其字节地址为 88H，可位寻址，位地址范围为 88H～8FH。这个寄存器有两个作用，除控制定时/计数器 T0 和 T1 的溢出中断外，还控制外部中断的触发方式和锁存外部中断请求标志位。TCON 中的各位定义如图 5-3 所示。

位地址	8FH	8EH	8DH	8CH	8BH	8AH	89H	88H
位定义	TF1	TR1	TF0	TR0	IE1	IT1	IE0	IT0

图 5-3　TCON 中的各位定义

TCON 各位的含义如下。

IT0： 选择外部中断 0 的中断触发方式，靠软件置位和清零。IT0=0，为电平触发方式，低电平有效；IT0=1，为边沿触发方式。

IT1： 选择外部中断 1 的中断触发方式。其功能与 IT0 类同。

IE0： 外部中断 0 的中断请求标志位。当 IT0=0 时，系统采用电平触发方式，CPU 在每个机器周期的 S5P2 期间采样，一旦在 $\overline{INT0}$ 引脚上检测到低电平，则认为有中断请求，随即使 IE0 置位（置 1），向 CPU 请求中断。当 IT0 = 1 时，系统采用边沿触发方式，CPU 在每个机器的 S5P2 期间采样，当检测到前一周期为高电平、后一周期为低电平时，使标志 IE0 置 1，向 CPU 请求中断。在边沿触发方式中，为保证 CPU 在两个机器周期内检测到由高到低的负跳变，高电平与低电平的持续时间不得少于一个机器周期的时间。

IE1： 外部中断 1 的中断请求标志位。功能与 IE0 类似。

TF0： 内部定时/计数器 0 溢出中断请求标志位。定时/计数器的核心为加法计数器，当 T0 发生定时或计数溢出时，由硬件置位 TF0，向 CPU 请求中断，CPU 响应中断后，会自动清零 TF0。

TF1： 内部定时/计数器 1 溢出中断请求标志位。功能与 TF0 类同。

TR0 及 TR1 这两个位与中断无关，仅与定时/计数器 T0 和 T1 有关，它们的功能将在第 5.2 节中介绍。

对于外部中断请求标志位 IE0 和 IE1 及其中断请求信号的撤销问题，无论是采用边沿触发方式（IT0=1）还是电平触发方式（IT0=0），在 CPU 响应中断请求后，中断请求标志位 IE0 即由硬件自动清零。

由于 CPU 对 $\overline{INT0}$ 引脚没有控制作用，在采用电平触发方式时，中断请求信号的低电平可能继续存在，在以后的机器周期采样时又会把已清零的 IE0 标志位重新置 1，这有可能再次引起中断而造成出错。因此，在中断响应后必须采用其他方法撤销该引脚上的低电平，以撤除外部中断请求信号。采用外接电路来撤除中断请求信号是一种可行的方法，参见例 5-1。

中断请求标志位 IE1 的清零及中断请求信号的撤销问题与 IE0 类似。

【例 5-1】 图 5-4 所示为对于外部中断采用电平触发方式时的撤除外部中断请求信号的参考电路。

分析：在图 5-4 中，外部中断请求信号通过 D 触发器加到单片机引脚 $\overline{INT}x$（$x = 0$，1）上。当外部中断请求信号使 D 触发器的 CLK 端发生正跳变时，由于 D 端

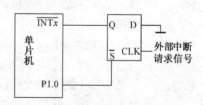

图 5-4　撤除外部中断请求信号参考电路

接地，Q 端输出 0，向单片机发出中断请求。CPU 响应中断后，利用一根口线，如 P1.0 做应答线，在中断服务程序中用两条指令：

```
ANL P1, #0FEH
ORL P1, #01H
```

来撤除中断请求。第一条指令使 P1.0 为 0，而 P1 口其他各位的状态不变。由于 P1.0 与 D 触发器的置 1 端相连，因此 D 触发器 Q=1，撤除了中断请求信号。第二条指令将 P1.0 变成 1，从而使 $\overline{S} = 1$，使以后产生的新的外部中断请求信号又能向单片机请求中断。

（2）SCON 中的中断请求标志位

SCON 为串行口控制寄存器，其字节地址为 98H，也可以进行位寻址，位地址范围为 98H～

9FH。串行口的接收和发送数据中断请求标志位（RI 和 TI）被锁存在 SCON 中。SCON 中的各位定义如图 5-5 所示。

位地址	9FH	9EH	9DH	9CH	9BH	9AH	99H	98H
位定义	SM0	SM1	SM2	REN	TB8	RB8	TI	RI

图 5-5　SCON 中的各位定义

SCON 中 RI 和 TI 的含义如下。

TI：　串行口发送中断请求标志位。CPU 将一个数据写入发送缓冲器 SBUF 时，就启动发送，每发送完一帧串行数据后，硬件置位 TI。但 CPU 响应中断时，并不清除 TI 中断标志，必须在中断服务程序中由软件对 TI 清零。

RI：　串行口接收中断请求标志位。在串行口允许接收时，每接收完一帧数据，由硬件自动将 RI 位置为 1。CPU 响应中断时，并不清除 RI 中断标志，也必须在中断服务程序中由软件对 RI 清零。

2）中断允许控制

MCS-51 单片机对中断源的开放或屏蔽是由中断允许控制寄存器（IE）控制的。IE 的字节地址为 A8H，既可按字节寻址，也可按位寻址，位地址范围为 A8H～AFH。通过对 IE 的各位置 1 或清零操作，实现开放或屏蔽某个中断。IE 中的有关位定义如图 5-6 所示。

位地址	AFH	AEH	ADH	ACH	ABH	AAH	A9H	A8H
位定义	EA			ES	ET1	EX1	ET0	EX0

图 5-6　IE 中的有关位定义

中断允许控制寄存器（IE）对中断的开放和关闭实现两级控制。所谓两级控制，就是有一个总的中断控制位 EA，当 EA=0 时，屏蔽所有的中断请求，即 CPU 对任何中断请求都不接收，称 CPU 关中断；当 EA=1 时，CPU 开放中断，但 5 个中断源还要由 IE 的低 5 位的各对应控制位的状态进行中断允许控制。IE 中的有关位的含义如下。

EA：　总中断允许控制位。当 EA=0 时，屏蔽所有的中断；当 EA=1 时，开放所有的中断。

ES：　串行口中断允许控制位。当 ES=0 时，屏蔽串行口中断；当 ES=1 且 EA=1 时，开放串行口中断。

ET1：　定时/计数器 1 的中断允许控制位。当 ET1=0 时，屏蔽 T1 的溢出中断；当 ET1=1 且 EA=1 时，开放 T1 的溢出中断。

EX1：　外部中断 1 的中断允许控制位。当 EX1=0 时，屏蔽外部中断 1 的中断；当 EX1=1 且 EA=1 时，开放外部中断 1 的中断。

ET0：　定时/计数器 0 的中断允许控制位。功能与 ET1 相同。

EX0：　外部中断 0 的中断允许控制位。功能与 EX1 相同。

MCS-51 单片机复位以后，IE 被清零，所有的中断请求被禁止。由用户程序对 IE 相应的位置 1 或清零，即可允许或禁止各中断源的中断请求。若使某个中断源被允许中断，除 IE 相应的位被置 1 外，还必须使 EA=1，即 CPU 开放中断。改变 IE 的内容，既可由位操作指令来实现（即 SETB　bit；CLR　bit），也可用字节操作指令实现（即 MOV　IE,#data；ORL　IE,#data；MOV　IE,A 等）。

【例 5-2】　若允许内部两个定时/计数器中断，禁止其他中断源的中断请求，试编写出设置 IE 的相应指令。

（1）用位操作指令：

```
CLR     EX0         ;禁止外部中断 0 中断
```

```
        CLR        EX1              ;禁止外部中断1中断
        CLR        ES               ;禁止串行口中断
        SETB       ET0              ;允许定时/计数器T0中断
        SETB       ET1              ;允许定时/计数器T1中断
        SETB       EA               ;CPU开中断
```

（2）用字节操作指令：

```
        MOV IE,#8AH
```

或

```
        MOV A8,#8AH                 ;IE寄存器的字节地址为A8H
```

3）中断优先级控制

MCS-51单片机有两个中断优先级，每个中断请求信号均可编程为高优先级中断或低优先级中断，从而实现两级中断嵌套。所谓两级中断嵌套，就是CPU正在执行低优先级中断的服务程序时，可被高优先级中断请求所中断，去执行高优先级中断服务程序，待高优先级中断处理完毕后，再返回低优先级中断的服务程序。两级中断嵌套的中断过程如图5-7所示。

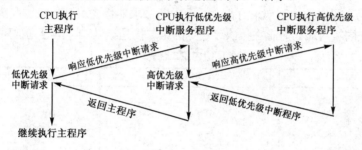

图5-7 两级中断嵌套的中断过程

由图5-7可见，一个正在执行的低优先级中断服务程序能被高优先级的中断请求所中断，但不能被另一个低优先级的中断请求所中断。若CPU正在执行高优先级的中断服务程序，则不能被任何中断请求所中断，一直执行到中断服务程序结束，遇到中断返回指令RETI，返回主程序再执行一条指令后才能响应新的中断请求。以上所述可归纳为下面3条基本规则。

（1）正在进行的中断服务程序不能被新的同级或低优先级的中断请求所中断，一直到该中断服务程序结束，返回了主程序且执行了主程序中的一条指令后，CPU才响应新的中断请求。

（2）正在进行的低优先级中断服务程序能被高优先级中断请求所中断，实现两级中断嵌套。

（3）CPU同时接收到几个中断请求时，首先响应优先级最高的中断请求。

任何一种中断，不管是高优先级中断还是低优先级中断，一旦得到响应，不会再被它的同级中断源所中断。如果某一中断源被设置为高优先级中断，在执行该中断源的中断服务程序时，则不能被任何其他的中断源所中断。

为了实现对中断优先权的管理，MCS-51单片机内部提供了一个中断优先级控制寄存器（IP）。其字节地址为B8H，既可按字节形式访问，又可按位形式访问，其位地址范围为0B8H~0BFH。中断优先级控制寄存器的有关位定义如图5-8所示。

位地址				BC	BB	BA	B9	B8
位定义				PS	PT1	PX1	PT0	PX0

图5-8 中断优先级控制寄存器（IP）的有关位定义

IP 中有关位的含义如下。

PS:　　　串行口中断优先级控制位。PS=1，设定串行口中断为高优先级；PS=0，设定串行口中断为低优先级。

PT1:　　　定时/计数器 1（T1）中断优先级控制位。PT1=1，设定 T1 溢出中断为高优先级；PT1=0，设定 T1 溢出中断为低优先级。

PX1:　　　外部中断 1 中断优先级控制位。PX1=1，设定外部中断 1 为高优先级；PX1=0，设定外部中断 1 为低优先级。

PT0:　　　定时/计数器 0（T0）中断优先级控制位。PT0=1，设定 T0 溢出中断为高优先级；PT0=0，设定 T0 溢出中断为低优先级。

PX0:　　　外部中断 0 中断优先级控制位。PX0=1，设定外部中断 0 为高优先级；PX0=0，设定外部中断 0 为低优先级。

IP 的各位都由用户程序置 1 或清零，可用位操作指令或字节操作指令设置 IP 的内容，以改变各中断源的中断优先级。

MCS-51 单片机复位后，IP 的内容为 0，即各个中断源均为低优先级中断。

在同时收到几个同级的中断请求时，哪一个中断请求能优先得到响应，取决于内部的查询次序，这相当于在同级内还同时存在按次序决定的第二优先级结构，其查询次序见表 5-2。

表 5-2　同级内第二优先级次序

中　断　源	中断标志位	同级内优先级
外部中断 0	IE0	最高
T0 溢出中断	TF0	
外部中断 1	IE1	
T1 溢出中断	TF1	↓
串行口中断	RI 或 TI	最低

【例 5-3】　设置 IP 寄存器的初始值，使得 MCS-51 单片机的内部中断为低优先级，外部中断为高优先级。

（1）用位操作指令：

```
CLR    PS              ;串行口、定时/计数器 T0 和 T1 为低优先级
CLR    PT0
CLR    PT1
SETB   PX0             ;外部中断 0 和 1 为高优先级
SETB   PX1
```

（2）用字节操作指令：

```
MOV IP, #05H
```

或

```
MOV B8H, #05H          ;IP 寄存器的字节地址为 B8H
```

【例 5-4】　某程序中对 IE 和 IP 的初始化如下：

```
MOV IE, #8FH
MOV IP, #06H
```

则该初始化的结果如下：

（1）CPU 中断允许；

（2）允许外部中断 0、外部中断 1、定时/计数器 0 和定时/计数器 1 提出的中断请求；

（3）中断源的中断优先次序为：定时/计数器 0→外部中断 1→外部中断 0→定时/计数器 1。

5. 中断响应

1）中断响应的条件

单片机响应中断的条件为：中断源有请求；中断允许控制寄存器（IE）相应位置 1；CPU 开中断（即 EA=1）。这样，在每个机器周期的 S5P2 期间，CPU 对所有中断源按用户设置的优先级和内部规定的优先级进行顺序检测，并可在 S6 期间找到所有有效的中断请求。如果有中断请求，且满足下列条件，则在下一个机器周期的 S1 期间响应中断，否则将丢弃中断采样的结果：

（1）无同级或高优先级中断正在处理；

（2）现行指令执行到最后一个机器周期且已结束；

（3）若现行指令为 RETI 或访问特殊功能寄存器 IE 和 IP 的指令，执行完该指令且紧随其后的另一条指令也已执行完毕。

例如，CPU 对外部中断 0 的响应，当采用边沿触发方式时，CPU 在每个机器周期的 S5P2 期间采样外部中断输入信号 $\overline{INT0}$，如果在相邻的两次采样中，第 1 次采样到的 $\overline{INT0}$=1，紧接着第 2 次采样到的 $\overline{INT0}$=0，则硬件将特殊功能寄存器 TCON 中的 IE0 置 1，请求中断。IE0 的状态可一直保存下去，直到 CPU 响应此中断，进入中断服务程序时，才由硬件自动将 IE0 清零。由于外部中断每个机器周期被采样一次，因此，输入的高电平或低电平必须至少保持 12 个振荡周期（1 个机器周期），以保证能被采样到。

2）中断响应过程

CPU 响应中断后，由硬件自动执行如下的功能操作：

（1）根据中断请求源的优先级高低，对相应的优先级状态触发器置 1，硬件自动生成长调用指令 LCALL addr16；

（2）保护断点，即把程序计数器 PC 的内容压入堆栈保存；

（3）清除相应的中断请求标志位（串行口中断不能由硬件自动清除中断请求标志位）；

（4）把被响应的中断源所对应的中断服务程序入口地址（中断矢量）送入 PC，从而转入相应的中断服务程序执行。

上述长调用指令 LCALL addr16 中的 addr16 是程序存储区中相应的中断入口地址。如对于外部中断 1 的响应，系统自动生成的长调用指令为：

    LCALL   0013H

MCS-51 单片机的中断服务程序的入口地址即中断矢量也是由硬件自动生成的。各中断源与它所对应的中断服务程序入口地址见表 5-3。

由于 MCS-51 单片机的相邻中断源的中断服务程序入口地址相距只有 8 个单元，一般的中断服务

表 5-3 中断服务程序入口地址

中 断 源	中断矢量
外部中断 0	0003H
定时/计数器 0 中断	000BH
外部中断 1	0013H
定时/计数器 1 中断	001BH
串行口中断	0023H
定时/计数器 2 中断（仅 52 系列有）	002BH

程序是容纳不下的，通常是在相应的中断服务程序入口地址中放一条长跳转指令 LJMP，这样就可以转到 64KB 的任何可用区域。若在 2KB 范围内转移，则可存放 AJMP 指令。

对于有些中断源，CPU 在响应中断后会自动清零中断请求标志位，如定时/计数器溢出标志位 TF0 和 TF1，边沿触发方式下的外部中断请求标志位 IE0 和 IE1；而有些中断请求标志位不会自动清零，只能由用户用软件清零，如串行口接收和发送中断请求标志位 RI 和 TI；在电平触发方式下的外部中断请求标志位 IE0 和 IE1 则是根据引脚 $\overline{INT0}$ 和 $\overline{INT1}$ 的电平变化的，CPU 无法直接干预，必须采用其他方法撤销该引脚上的低电平，以撤除中断请求信号，如图 5-4 所示电路。

电平触发方式适合于外部中断输入以低电平输入且中断服务程序能清除外部中断请求信号的情况。例如，并行口芯片 8255 的中断请求线在接收读或写操作后即被复位，因此，以其去请求电平触发方式的中断比较方便。

边沿触发方式适合于以负脉冲形式输入的外部中断请求，如 ADC0809 的转换结束标志信号 EOC 为正脉冲，经反相后就可以作为 MCS-51 单片机的中断输入。

【例 5-5】 设外部中断 0 提出中断请求，主程序中需要对累加器 A 和 DPTR 进行保护。

程序如下：

```
        ORG     0000H
        AJMP    MAIN
        ORG     0003H
        LJMP    INT0
        ...
        ORG     0100H
MAIN:   ...
        ORG     1000H           ;1000H 为中断程序开始地址
INT0:   PUSH    ACC
        PUSH    DPH
        PUSH    DPL
        ...
        POP     DPL
        POP     DPH
        POP     ACC
        RETI
```

在中断服务程序中，PUSH 指令与 POP 指令必须成对使用，否则不能正确返回断点。而且最后一条指令必须为中断返回指令 RETI，RETI 的具体功能如下：

（1）将中断响应时压入堆栈保存的断点地址从栈顶弹出送回 PC，CPU 从原来中断的地方继续执行程序；

（2）将相应中断优先级状态触发器清零，通知中断系统，中断服务程序已执行完毕。

如果有多个中断源，就对应有多个"ORG 中断入口地址"，且这多个"ORG 中断入口地址"必须依次由小到大排列。

3）中断响应时间

所谓中断响应时间是指 CPU 检测到中断请求信号到转入中断服务程序入口所需的机器周期数。了解中断响应时间对设计实时测控应用系统有重要的指导意义。

MCS-51 单片机响应中断的最短时间为 3 个机器周期。若 CPU 检测到中断请求信号时刻正好是一条指令的最后一个机器周期，则不需要等待就可以立即响应。所谓响应中断就是由内部硬件执行一条长调用指令 LCALL，需要 2 个机器周期，加上检测需要 1 个机器周期，一共需要 3 个机器周期才开始执行中断服务程序。

中断响应的最长时间由下列情况所决定：若中断检测时正在执行 RETI 或者访问 IE 或 IP 指令的第一个机器周期，这样包括检测在内需要 2 个机器周期（以上 3 条指令均需两个机器周期）；若紧接着要执行的指令恰好是执行时间最长的乘除法指令，其执行时间均为 4 个机器周期；再用 2 个机器周期执行一条长调用指令才转入中断服务程序。这样，总共需要 8 个机器周期。

如果已经在处理同级或更高级中断，外部中断请求的响应时间取决于正在执行的中断服务程序的处理时间，在这种情况下，响应时间就无法计算了。因此，在一个单一中断的系统里，MCS-51 单片机对外部中断请求的响应时间为 3～8 个机器周期。

5.1.3 中断系统应用举例

中断系统虽然是硬件系统，但中断系统的应用需要硬件系统和软件系统相互配合。在设计中断服务程序时，需要注意以下几个问题。

1．中断服务程序设计任务

中断服务程序设计的基本任务如下：

（1）设置中断允许控制寄存器（IE），允许相应的中断请求源中断；

（2）设置中断优先级控制寄存器（IP），确定并分配所使用的中断源的优先级；

（3）若是外部中断源，还要设置中断请求的触发方式 IT1 或 IT0，以决定采用电平触发方式还是边沿触发方式；

（4）编写中断服务程序，处理中断请求。

一般将前 3 条都放在主程序的初始化程序段中。

2．中断服务程序流程

MCS-51 单片机响应中断后，就进入中断服务程序。中断服务程序的基本流程图如图 5-9 所示。对中断服务程序执行过程中的一些问题说明如下。

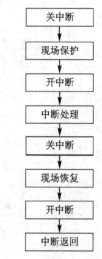

图 5-9　中断服务程序的
基本流程图

1）现场保护和现场恢复

为了使中断服务程序的执行不破坏中断时刻单片机某些寄存器和存储单元中的数据或状态，以免在中断服务返回后影响主程序的运行，就要把它们送入堆栈中保存起来，这就是现场保护。现场保护一定要位于中断服务程序的前面。中断处理结束后，在返回主程序之前，则需要把保存的现场内容从堆栈中弹出，以恢复那些寄存器和存储器单元中的原有内容，这就是现场恢复。现场恢复一定要位于中断服务程序的后面。MCS-51 单片机的堆栈操作指令 PUSH 和 POP 主要是供现场保护和现场恢复使用的。至于要保护哪些内容，由用户根据中断服务程序的具体情况决定。

2）开中断和关中断

图 5-9 中现场保护和现场恢复前要关中断是为了防止此时有高一级的中断进入，避免现场被破坏；在现场保护和现场恢复之后的开中断是为下一次的中断做好准备，也为了允许有更高级的中断进入。这样，中断处理可以被打断，但原来的现场保护和现场恢复不允许更改，除现场保护和现场恢复的片刻外，仍然保持着中断嵌套的功能。但要注意，对于一个重要的中断，若不允许被其他的中断所中断，这时可在现场保护之前先关闭中断系统，彻底屏蔽其他的中断请求，待中断处理完毕后再开中断。这样只要将图 5-9 中的"中断处理"步骤前后的"开中断"和"关中断"两个过程去掉即可。开、关中断的实现，可用指令 SETB 或 CLR 置 1 或清零中断允许控制寄存器（IE）中的有关位来实现。

3）中断返回

用 RETI 指令实现中断返回。CPU 执行完这条指令后，把相应中断时所置 1 的优先级状态触发器清零,然后从堆栈中弹出栈顶上的两字节断点地址送到程序计数器 PC,弹出的第 1 字节送入 PCH,第 2 字节送入 PCL,CPU 从断点处重新执行被中断的主程序。

3. 中断系统应用实例

【例 5-6】 中断初始化程序举例。

分析:假设允许外部中断 0 和 1 产生中断,并设定外部中断 0 为高优先级中断,外部中断 1 为低优先级中断,外部中断 0 采用边沿触发方式,外部中断 1 采用电平触发方式。

对应的主程序中程序段如下:

```
SETB    EA          ;CPU 开中断
SETB    EX0         ;允许外部中断 0 产生中断
SETB    EX1         ;允许外部中断 1 产生中断
SETB    PX0         ;外部中断 0 为高优先级中断
CLR     PX1         ;外部中断 1 为低优先级中断
SETB    IT0         ;外部中断 0 为边沿触发方式
CLR     IT1         ;外部中断 1 为电平触发方式
```

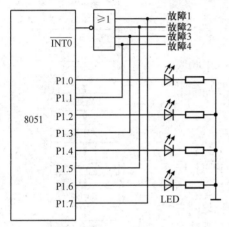

图 5-10 例 5-7 电路图

【例 5-7】 中断和查询结合的方法扩展多个外部中断源。

分析:当外部中断源多于两个时,可以采用硬件请求与软件查询方法,把多个中断源经或非门引入外部中断源输入端(INT0 或 INT1),同时又连接到某 I/O 接口,如图 5-10 所示。这样,每个"源"都可能引起中断,但在中断服务程序中通过软件查询,便可确定哪一个是正在请求的中断源,这样就可实现多个外部中断源的扩展。图 5-10 中的 LED 可实现系统的故障显示。当系统的各部分工作正常时,4 个故障源输入端全为低电平,LED 全熄灭。只有当某部分出现故障时,相应的 LED 点亮。

汇编语言程序代码如下:

```
;*******主程序*******
            ORG     0000H       ;复位入口地址
            AJMP    MAIN        ;转主程序
            ORG     0003H       ;外部中断 0 入口
            AJMP    IO          ;转中断服务程序
    MAIN:   ANL     P1, #0AAH   ;置 P1 口输出全为 0
            SETB    IT0         ;外部中断 0 为边沿触发方式
            SETB    EX0         ;允许外部中断 0 产生中断
            SETB    EA          ;CPU 开中断
    LOOP1:  SJMP    LOOP1       ;等待中断
;*******中断服务程序*******
    IO:     JNB     P1.1, L1    ;查询中断源,P1.1 为 0 转 L1 执行
            SETB    P1.0        ;P1.0 送出 1 使对应的 LED 点亮
    L1:     JNB     P1.3, L2
            SETB    P1.2
    L2:     JNB     P1.5, L3
            SETB    P1.4
```

```
L3:     JNB     P1.7, L4
        SETB    P1.6
L4:     RETI                    ;返回主程序
        END
```

【例5-8】 结合如图 5-11 所示电路，编写由 P1 口控制 LED 状态的程序。

分析：要求 P1 口输出控制 8 只 LED 呈循环点亮状态，当开关 S 按下时，LED 全部熄灭一段时间，然后回到原来的循环点亮状态。

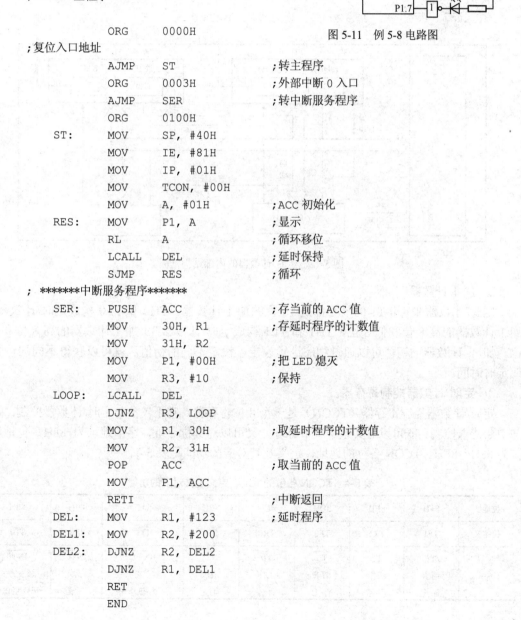

图 5-11　例 5-8 电路图

汇编语言程序代码如下：

;******主程序******

```
        ORG     0000H
;复位入口地址
        AJMP    ST              ;转主程序
        ORG     0003H           ;外部中断 0 入口
        AJMP    SER             ;转中断服务程序
        ORG     0100H
ST:     MOV     SP, #40H
        MOV     IE, #81H
        MOV     IP, #01H
        MOV     TCON, #00H
        MOV     A, #01H          ;ACC 初始化
RES:    MOV     P1, A            ;显示
        RL      A                ;循环移位
        LCALL   DEL              ;延时保持
        SJMP    RES              ;循环
; ******中断服务程序******
SER:    PUSH    ACC              ;存当前的 ACC 值
        MOV     30H, R1          ;存延时程序的计数值
        MOV     31H, R2
        MOV     P1, #00H          ;把 LED 熄灭
        MOV     R3, #10          ;保持
LOOP:   LCALL   DEL
        DJNZ    R3, LOOP
        MOV     R1, 30H          ;取延时程序的计数值
        MOV     R2, 31H
        POP     ACC              ;取当前的 ACC 值
        MOV     P1, ACC
        RETI                     ;中断返回
DEL:    MOV     R1, #123         ;延时程序
DEL1:   MOV     R2, #200
DEL2:   DJNZ    R2, DEL2
        DJNZ    R1, DEL1
        RET
        END
```

5.2 定时/计数器

MCS-51 单片机内有两个 16 位可编程的定时/计数器，即定时/计数器 0（T0）和定时/计数器 1（T1）。两个定时/计数器都有定时或事件计数的功能，可用于定时控制、延时、对外部事件计数和检测等应用。T0 和 T1 有 4 种工作方式，它们受特殊功能寄存器中 TMOD 和 TCON 的控制。每个定时/计数器都可由软件设置为定时工作方式或计数工作方式。

5.2.1 定时/计数器的结构与原理

1. 定时/计数器 T0 和 T1 的结构

定时/计数器 T0 和 T1 的内部结构框图如图 5-12 所示，T0 由两个 8 位特殊功能寄存器 TH0 和 TL0 构成 16 位定时/计数器，T1 由两个 8 位特殊功能寄存器 TH1 和 TL1 构成 16 位定时/计数器。

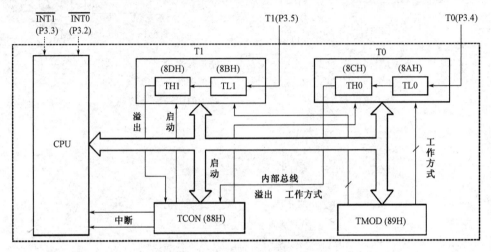

图 5-12　定时/计数器的内部结构框图

2. 加 1 计数器

定时/计数器 T0 和 T1 的核心都是 16 位的加 1 计数器，TH0 和 TL0 构成定时/计数器 T0 加 1 计数器的高 8 位和低 8 位，TH1 和 TL1 构成定时/计数器 T1 加 1 计数器的高 8 位和低 8 位。加 1 计数器的初值可以通过程序进行设定，设定不同的初值，就可以获得不同的计数值或定时时间。

3. 定时/计数器控制寄存器

定时/计数器控制寄存器（TCON）是一个 8 位寄存器，它不仅参与定时/计数器控制，还参与中断请求控制。既可以对其整个字节寻址，又可以对其位寻址，字节地址为 88H，位地址范围为 88H～8FH。TCON 各位的地址、定义及其对应的功能见表 5-4。

表 5-4　TCON 各位的地址、定义及其对应的功能

位地址	8FH	8EH	8DH	8CH	8BH	8AH	89H	88H
位定义	TF1	TR1	TF0	TR0	IE1	IT1	IE0	IT0
功能	T1 请求 有/无	T1 工作 启/停	T0 请求 有/无	T0 工作 启/停	$\overline{INT1}$ 请求 有/无	$\overline{INT1}$ 触发方式 下沿/低电平	$\overline{INT0}$ 请求 有/无	$\overline{INT0}$ 触发方式 下沿/低电平

TF0 和 TF1：分别是 T0 和 T1 的计数溢出标志位，可用于请求中断或供 CPU 查询。在进入中断服务程序时会自动清零；但在查询方式时必须软件清零。TF0=1 或 TF1=1 是计数溢出；TF0=0 或 TF1=0 是计数未满。

TR0 和 TR1：分别是 T0 和 T1 的启/停控制位。TR0=1 或 TR1=1，使 T0 或 T1 启动计数；TR0=0 或 TR1=0，使 T0 或 T1 停止计数。

IE0 和 IE1，IT0 和 IT1：用于管理外部中断（5.1 节已介绍过）。

4．工作方式寄存器

工作方式寄存器（TMOD）用来设定定时/计数器 T0 和 T1 的工作方式。TMOD 只能进行字节寻址，地址为 89H，不能进行位寻址，即 TMOD 的内容只能通过字节传送指令进行赋值。TMOD 地址及其各位定义见表 5-5。

表 5-5　TMOD 地址及其各位定义

TMOD	定时/计数器 T1				定时/计数器 T0			
(89H)	D7	D6	D5	D4	D3	D2	D1	D0
位定义	GATE	$C/\overline{T}$	M1	M0	GATE	$C/\overline{T}$	M1	M0

GATE：门控信号。当 GATE = 0 时，TRx = 1，即可启动定时/计数器工作；而当 GATE = 1 时，要求同时有 TRx = 1 和 $\overline{INTx}$ = 1 才可启动定时/计数器工作（x 是 1 或 2）。

$C/\overline{T}$：定时/计数器选择位。$C/\overline{T}$ = 1，为计数器功能；$C/\overline{T}$ = 0，为定时器功能。

M1 和 M0：定时/计数器工作方式选择位，具体内容详见 5.2.2 节。

5．T0 和 T1 定时器功能或计数器功能的选择

定时/计数器的内部逻辑结构如图 5-13 所示（T0 和 T1 结构和功能相同，下面以 T0 为例），核心是一个加 1 计数器，其基本功能是加 1 功能。通过 $C/\overline{T}$ 选择控制实现定时器或计数器的功能选择，当 $C/\overline{T}$=0 时，选择定时器功能；当 $C/\overline{T}$=1 时，选择计数器功能。

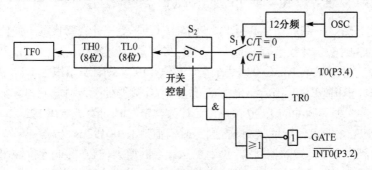

图 5-13　定时/计数器的内部逻辑结构

定时器功能（$C/\overline{T}$=0）：对单片机内部机器周期产生的脉冲进行计数，加 1 计数器对每个机器周期自动加 1。如果单片机的晶振频率为 12MHz，则计数频率为 1MHz，或者说加 1 计数器每加 1，可实现 1μs 的计时。

计数器功能（$C/\overline{T}$=1）：对外部事件产生的脉冲进行计数。对于 MCS-51 单片机来说，P3.4 和 P3.5 两个引脚分别是 T0 和 T1 计数器的计数脉冲信号输入端，当该引脚输入脉冲发生负跳变时，加 1 计数器自动加 1。

5.2.2 定时/计数器的工作方式

定时/计数器 T0 和 T1 可以有 4 种不同的工作方式：方式 0、方式 1、方式 2 和方式 3。4 种工作方式由 TMOD 中的 M1 和 M0 两位决定，见表 5-6。

表 5-6　定时/计数器 T0 和 T1 的工作方式

M1	M0	工 作 方 式	说　　　明
0	0	0	13 位定时/计数器（用 TH 的 8 位，TL 的低 5 位）
0	1	1	16 位定时/计数器
1	0	2	8 位定时/计数器（可自动重新装入初值）
1	1	3	T0 分成两个独立的 8 位定时/计数器，T1 没有工作方式 3

1. 方式 0

当 TMOD 中 M1M0=00 时，定时/计数器选定方式 0 进行工作。T0 和 T1 的方式 0 工作模式完全一致，工作在方式 0 时的逻辑结构也相同，下面以 T0 为例说明。T0 工作在方式 0 时的逻辑结构如图 5-14 所示。

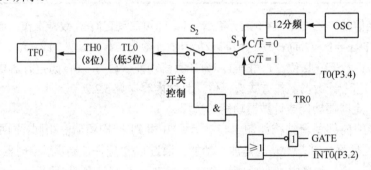

图 5-14　T0 工作在方式 0 时的逻辑结构

当 $C/\overline{T}=1$ 时，图中开关 S_1 切至下端，13 位定时/计数器处于计数器状态，加 1 计数器对 T0 引脚上的外部输入脉冲计数。计数值为 $N = 2^{13} - x = 8\,192 - x$。计数初值 x 是由 TH0 和 TL0 设定的初值。$x = 8\,191$ 时为最小计数值 1，$x = 0$ 时为最大计数值 8 192，即计数范围为 1～8 192（2^{13}）。

当 $C/\overline{T}=0$ 时，图中开关 S_1 切至上端，13 位定时/计数器处于定时器状态，加 1 计数器对机器周期（T_{cy}）脉冲（振荡脉冲的 12 分频输出）计数。定时时间为 $T_d = (8\,192 - x) \times T_{cy}$。如果晶振频率 $f_{OSC} = 12\text{MHz}$，即机器周期为 1μs，则定时范围为 1～8 192μs。

无论是计数器状态还是定时器状态，随着加法计数的增大，TL0 的低 5 位溢出后自动向 TH0 进位，TH0 溢出后，将溢出标志位 TF0 置位，并向 CPU 发出中断请求。

在图 5-14 中开关 S_2 控制定时/计数器的启动或停止，开关 S_2 的控制信号为

$$I = (\overline{GATE} + \overline{INT0}) \times TR0$$

当 GATE = 0 时，$(\overline{GATE} + \overline{INT0}) = 1$，$\overline{INT0}$ 信号不起作用，开关 S_2 的状态由 TR0 决定，即 TR0 = 1 时，启动定时/计数器；当 TR0 = 0 时，关闭定时/计数器。

当 GATE=1 时，上式变为 $I = \overline{INT0} \times TR0$，开关 S_2 的状态由 $\overline{INT0} \times TR0$ 决定，所以仅当 TR0=1 且 $\overline{INT0}$ 位于高电平时，开关 S_2 闭合，才能启动定时/计数器。如果 $\overline{INT0}$ 上出现低电平，则停止工作。GATE 称为门控信号，利用门控这一特征，可以测量外部信号的脉冲宽度。

2. 方式 1

当 TMOD 中 M1M0=01 时，定时/计数器选定方式 1 进行工作。方式 1 与方式 0 的工作模式大致相同，所不同的是方式 1 的 TH 和 TL 两个寄存器的 8 位都是有效的，TH 和 TL 构成了一个 16 位的定时/计数器，定时时间和计数范围与方式 0 不同。T0 和 T1 的方式 1 的工作模式完全一致，T0 和 T1 工作在方式 1 时的逻辑结构也相同。T0 工作在方式 1 时的逻辑结构如图 5-15 所示。

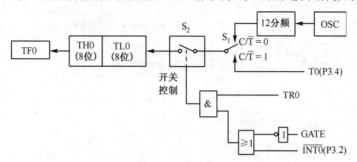

图 5-15　T0 工作在方式 1 时的逻辑结构

在方式 1 下，当作为计数器使用时，计数范围是 $1 \sim 65\,536$（2^{16}）；当作为定时器使用时，定时器的定时时间为 $T_d = (2^{16} - 初值) \times T_{cy}$。如果晶振频率 $f_{OSC}=12\text{MHz}$，则定时范围为 $1 \sim 65\,536\mu s$。

3. 方式 2

上述的方式 0 和方式 1 具有共同的特点，即当加 1 计数器发生溢出后，自动处于 0 状态。如果要实现循环计数或周期定时，就需要程序不断地给加 1 计数器赋初值，这就影响了计数或定时精度，并给程序设计增添了麻烦。而方式 2 具有初值自动重新加载功能，T0 工作在方式 2 时的逻辑结构如图 5-16 所示。

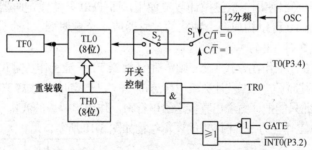

图 5-16　T0 工作在方式 2 时的逻辑结构

当 TMOD 中 M1M0=10 时，定时/计数器选定方式 2 进行工作。在该方式下，16 位加 1 计数器被分为两个 8 位寄存器 TL0 和 TH0，其中 TL0 作为加 1 计数器，TH0 作为加 1 计数器 TL0 的初值预置寄存器，并始终保持为初值常数。当 TL0 计数溢出时，系统将 TF0 置位，并向 CPU 请求中断，同时将 TH0 的内容重新装入 TL0，继续计数。这样省去了方式 0、方式 1 必须要通过软件给加 1 计数器重新赋初值的麻烦，提高了计数精度。

TH0 的内容重新装入 TL0 后，其自身保持不变。这样加 1 计数器具有重复加载、循环工作的特点，可用于产生固定脉宽的脉冲信号，还可以作为串行口波特率发生器使用。

T1 和 T0 两个定时/计数器的方式 2 的工作模式完全一致。

4. 方式 3

当 T0 定时/计数器 TMOD 的 M1M0=11 时，T0 在方式 3 下工作。在前 3 种工作方式中，T0 和 T1 两个定时/计数器具有相同的功能，但在方式 3 下，T0 和 T1 的功能完全不同。

1）T0 的方式 3 工作模式

T0 工作在方式 3 时的逻辑结构如图 5-17 所示。在方式 3 下，T0 被拆成两个独立的 8 位加 1 计数器 TL0 和 TH0。其中 TL0 既可以计数使用，又可以定时使用，构成了 1 个 8 位的定时/计数器（TL0）。T0 的控制位和引脚信号（$C/\overline{T}$，GATE，TR0 和 $\overline{INT0}$）全归 TL0 使用，其功能和操作与方式 0 或方式 1 完全相同，而且工作时的逻辑结构也极其类似。

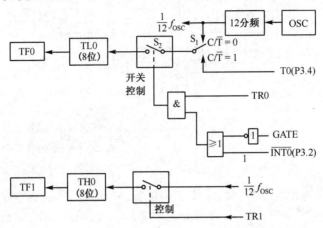

图 5-17　T0 工作在方式 3 时的逻辑结构

与 TL0 的情况相反，对于 T0 的另一半 TH0，只能作为 1 个 8 位定时器使用（不能用作外部计数方式）。而且由于 T0 的控制位已被 TL0 独占，因此只好借用定时/计数器 T1 的控制位 TR1 和 TF1，以计数溢出去置位 TF1，还占用 T1 的中断源。而定时的启动和停止则受 TR1 的状态控制。

由于 TL0 既能做定时器使用，也能做计数器使用，而 TH0 只能做定时器使用，因此在工作方式 3 下，定时/计数器 T0 可以构成两个独立的定时器或 1 个定时器、1 个计数器。

2）T0 工作在方式 3 时 T1 的工作模式

如果定时/计数器 T0 已工作在方式 3 下，则定时/计数器 T1 只能工作在方式 0、方式 1 或方式 2 下。此时由于 T1 的运行控制位 TR1 及计数溢出标志位 TF1 已被定时/计数器 T0 借用而没有计数溢出标志位可供使用，因此只能把计数溢出直接送给串行口，作为串行口的波特率发生器使用，以确定串行通信的速率。T0 工作在方式 3 时 T1 的逻辑结构如图 5-18 所示。

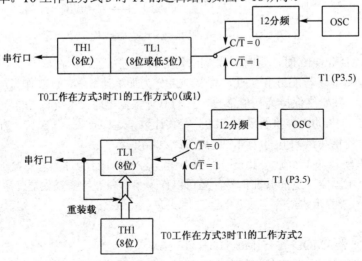

图 5-18　T0 工作在方式 3 时 T1 的逻辑结构

当作为波特率发生器使用时，只需要设置好工作方式，便可自动运行。如果要停止工作，只需送入一个把 T1 设置为方式 3 的方式控制字就可以了。因为定时/计数器 T1 不能在方式 3 下使用，如果硬把它设置为方式 3，则停止工作。

5.2.3 定时/计数器对输入信号的要求

定时/计数器的作用是用来精确地确定某一段时间间隔（作为定时器用）或累计外部输入的脉冲个数（作为计数器用）。当用作定时器时，在其输入端输入周期固定的脉冲，根据加 1 计数器中累计的脉冲个数，即可计算出所定时间的长度。

当 MCS-51 单片机内部的定时/计数器被选定为定时器功能时，输入信号是机器周期脉冲（振荡脉冲的 12 分频输出），每个机器周期产生一个脉冲位，加 1 计数器增 1，因此定时/计数器的输入脉冲的周期与机器周期一样，其频率为时钟振荡频率的 1/12。当采用 12MHz 频率的晶振时，计数速率为 1MHz，输入脉冲的周期间隔为 1μs。由于定时的精度取决于输入脉冲的周期，因此当需要高分辨率的定时时，应尽量选用频率较高的晶振。

当定时/计数器用作计数器时，计数脉冲来自外部输入引脚 T0 或 T1。当输入信号产生由 1 至 0 的跳变（即负跳变）时，加 1 计数器的值增 1。在每个机器周期的 S5P2 期间，对外部输入进行采样。如在第一个周期中采得的值为 1，而在下一个周期中采得的值为 0，则在紧跟着的下一个周期 S3P1 期间，加 1 计数器加 1。由于确认一次负跳变需要两个机器周期，即 24 个振荡周期，因此，外部输入的计数脉冲的最高频率为时钟振荡频率的 1/24。例如，选用 6MHz 频率的晶振，允许输入的脉冲的最高频率为 250kHz；如果选用 12MHz 频率的晶振，则可输入最高频率为 500kHz 的外部脉冲。对于外部输入信号的占空比并没有什么限制，但为了确保某一给定的电平在变化之前被采样一次，则这一电平至少要保持一个机器周期。

5.2.4 定时/计数器的应用

1. 定时/计数器初始化

1）初始化步骤

因为 MCS-51 单片机的定时/计数器既能定时又能计数，且有 4 种工作方式。因此，在使用定时/计数器前必须对其进行初始化，即设置其工作方式。初始化一般应进行如下工作：

（1）设置工作方式，即设置 TMOD 中的 GATE，$C/\overline{T}$ 和 M1M0；

（2）计算加 1 计数器的计数初值（Count），并将 Count 送入 TH 和 TL 中；

（3）启动定时/计数器工作，即将 TRx 置 1（$x = 0, 1$）；

（4）若采用中断方式，则应设置 T0，T1 及 CPU 开中断。

定时/计数器初始化流程图如图 5-19 所示。

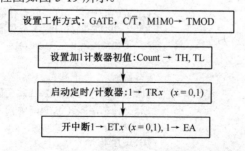

图 5-19 定时/计数器初始化流程图

2）计数方式初始化

假设 T0 工作于计数方式 1，计数值 $N=1$，即每当 T0 引脚输入一个计数脉冲就使加 1 计数器产生溢出，通常可以使用这种方法扩展外部中断。显然，为了使加 1 计数器每加一次 1 就溢出，加 1 计数器的初值 Count=0FFFFH=$2^{16}-1$，其中 16 为工作方式 1 时加 1 计数器的位数，1 为计数值 x。现用 n 表示加 1 计数器的位数，用 x 表示计数值，则计数初值 Count=2^n-x，式中，$n=13$，16，8 和 8，分别对应工作方式 0，1，2 和 3。

【例 5-9】 定时/计数器 T0 工作于计数方式，计数值 $x=1$，允许中断，分别使用工作方式 1，0 和 2 进行初始化编程。

根据题意分析如下：

（1）假设定时/计数器 T1 闲置不用，可设工作方式寄存器（TMOD）的高 4 位为 0000，即 $\text{TMOD}_{7\sim4}=0000\text{B}$。

（2）定时/计数器 T0 工作于计数方式，可确定 T0 的 GATE=0，$\text{C}/\overline{\text{T}}=1$，即 $\text{TMOD}_{3\sim2}=01\text{B}$。

（3）T0 工作于方式 1 时，应确定 M1M0=01，即 $\text{TMOD}_{1\sim0}=01\text{B}$。则

$$\text{TMOD}=0000\ 0101\text{B}=05\text{H}$$

加 1 计数器位数 $n=16$，计数初值 Count=$2^{16}-1$=FFFFH，即 TH0=FFH，TL0=FFH。

（4）T0 工作于方式 0 时，应确定 M1M0=00，即 $\text{TMOD}_{1\sim0}=00\text{B}$。则

$$\text{TMOD}=0000\ 0100\text{B}=04\text{H}$$

加 1 计数器位数 $n=13$，计数初值 Count=$2^{13}-1$=1111 1111 1 1111B，即 TH0=FFH（高 8 位 FFH 送入 TH0 中），TL0=1FH（低 5 位 1FH 送入 TL0 中）。

（5）T0 工作于方式 2 时，应确定 M1M0=10，即 $\text{TMOD}_{1\sim0}=10\text{B}$。则

$$\text{TMOD}=0000\ 0110\text{B}=06\text{H}$$

加 1 计数器位数 $n=8$，计数初值 Count=2^8-1=FFH，即 TH0=FFH，TL0=FFH。

按照前面的分析，分别编写方式 1、方式 0 和方式 2 的初始化程序如下。

（1）T0 工作于方式 1 的初始化程序

汇编语言初始化程序段如下：

```
MOV    TMOD, #05H        ;设置 T0 工作于方式 1
MOV    TH0, #0FFH        ;加 1 计数器高 8 位 TH0 赋初值 FFH
MOV    TL0, #0FFH        ;加 1 计数器低 8 位 TL0 赋初值 FFH
SETB   ET0               ;T0 开中断
SETB   EA                ;CPU 开中断
SETB   TR0               ;启动 T0
```

C51 初始化程序段如下：

```
#include <reg51.h>
sbit ET0=IE^1;           /*定义 CPU 中断允许控制寄存器 IE 第 1 位为 ET0*/
sbit EA=IE^7;            /*定义 CPU 中断允许控制寄存器 IE 第 7 位为 EA*/
sbit TR0=TCON^4;         /*定义 TCON 第 4 位为 TR0*/
…
TMOD=0x05;               /*设置 T0 工作于方式 1*/
TH0=0xff;                /*加 1 计数器高 8 位 TH0 赋初值 FFH*/
TL0=0xff;                /*加 1 计数器低 8 位 TL0 赋初值 FFH*/
ET0=1;                   /*T0 开中断*/
EA=1;                    /*CPU 开中断*/
TR0=1;                   /*启动 T0*/
```

（2）T0 工作于方式 0 的初始化程序

汇编语言初始化程序段如下：

```
MOV     TMOD, #04H      ;设置 T0 工作于方式 0
MOV     TH0, #FFH       ;加 1 计数器高 8 位 TH0 赋初值 FFH
MOV     TL0, #1FH       ;加 1 计数器低 5 位 TL0 赋初值 1FH
SETB    ET0             ;T0 开中断
SETB    EA              ;CPU 开中断
SETB    TR0             ;启动 T0
```

C51 初始化程序段如下：

```
#include <reg51.h>
sbit ET0=IE^1;          /*定义 CPU 中断允许控制寄存器 IE 第 1 位为 ET0*/
sbit EA=IE^7;           /*定义 CPU 中断允许控制寄存器 IE 第 7 位为 EA*/
sbit TR0=TCON^4;        /*定义 TCON 第 4 位为 TR0*/
...
TMOD=0x04;              /*设置 T0 工作于方式 0*/
TH0=0xff;               /*加 1 计数器高 8 位 TH0 赋初值 FFH*/
TL0=0x1f;               /*加 1 计数器低 5 位 TL0 赋初值 1FH*/
ET0=1;                  /*T0 开中断*/
EA=1;                   /*CPU 开中断*/
TR0=1;                  /*启动 T0*/
```

（3）T0 工作于方式 2 的初始化程序

汇编语言初始化程序段如下：

```
MOV     TMOD, #06H      ;设置 T0 工作于方式 2
MOV     TL0, #0FFH      ;加 1 计数器 TL0 赋初值 FFH
MOV     TH0, #0FFH      ;重装寄存器 TH0 赋初值 FFH
SETB    ET0             ;T0 开中断
SETB    EA              ;CPU 开中断
SETB    TR0             ;启动 T0
```

C51 初始化程序段如下：

```
#include <reg51.h>
sbit ET0=IE^1;          /*定义 CPU 中断允许控制寄存器 IE 第 1 位为 ET0*/
sbit EA=IE^7;           /*定义 CPU 中断允许控制寄存器 IE 第 7 位为 EA*/
sbit TR0=TCON^4;        /*定义 TCON 第 4 位为 TR0*/
...
TMOD=0x06;              /*设置 T0 工作于方式 2*/
TL0=0xff;               /*加 1 计数器 TL0 赋初值 FFH*/
TH0=0xff;               /*重装寄存器 TH0 赋初值 FFH*/
ET0=1;                  /*T0 开中断*/
EA=1;                   /*CPU 开中断*/
TR0=1;                  /*启动 T0*/
```

3）定时方式初始化

若系统主频 $f_{OSC} = 6MHz$，则机器周期 $T_{cy} = 2\mu s$，即加 1 计数器加一次 1 所用时间为 $2\mu s$。若加 1 计数器加 100 次产生溢出（计数值 $N = 100$），则定时时间为 $200\mu s$，即定时器定时时间 $T_d = N \times T_{cy}$。加 1 计数器的计数值 N 与计数初值 Count 的关系是 $N = 2^n - Count$，所以定时时间 $T_d = (2^n - Count) \times T_{cy}$，则计数初值 $Count = 2^n - T_d/T_{cy}$。式中，$n = 13$，16，8 和 8，分别对应方

式 0，1，2 和 3。

【例 5-10】 T0 工作于定时方式 1，定时时间 $T_d = 2ms$，系统主频 $f_{OSC} = 8MHz$，允许中断，对 T0 进行初始化编程。

根据题意分析如下：

（1）假设定时/计数器 T1 闲置不用，可设工作方式寄存器（TMOD）的高 4 位为 0000，即 $TMOD_{7 \sim 4} = 0000B$。

（2）定时/计数器 T0 工作于定时方式，可确定 T0 的 GATE=0，$C/\overline{T}$=0，即 $TMOD_{3 \sim 2} = 00B$。

（3）T0 工作于方式 1 时，应确定 M1M0=01，即 $TMOD_{1 \sim 0} = 01B$。则

$$TMOD = 0000\ 0001B = 01H$$

（4）系统主频 $f_{OSC} = 8MHz$，时钟周期 $T_{cp} = 1/8\mu s$，$T_{cy} = 12T_{cp} = 12/8 = 1.5\mu s$。

加 1 计数器的位数 $n = 16$，定时时间 $T_d = 2ms = 2000\mu s$，计数初值 $Count = 2^n - T_d/T_{cy} = 2^{16} - 2\ 000/1.5 = 64\ 203 = FACBH$，即 $TH0 = FAH$，$TL0 = CBH$。

汇编语言初始化程序段如下：

```
MOV    TMOD, #01H        ;设置 T0 工作于定时方式 1
MOV    TH0, #0FAH        ;加 1 计数器高 8 位 TH0 赋初值 FAH
MOV    TL0, #0CBH        ;加 1 计数器低 8 位 TL0 赋初值 CBH
SETB   ET0               ;T0 开中断
SETB   EA                ;CPU 开中断
SETB   TR0               ;启动 T0
```

C51 初始化程序段如下：

```
#include <reg51.h>
sbit ET0=IE^1;           /*定义 CPU 中断允许控制寄存器 IE 第 1 位为 ET0*/
sbit EA=IE^7;            /*定义 CPU 中断允许控制寄存器 IE 第 7 位为 EA*/
sbit TR0=TCON^4;         /*定义 TCON 第 4 位为 TR0*/
...
TMOD=0x01;               /*设置 T0 工作于定时方式 1*/
TH0=0xfa;                /*加 1 计数器高 8 位 TH0 赋初值 FAH*/
TL0=0xcb;                /*加 1 计数器低 8 位 TL0 赋初值 CBH*/
ET0=1;                   /*T0 开中断*/
EA=1;                    /*CPU 开中断*/
TR0=1;                   /*启动 T0*/
```

【例 5-11】 T1 工作于定时方式 2，定时时间 $T_d = 500\mu s$，系统主频 $f_{OSC} = 6MHz$，不允许中断，对 T1 进行初始化编程。

根据题意分析如下：

（1）假设定时/计数器 T0 闲置不用，可设工作方式寄存器（TMOD）的低 4 位为 0000，即 $TMOD_{3 \sim 0} = 0000B$。

（2）定时/计数器 T1 工作于定时方式，可确定 T1 的 GATE=0，$C/\overline{T}$=0，即 $TMOD_{7 \sim 6} = 00B$。

（3）T1 工作于方式 2 时，应确定 M1M0=10，即 $TMOD_{5 \sim 4} = 10B$。则

$$TMOD = 0010\ 0000B = 20H$$

（4）系统主频 $f_{OSC} = 6MHz$，时钟周期 $T_{cp} = 1/6\mu s$，$T_{cy} = 12T_{cp} = 12/6 = 2\mu s$。

加 1 计数器的位数 $n = 8$，定时时间 $T_d = 500\mu s$，计数初值 $Count = 2^n - T_d/T_{cy} = 2^8 - 500/2 = 6 = 06H$，即 $TH1 = 06H$，$TL1 = 06H$。

汇编语言初始化程序段如下：

```
MOV     TMOD, #20H          ;设置 T1 工作于定时方式 2
MOV     TL1, #06H           ;加 1 计数器 TL1 赋初值 06H
MOV     TH1, #06H           ;重装寄存器 TH1 赋初值 06H
CLR     ET1                 ;T1 关中断
SETB    TR1                 ;启动 T1
```

C51 初始化程序段如下：

```
#include <reg51.h>
sbit ET1=IE^3;              /*定义 CPU 中断允许控制寄存器 IE 第 3 位为 ET1*/
sbit TR1=TCON^6;            /*定义 TCON 第 6 位为 TR1*/
...
TMOD=0x20;                  /*设置 T1 工作于定时方式 2*/
TL1=0x06;                   /*加 1 计数器 TL1 赋初值 06H*/
TH1=0x06;                   /*重装寄存器 TH1 赋初值 06H*/
ET1=0;                      /*T1 关中断*/
TR1=1;                      /*启动 T1*/
```

2．定时/计数器应用实例

【例 5-12】 设单片机的主频 f_{OSC} = 12MHz，要求在 P1.0 脚上输出周期为 2ms 的方波。

分析：周期为 2ms 的方波要求定时间隔为 1ms，每次时间到将 P1.0 取反。定时器计数频率为 $f_{OSC}/12$，T_{cy} = $12/f_{OSC}$ = 1μs。每个机器周期定时器计数加 1，1ms = 1 000μs，需计数次数为 1 000 /(12/f_{OSC}) = 1 000。由于加 1 计数器向上计数，为得到 1 000 个计数之后的定时器溢出，必须给加 1 计数器赋初值 65 536 – 1 000，C51 语言中相当于–1 000。

（1）汇编语言程序设计

用 T1 的方式 1 编程，采用中断方式。

```
            ORG     0000H               ;复位入口
            AJMP    START
            ORG     001BH               ;T1 中断服务程序入口地址
            AJMP    T1INT
            ORG     0030H
START:      MOV     SP, #60H            ;初始化程序
            MOV     TMOD, #10H          ;设置 T1 工作于定时方式 1
            MOV     TH1, #0FCH          ;设置加 1 计数器的计数初值高字节
            MOV     TL1, #18H           ;设置加 1 计数器的计数初值低字节
            SETB    TR1                 ;启动 T1
            SETB    ET1                 ;开 T1 中断
            SETB    EA                  ;开总中断允许
MAIN:       AJMP    MAIN                ;主程序
T1INT:      CPL     P1.0                ;T1 中断服务程序
            MOV     TH1, #0FCH
            MOV     TL1, #18H
            RETI
            END
```

（2）C51 程序段设计

用 T1 的方式 1 编程，采用中断方式。

```
#include <reg51.h>
sbit  rect_wave=P1^0;                    /*方波由 P1.0 口输出*/
void  main(void)
{    TMOD=0x10;                          /*设置 T1 工作于定时方式 1*/
     TH1=-1000/256;                      /*设置加 1 计数器的计数初值高字节*/
     TL1=-1000%256;                      /*设置加 1 计数器的计数初值低字节*/
     ET1=1;
     EA=1;
     TR1=1;                              /*启动定时*/
     for (; ;);                          /*等待中断*/
}
/***********中断服务程序***********/
void  int1( )  interrupt  3
{    TH1=-1000/256;                      /*设置加 1 计数器的计数初值高字节*/
     TL1=-1000%256;                      /*设置加 1 计数器的计数初值低字节,重启定时器*/
     rect_wave=!rect_wave;               /*输出取反*/
}
```

【例 5-13】 设一只发光二极管 LED 和 8051 的 P1.0 脚相连。当 P1.0 脚为高电平时，LED 点亮；当 P1.0 脚为低电平时，LED 熄灭。编制程序用定时器来实现 LED 的闪烁功能，设置 LED 每 1s 闪烁一次。已知单片机的系统主频为 12MHz。

设计思想：定时/计数器的最长定时为 65.536ms，无法实现 1s 的定时。可以采用软件计数器来进行设计。定义一个软件计数器单元 30H，先用定时/计数器 T0 做一个 50ms 的定时器，定时时间到后，将软件计数器中的值加 1，如果软件计数器计到了 20（1s），P1.0 取反，并清除软件计数器中的值，否则直接返回。这样就完成了 20 次定时中断才取反一次 P1.0，实现定时时间 $20 \times 50ms = 1000ms = 1s$ 的定时。

定时/计数器 T0 采用定时方式 1（16 位定时器），其加 1 计数器的计数初值为

$$2^{16} - 50ms / 1\mu s = 65\ 536 - 50\ 000 = 15\ 536 = 3CB0H$$

程序如下：

```
          ORG      0000H
          AJMP     START                ;转入主程序
          ORG      000BH                ;定时/计数器 T0 的中断服务程序入口地址
          AJMP     TIME0                ;跳转到真正的定时器中断服务程序处
          ORG      0030H
START:    MOV      SP, #60H             ;设置堆栈指针
          MOV      P1, #00H             ;关 LED(使其熄灭)
          MOV      30H, #00H            ;软件计数器预清零
          MOV      TMOD, #01H           ;定时/计数器 T0 工作于定时方式 1
          MOV      TH0, #3CH            ;设置加 1 计数器的计数初值
          MOV      TL0, #0B0H
          SETB     EA                   ;开总中断允许
          SETB     ET0                  ;开 T0 中断
          SETB     TR0                  ;启动 T0
```

```
LOOP:   SJMP      LOOP              ;循环等待
TIME0:  MOV       TL0, #0B0H        ;重设加1计数器的计数初值,启动
        MOV       TH0, #3CH
        INC       30H               ;中断程序
        MOV       A, 30H
        CJNE      A, #14H, RET0
        MOV       30H, #00H
        CPL       P1.0
RET0:   RETI
        END
```

3. 采用定时/计数器扩展外部中断

尽管 MCS-51 单片机为用户只提供了两个外部中断源,但用户可以根据实际需求,进行多于两个外部中断请求的扩展,其中有很多种扩展方法。这里重点介绍利用定时/计数器中断扩展外部中断的方法。

MCS-51 单片机有两个定时/计数器 T0 和 T1,若选择它们以计数器方式工作,当引脚 T0 或 T1 上发生负跳变时,则 T0 或 T1 的加1计数器加1。利用这个特性,借用引脚 T0 或 T1 作为外部中断请求输入线,若设定计数初值为满量程,加1计数器加1,就会产生溢出中断请求,TF0 或 TF1 变成了外部中断请求标志位,T0 或 T1 的中断服务程序入口地址被扩展成了外部中断源的中断服务程序入口地址。值得注意的是,当使用定时/计数器作为外部中断时,定时/计数器以前的功能将失效,除非用软件对它进行复用。

将 T0 引脚作为外部中断源使用的具体做法是,设定相应定时/计数器工作方式为计数方式 2,TH0 和 TL0 初值为 0FFH,允许 T0 中断,并对 T0 做如下初始化设置:

```
MOV     TMOD, #06H        ;将 T0 设定为方式 2 外部计数模式
MOV     TL0, #0FFH        ;设置加1计数器初值
MOV     TH0, #0FFH        ;设置重装寄存器初值
SETB    ET0               ;允许 T0 中断
SETB    EA                ;CPU 开中断
SETB    TR0               ;启动 T0
```

下面是将两个定时/计数器中断全部作为外部中断的 C51 程序初始化代码:

```
#include <reg51.h>
void main(void)
{   TMOD=0x66;                   /*两个定时/计数器都设定为方式 2 外部计数模式*/
    TH1=0xFF;                    /*设定重装值,TL1 不用设置*/
    TH0=0xFF;                    /*设定重装值,TL0 不用设置*/
    TCON=0x50;                   /*置位 TR1 和 TR0,开始计数*/
    IE=0x9F;                     /*中断使能*/
}
/******T0 中断服务程序******/
void timer0_int(void)  interrupt 1
{   TF0=0;                       /*计数溢出标志位清零*/
    ...
}
/******T1 中断服务程序******/
void timer1_int(void)  interrupt 3
```

```
{    TF1=0;                                  /*计数溢出标志位清零*/
     ...
}
```

5.3　串　行　口

5.3.1　串行通信基础知识

1．数据通信的传输方式

常用于数据通信的传输方式有单工、半双工和全双工方式。

单工方式：数据仅按一个固定方向传送。因而这种传输方式的用途有限，常用于串行口的打印数据传输与简单系统间的数据采集。

半双工方式：数据可实现双向传送，但不能同时进行，实际应用中采用某种协议实现收/发开关转换。

全双工方式：允许双方同时进行数据双向传送，但一般全双工传输方式的线路和设备较复杂。

2．并行通信和串行通信方式

所谓通信是指计算机与计算机或外设之间的数据传送，因此，这里的"信"是一种信息，是由数字 1 和 0 构成的具有一定规则并反映确定信息的一个数据或一批数据。这种数据传输有两种基本方式，即并行通信和串行通信。

并行通信比较简单，根据 CPU 字长和总线特点及外设数据口的宽度可分为不同位数（宽度）的并行通信，如 8 位并行通信、16 位并行通信等。并行通信的特点是数据的每位被同时传输出去或接收进来。与并行通信不同，串行通信的数据传输是逐位传输的，因而在相同条件下，串行通信比并行通信的传输速度慢。

虽然串行通信较并行通信慢，但采用串行通信，不管发送或接收的数据是多少，最多只需两根导线，一根用于发送，另一根用于接收。根据串行通信的不同工作方式，还可将发送接收线合二为一，成为发送/接收复用线（如半双工）。在实际应用中，可能还要附加一些信号线，如应答信号线、准备好信号线等，但在多字节数据通信中，串行通信与并行通信相比，其工程实现上造价要低得多。因此，串行通信已被越来越广泛地采用，尤其是串行通信通过在信道中设立调制解调器、中继站等，可使数据传输到地球的每个角落。目前，飞速发展的计算机网络技术（互联网、广域网、局域网）均为串行通信。

世界性计算机通信使得地球越来越小。串行通信技术的普遍利用和深层研究开发，将给世界信息流带来革命性的变化。

3．异步串行通信和同步串行通信

异步串行通信（以下简称为异步通信）所传输的数据格式（也称为串行帧）由 1 个起始位、7 个或 8 个数据位、1～2 个停止位（含 1.5 个停止位）和 1 个校验位组成。起始位约定为 0，空闲位约定为 1。在异步通信方式中，接收器和发送器有各自的时钟，它们的工作是非同步的。

异步通信的实质是指通信双方采用独立的时钟，每个数据均以起始位开始，停止位结束，起始位触发甲、乙双方同步时钟。每个异步串行帧中的每位彼此严格同步，位周期相同。所谓异步是指发送、接收双方的数据帧与帧之间不要求同步，也不必同步。

同步串行通信（以下简称为同步通信）中，发送器和接收器由同一个时钟源控制。而在异步通信中，每传输一帧信息都必须加上起始位和停止位，占用了传输时间，在要求传送数据量较大的场合，速度就会慢得多。同步通信传输方式去掉了这些起始位和停止位，只在传输数据块时先送出一个同步头（字符）标志即可。

同步通信传输方式比异步通信传输方式速度快，这是它的优势。但同步通信传输方式也有其缺点，即它必须要用一个时钟来协调收/发器的工作，所以它的设备也较复杂。

4．波特率及时钟频率

波特率（BR）是串行通信中的一个重要概念，它是指单位时间内传输的数据位数。波特率的单位是 bps（bit per second），即 1bps = 1bit/s。波特率的倒数即为每位传输所需的时间。由上面介绍的异步通信原理可知，互相通信的甲、乙双方必须具有相同的波特率，否则无法成功地完成数据通信。发送数据和接收数据是由同步时钟触发的发送器和接收器来实现的。发送/接收数据的时钟频率与波特率有关，即

$$f_{T/R} = n \times BR_{T/R}$$

式中，$f_{T/R}$ 为发/收时钟频率，单位是 Hz；$BR_{T/R}$ 为发/收波特率，单位是 bps；n 为波特率因子。

同步通信 $n=1$。异步通信 n 可取 1，16 或 64。也就是说，同步通信中数据传输的波特率即为同步时钟频率；而异步通信中，时钟频率可为波特率的整数倍。

5．串行通信的校验

异步通信时可能会出现帧格式错、超时错等传输错误。在具有串行口应用的单片机开发中，应考虑在通信过程中对数据差错进行校验，因为差错校验是保证准确无误通信的关键。

常用的差错校验方法有奇偶校验（MCS-51 单片机编程采用此法）、和校验、循环冗余码校验等。

1）奇偶校验

在发送数据时，数据位尾随的一位数据为奇偶校验位（1 或 0）。当设置为奇校验时，数据中 1 的个数与校验位 1 的个数之和应为奇数；当设置为偶校验时，数据中 1 的个数与校验位中 1 的个数之和应为偶数。接收时，接收方应具有与发送方一致的差错检验设置，当接收一个字符时，对 1 的个数进行校验，若二者不一致，则说明数据传送出现了差错。

奇偶校验是按字符进行校验的，数据传输速率将受到影响。这种特点使得它一般只用于异步通信中。

2）和校验

所谓和校验是指发送方将所发送的数据块求和（字节数求和），并产生一字节的校验字符（校验和）附加到数据块末尾。接收方接收数据时，也是先对数据块求和，将所得结果与发送方的校验和进行比较，相符则无差错，否则即出现了差错。这种和校验的特点是无法检验出字节位序的错误。

3）循环冗余码校验

这种校验是对一个数据块校验一次。例如，对磁盘信息的访问、ROM 或 RAM 存储区的完整性等的检验。这种方法广泛应用于串行通信中。

5.3.2　MCS-51 单片机串行口

对于单片机来说，为了进行串行通信，同样也需要有相应的串行口电路。只不过这个接口电路不是单独的芯片，而是集成在单片机芯片的内部，成为单片机芯片的一个组成部分。

MCS-51 单片机内部有一个全双工的串行口，包含串行口接收和发送缓冲寄存器（SBUF），这两个在物理上独立的接收发送寄存器，既可以接收数据，也可以发送数据。但接收缓冲寄存器只能读出不能写入，而发送缓冲寄存器则只能写入不能读出，它们的地址为 99H。这个串行口既可用于网络通信，也可实现串行异步通信，还可以构成同步移位寄存器。如果在串行

口的 I/O 引脚加上电平转换器，还可方便地构成标准的 RS-232 和 RS-485 接口。

1. 串行口结构与特殊功能寄存器

MCS-51 单片机的串行口是由发送缓冲寄存器、发送控制器、接收缓冲寄存器、接收控制器、移位寄存器和串行口中断等部分组成，如图 5-20 所示。

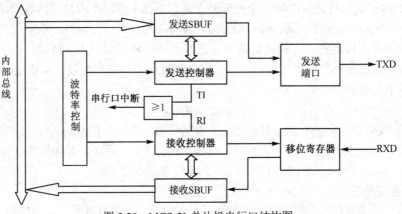

图 5-20　MCS-51 单片机串行口结构图

SBUF 是串行口数据缓冲寄存器。它是一个可寻址的特殊功能寄存器，其中包括发送缓冲寄存器和接收缓冲寄存器，以便能以全双工方式进行通信。这两个寄存器具有同一地址（99H），串行接收时，从接收 SBUF 读出数据；串行发送时，向发送 SBUF 写入数据。发送、接收控制器的速率由波特率发生器 T1 控制。当一帧数据发送结束后，将 TI 置 1，向 CPU 发出中断；当接收到一帧数据后，将 RI 置 1，向 CPU 发出中断；TB8 为发送数据的第 9 位，RB8 为接收数据的第 9 位。

此外，在接收缓冲寄存器之前还有移位寄存器，从而构成了串行接收的双缓冲结构，以避免在数据接收过程中出现帧重叠错误。与接收数据情况不同，发送数据时，由于 CPU 是主动的，不会发生帧重叠错误，因此发送电路不需要双重缓冲结构。

与串行通信有关的控制寄存器共有 4 个：SBUF，SCON，PCON 和 IE。

1）接收和发送缓冲寄存器（SBUF）

在逻辑上，SBUF 只有一个，既表示发送缓冲寄存器，又表示接收缓冲寄存器，具有同一个单元地址 99H。在物理上，SBUF 有两个，一个是发送缓冲寄存器，另一个是接收缓冲寄存器。

2）串行口控制寄存器（SCON）

SCON 是 MCS-51 单片机的一个可位寻址的特殊功能寄存器，用于串行通信的控制。其字节地址为 98H，位地址范围为 98H~9FH。SCON 各位的地址、定义及其对应的功能见表 5-7。

表 5-7　SCON 各位的地址、定义及其对应的功能

位地址	9FH	9EH	9DH	9CH	9BH	9AH	99H	98H
位定义	SM0	SM1	SM2	REN	TB8	RB8	TI	RI
功能	方式选择		多机控制	串行接收允许/禁止	发送的第 9 位	接收的第 9 位	发送中断有/无	接收中断有/无

（1）串行口工作方式选择位 SM0 和 SM1

SM0 和 SM1 由软件置 1 或清零，用于选择串行口的 4 种工作方式（见表 5-8）。

表 5-8　串行口的 4 种工作方式

SM0	SM1	工作方式	功　　能	波　特　率
0	0	方式 0	移位寄存器方式，用于并行 I/O 接口扩展	$f_{osc}/12$
0	1	方式 1	8 位通用异步接收器/发送器	可变
1	0	方式 2	9 位通用异步接收器/发送器	$f_{osc}/64$ 或 $f_{osc}/32$
1	1	方式 3	9 位通用异步接收器/发送器	可变

（2）多机通信控制位 SM2

SM2 = 1 时，接收到一帧信息，如果接收到的第 9 位数据为 1，硬件将 RI 置 1，请求中断；如果第 9 位数据为 0，则 RI 不置 1，且所接收的数据无效。SM2=0 时，只要接收到一帧信息，不管第 9 位数据是 0 还是 1，硬件都置 RI=1，并请求中断。RI 由软件清零，SM2 由软件置 1 或清零。多机通信时，各从机先将 SM2 置 1。接收并识别主机发来的地址，当地址与本机相同时，将 SM2 清零，与主机进行数据传送。各机所发送的数据第 9 位必须为 0。

（3）允许串行接收控制位 REN

REN = 1 时允许并启动串行接收，REN=0 时禁止串行接收。REN 由软件置 1 或清零。

（4）发送数据 D8 位 TB8

TB8 是方式 2、方式 3 中要发送的第 9 位数据，事先用软件写入 1 或 0。方式 0、方式 1 不用。

（5）接收数据 D8 位 RB8

在方式 2、方式 3 中，由硬件将接收到的第 9 位数据存入 RB8。在方式 1 中，将停止位存入 RB8。

（6）发送中断标志位 TI

发送完一帧信息，由硬件使 TI 置 1，TI 必须由软件清零。

（7）接收中断标志位 RI

接收完一帧有效信息，由硬件使 RI 置 1，RI 必须由软件清零。

3）电源控制寄存器（PCON）

PCON 主要是为 CHMOS 型单片机的电源控制而设置的特殊功能寄存器。其字节地址为 87H，不能位寻址。PCON 是一个 8 位寄存器，其最高位 SMOD 为波特率控制位；该位为 1 时，波特率增大一倍。

4）中断允许控制寄存器（IE）

IE 的地址是 A8H，其内容在 5.1 节中已介绍。其中，串行口允许中断控制位为 ES，当 ES=1 时，允许串行口中断；当 ES = 0 时，禁止串行口中断。

2. MCS-51 单片机的串行通信工作方式

串行口有 4 种工作方式，下面分别进行介绍。

1）方式 0

在方式 0 下，串行口作为同步移位寄存器使用。这时用 RXD（P3.0）引脚作为数据移位的入口或出口，而由 TXD（P3.1）引脚提供移位脉冲。移位数据的发送和接收以 8 位为一帧，不设起始位和停止位，低位在前、高位在后，其帧格式如图 5-21 所示。

…	D0	D1	D2	D3	D4	D5	D6	D7	…

图 5-21　方式 0 的帧格式

使用方式 0 实现数据的移位输入/输出时，实际上是把串行口变成并行口使用。串行口变为并行输出口使用时，要有"串入并出"的移位寄存器配合（如 CD4094 或 74HC164），其电路连接如图 5-22 所示。如果把能实现并入串出功能的移位寄存器（如 CD4014 或 74HC165）与串行口配合使用，就可以把串行口变为并行输入口使用，如图 5-23 所示。

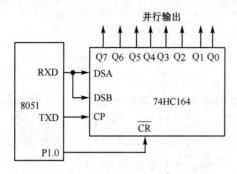
图 5-22　把串行口变为并行输出口使用

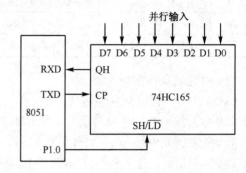
图 5-23　把串行口变为并行输入口使用

2）方式 1

方式 1 是 10 位为一帧的异步串行通信方式。其帧格式如图 5-24 所示，包括 1 个起始位、8 个数据位和 1 个停止位。

起始	D0	D1	D2	D3	D4	D5	D6	D7	停止

图 5-24　方式 1 的帧格式

异步通信用起始位"0"表示字符的开始，然后从低位到高位逐位传送数据，最后用停止位"1"表示字符结束。一个字符又称一帧信息。

（1）数据发送

方式 1 的数据发送是由一条写发送缓冲寄存器指令（MOV　SBUF, A）开始的。随后在串行口由硬件自动加入起始位和停止位，构成一个完整的帧格式，然后在移位脉冲的作用下，由 TXD 端串行输出。一个字符帧发送完后，使 TXD 输出线维持在 1 状态下，并将 SCON 中的 TI 置 1，通知 CPU 可以发送下一个字符。

（2）数据接收

接收数据时，SCON 的 REN 位应处于允许接收状态（REN=1）。在此前提下，串行口采样 RXD 引脚，当采样到从 1 向 0 的状态跳变时，就认定是接收到起始位。随后在移位脉冲的控制下，把接收到的数据位移入接收缓冲寄存器中，直到停止位到来之后把停止位送入 RB8，并置位接收中断标志位 RI，通知 CPU 从 SBUF 取走接收到的一个字符，指令为 MOV　A, SUBF。

3）方式 2 和方式 3

方式 2 和方式 3 是 11 位一帧的串行通信方式。其帧格式如图 5-25 所示，包括 1 个起始位、9 个数据位和 1 个停止位。

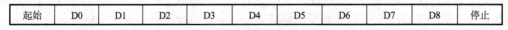

起始	D0	D1	D2	D3	D4	D5	D6	D7	D8	停止

图 5-25　方式 2 和方式 3 的帧格式

在方式 2 和方式 3 下，字符还是有 8 个数据位。第 9 个数据位 D8，既可作为奇偶校验位使用，也可作为控制位使用，其功能由用户确定。发送之前，应先将 SCON 中的 TB8 准备好，可使用如下指令完成：

```
        SETB    TB8            ;TB8 位置 1
        CLR     TB8            ;TB8 位清零
```

准备好第 9 位数据之后，再向 SBUF 写入字符的 8 位数据，并以此来启动串行发送。一个字符帧发送完毕后，将 TI 位置 1，其过程与方式 1 相同。方式 2 的接收过程也与方式 1 类似，所不同的是在第 9 位数据上，串行口把接收到的 8 位数据送入 SBUF，而把第 9 位数据送入 RB8。

方式 2 和方式 3 的不同之处在于波特率的计算方法不同。方式 3 同方式 1，即通过设置定时器 1 的初值来设定波特率。方式 2 的波特率是固定的，见下面所述。

3. 串行口波特率

方式 0 时，波特率是固定的，为单片机晶振频率的 1/12，即 $BR = f_{OSC}/12$（f_{OSC} 为晶振频率）。方式 0 的波特率是一个机器周期进行一次移位。当 $f_{OSC} = 6MHz$ 时，波特率为 500kbps，即 $2\mu s$ 移位一次；当 $f_{OSC} = 12MHz$，波特率为 1Mbps，即 $1\mu s$ 移位一次。

方式 2 的波特率也是固定的，且有两种。一种是晶振频率的 1/32，另一种是晶振频率的 1/64，即 $f_{OSC}/32$ 和 $f_{OSC}/64$。用公式表示为

$$BR = 2^{SMOD} \times f_{OSC}/64$$

式中，SMOD 为 PCON 寄存器最高位的值，SMOD = 1 表示波特率加倍。

方式 1 和方式 3 的波特率是可变的，其波特率由定时/计数器 T1 的溢出率决定，公式为

$$BR = 2^{SMOD} \times f_d/32$$

式中，SMOD 为 PCON 寄存器最高位的值，SMOD=1 表示波特率加倍。而定时/计数器 T1 溢出率计算公式为

$$f_d = \frac{f_{OSC}}{12 \times (256 - TH1)}$$

方式 0 到方式 3 的常用波特率见表 5-9，以便查找对应的方式设置及定时/计数器 T1 的时间常数。

表 5-9　定时/计数器 T1 产生的常用波特率

串行口工作方式	波特率/bps	晶振频率 f_{OSC}/MHz	SMOD	T1		
				C/$\overline{T}$	定时器方式	重装载值
方式 0	最大 1M	12	×	×	×	×
方式 2	最大 375k	12	1	×	×	×
方式 1 或 方式 3	62.5k	12	1	0	2	FFH
	19.2k	11.0592	1	0	2	FDH
	9.6k	11.0592	0	0	2	FDH
	4.8k	11.0592	0	0	2	FAH
	2.4k	11.0592	0	0	2	F4H
	1.2k	11.0592	0	0	2	E8H
	137.5	11.0592	0	0	2	2EH
	110	6	0	0	2	72H
	110	12	0	0	1	FEE4H

5.3.3 串行口的应用

1. 串行口工作方式 0 应用

【例 5-14】 使用 74HC164 的并行输出引脚接 8 只发光二极管，利用它的串入并出功能，把发光二极管从左向右轮流点亮，并反复循环。发光二极管为共阴极型，电路连接如图 5-26 所示。

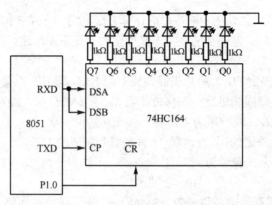

图 5-26 例 5-14 串行移位输出电路

分析：当串行口把 8 位状态码串行移位输出后，TI 置 1。把 TI 作为状态查询标志，使用查询方法。

（1）汇编语言程序：

```
        ORG     1000H
START:  MOV     SCON,#00H       ;置串行口工作方式 0
        MOV     A, #80H         ;最高位灯先亮
        CLR     P1.0            ;关闭并行输出
OUT0:   MOV     SBUF, A         ;开始串行输出
OUT1:   JNB     TI, OUT1        ;输出完否?未完,等待; 完了,继续执行
        CLR     TI              ;完了,清零 TI 标志位,以备下次发送
        SETB    P1.0            ;打开并行口输出
        ACALL   DELAY           ;延时一段时间
        RR      A               ;循环右移
        CLR     P1.0            ;关闭并行输出
        SJMP    OUT0            ;循环
;延时子程序
DELAY:  MOV     R7, #250
D1:     MOV     R6, #250
D2:     DJNZ    R6, D2
        DJNZ    R7, D1
        RET
        END
```

（2）C51 程序：

```
#include <reg51.h>
#include <intrins.h>
```

```
#define  out_off  P1^0=0
#define  out_on  P1^0=1
extern  void  delay(void);                    /*外部延时函数*/
void  main( )
{   unsigned char i;
    SCON=0x00;                                /*串行口在方式 0 下工作*/
    ES=0;                                     /*禁止串行中断*/
    for(; ; )
    {   for(i=0; i<8; i++)
        {   out_off;                          /*关闭并行输出*/
            SBUF=_cror_(0x80, i);             /*串行输出*/
            while(!TI){ }                     /*状态查询*/
            out_on;                           /*开启并行输出*/
            TI=0;                             /*发送中断标志位清零*/
            delay( );                         /*状态维持*/
        }
    }
}
```

此外，串行口并行 I/O 扩展功能还常用于 LED 显示器接口电路，但这种应用有时受速度的限制。

2. 串行口工作方式 1 应用（双机通信）

【例 5-15】 双机通信电路图如图 5-27 所示。

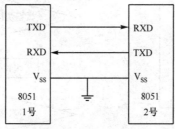

图 5-27 双机通信电路图

通信协议：方式 1 的一帧信息中有 1 个起始位、8 个数据位和 1 个停止位；波特率为 2400bps，T1 工作在定时器方式 2，单片机时钟振荡频率选用 11.0592MHz，查表 5-9 可得 TH1=TL1=0F4H，PCON 寄存器的 SMOD 位为 0。

当 1 号机发送时，先发送一个 "E1" 联络信号，2 号机收到后回答一个 "E2" 应答信号，表示同意接收。当 1 号机收到应答信号 "E2" 后，开始发送数据，每发送 1 字节数据都要计算校验和，假定数据块长度为 16 字节，起始地址为 40H，一个数据块发送完毕后立即发送校验和。2 号机接收数据并转存到数据缓冲区，起始地址也为 40H，每接收到 1 字节数据就计算一次校验和，当收到一个数据块后，再接收 1 号机发来的校验和，并将它与 2 号机求出的校验和进行比较。若两者相等，说明接收正确，2 号机回答 00H；若两者不相等，说明接收不正确，2 号机回答 0FFH，请求重发。1 号机接到 00H 后结束发送；若收到的答复非零，则重新发送一次数据。发送和接收程序流程图如图 5-28 所示。

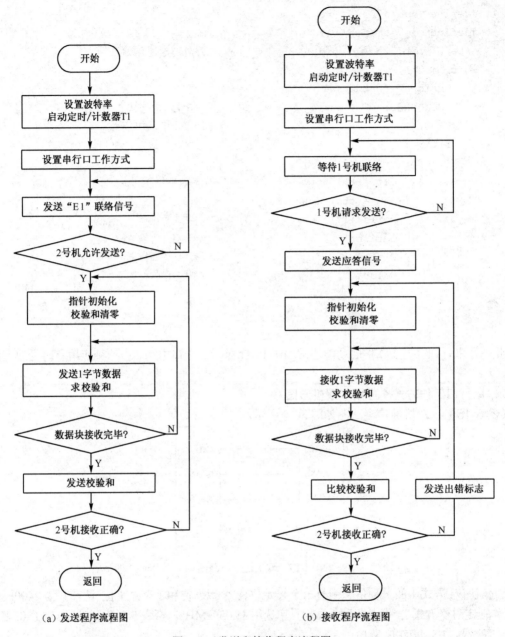

（a）发送程序流程图　　　　（b）接收程序流程图

图 5-28　发送和接收程序流程图

发送和接收程序如下：

```
;*****发送程序*****
        ORG     1000H
ASTART: CLR     EA
        MOV     TMOD, #20H          ;T1 置为定时/计数器方式 2
        MOV     TH1, #0F4H          ;装载定时器初值,波特率为 2 400bps
        MOV     TL1, #0F4H
        MOV     PCON, #00H
        SETB    TR1                 ;启动定时/计数器
        MOV     SCON, #50H          ;设定串行口工作方式 1,且准备接收应答信号
```

```
ALOOP1: MOV      SBUF, #0E1H           ;发送联络信号
        JNB      TI, $                 ;等待一帧发送完毕
        CLR      TI                    ;允许再发送
        JNB      RI, $                 ;等待 2 号机的应答信号
        CLR      RI                    ;允许再接收
        MOV      A, SBUF               ;2 号机应答后,读至 A
        XRL      A, #0E2H              ;判断 2 号机是否准备完毕
        JNZ      ALOOP1                ;2 号机未准备好,继续联络
ALOOP2: MOV      R0, #40H              ;2 号机准备好,设定数据块地址指针初值
        MOV      R7, #10H              ;设定数据块长度初值
        MOV      R6, #00H              ;清校验和单元
ALOOP3: MOV      SBUF, @R0             ;发送 1 字节数据
        MOV      A, R6
        ADD      A, @R0                ;求校验和
        MOV      R6, A                 ;保存校验和
        INC      R0
        JNB      TI, $
        CLR      TI
        DJNZ     R7, ALOOP3            ;整个数据块是否发送完毕
        MOV      SBUF, R6              ;发送校验和
        JNB      TI, $
        CLR      TI
        JNB      RI, $                 ;等待 2 号机的应答信号
        CLR      RI
        MOV      A, SBUF               ;2 号机应答,读至 A
        JNZ      ALOOP2                ;2 号机应答"错误",转重新发送
        RET                            ;2 号机应答"正确",返回
        END
;*****接收程序*****
        ORG      1000H
BSTART: CLR      EA
        MOV      TMOD, #20H
        MOV      TH1, #0F4H
        MOV      TL1, #0F4H
        MOV      PCON, #00H
        SETB     TR1
        MOV      SCON, #50H            ;设定串行口工作方式 1,且准备接收
BLOOP1: JNB      RI, $                 ;等待 1 号机的联络信号
        CLR      RI
        MOV      A, SBUF               ;收到 1 号机信号
        XRL      A, #0E1H              ;判断是否为 1 号机联络信号
        JNZ      BLOOP1                ;不是 1 号机联络信号,再等待
        MOV      SBUF, #0E2H           ;是 1 号机联络信号,发应答信号
        JNB      TI, $
        CLR      TI
BLOOP2: MOV      R0, #40H              ;设定数据块地址指针初值
        MOV      R7, #10H              ;设定数据块长度初值
        MOV      R6, #00H              ;清校验和单元
```

```
BLOOP3: JNB    RI, $
        CLR    RI
        MOV    A, SBUF
        MOV    @R0, A           ;接收数据转存
        INC    R0
        ADD    A, R6            ;求校验和
        MOV    R6, A
        DJNZ   R7, BLOOP3       ;判断数据块是否接收完毕
        JNB    RI, $            ;完毕,接收1号机发来的校验和
        CLR    RI
        MOV    A, SBUF
        XRL    A, R6            ;比较校验和
        JZ     END1             ;校验和相等,跳至发正确标志
        MOV    SBUF, #0FFH      ;校验和不相等,发错误标志
        JNB    TI, $            ;转重新接收
        CLR    TI
        LJMP   BLOOP2
END1:   MOV    SBUF, #00H
        RET
        END
```

3. 串行口工作方式 2 和方式 3 应用（多机通信）

【例 5-16】 多机通信举例。

（1）硬件连接

单片机构成的多机系统常使串行口工作方式 2 和方式 3，采用总线型主从式结构（一个是主机，其余的是从机，从机要服从主机的调度、支配）。有时还要对信号进行光电隔离、电平转换等。在实际的多机应用系统中，常采用 RS-485 串行标准总线进行数据传输。简单的硬件连接如图 5-29 所示（图中未画出 RS-485 接口）。

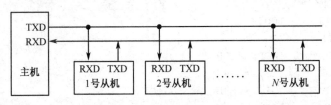

图 5-29　多机通信硬件连接图

（2）通信协议

① 主机置 SM2 位为 0，所有从机的 SM2 位置 1，处于接收地址帧状态。

② 主机发送一地址帧，其中，8 位是地址，第 9 位为 1 表示该帧为地址帧。

③ 所有从机接收到地址帧后，都将接收的地址与本机的地址比较。对于地址相符的从机，使自己的 SM2 位置 0（以接收主机随后发来的数据帧），并将本站地址发回主机作为应答；对于地址不符的从机，仍保持 SM2=1，对主机随后发来的数据帧不予理睬。

④ 从机发送数据结束后，要发送一帧校验和，并置第 9 位（TB8）为 1，作为从机数据传送结束的标志。

⑤ 主机接收数据时，先判断数据接收标志（RB8），若接收帧的 RB8=0，则存储数据到缓冲区，并准备接收下一帧信息。若 RB8=1，表示数据传送结束，并比较此帧的校验和，若正确，

则回送正确信号 00H，此信号命令该从机复位（即重新等待地址帧）；若校验和出错，则发送 0FFH，命令该从机重发数据。

⑥ 主机收到从机应答地址后，确认地址是否相符，如果地址不符，则发送复位信号（数据帧中 TB8=1）；如果地址相符，则 TB8 清零，开始发送数据。

⑦ 从机收到复位命令后回到监听地址状态（SM2=1），否则开始接收数据和命令。

（3）应用程序设计

设主机发送的地址联络信号为：00H，01H，02H，…（即从机设备地址）。地址 FFH 为命令各从机复位，即恢复 SM2=1。

主机命令编码：01H，主机命令从机接收数据；02H，主机命令从机发送数据。其他都按 02H 对待。

程序分为主机程序和从机程序，约定一次传递数据为 16 字节。程序如下：

```
;*************主机主程序*************
              ORG    0000H                    ;主机入口程序
              LJMP   T0_DMAINT                ;主程序入口地址
              ORG    0023H
              LJMP   INTSE1                   ;串行口中断服务程序入口地址
T0_DMAINT:    MOV    PCON, #80H               ;波特率加倍
              MOV    SCON, #80H               ;置串行口方式 2
              MOV    TMOD, #20H               ;置 T1 工作于定时器方式 2
              MOV    TH1, #0E8H               ;置 1 200bps 波特率相应的时间常数
              MOV    TL1, #0E8H
              SETB   TR1                      ;启动 T1
              MOV    DPTR, #DAADT             ;置数据地址指针
              MOV    R0, #00H                 ;置发送数据字节数
              MOV    R2, #ADAD1               ;从机地址号送 R2
              SETB   EA                       ;CPU 开中断
              SETB   ES                       ;串行口开中断
              SETB   TB8                      ;置位 TB8,作为地址帧信息特征位
              MOV    A, R2                    ;发送地址帧信息
              MOV    SBUF, A
WAIT_INT:     SJMP   WAIT_INT                 ;等待中断
;******主机串行口发送中断服务程序******
INTSE1:       CLR    TI                       ;清发送中断标志位
              CLR    TB8                      ;清 TB8 位,为发送数据帧做准备
              MOVX   A, @DPTR                 ;发送 1 字节数据
              MOV    SBUF, A
              INC    DPTR                     ;修改指针
              INC    R0
              CJNE   R0, #0FH, LOOP_ED         ;判断数据是否发完
              CLR    ES                       ;发送完,则关串行口中断
LOOP_ED:      RETI                            ;中断返回
;******主机串行口接收中断服务程序******
;主机串行口接收中断服务程序与从机串行口接收中断服务程序结构类似,这里不再赘述
;*************从机主程序*************
              ORG    0000H                    ;从机入口地址
              LJMP   MAINR                    ;从机主程序入口地址
              ORG    0023H
```

```
            LJMP     INTDE2                  ;串行口中断服务程序入口地址
    MAINR:  MOV      PCON, #80H              ;波特率加倍
            MOV      SCON, #0B0H             ;置串行口方式 2,SM2=1,REN=1,
                                             ;接收状态
            MOV      TMOD, #20H              ;置 T1 工作于定时器方式 2
            MOV      TH1, #0E8H              ;置 1 200bps 波特率相应的时间常数
            MOV      TL1, #0E8H
            SETB     TR1
            MOV      DPTR, #DAADR            ;置数据地址指针
            MOV      R0, #0FH                ;置接收数据字节数
            SETB     EA                      ;CPU 开中断
            SETB     ES                      ;串行口开中断
    WT_INTR: SJMP    WT_INTR                 ;等待中断
    ;*****从机串行口接收中断服务程序*****
    INTSE2: CLR      RI                      ;清接收中断标志位
            MOV      A, SBUF                 ;取接收信息
            MOV      C, RB8                  ;取 RB8(信息特征位)送 C
            JNC      LOOP                    ;C=0 为数据帧信息,转 LOOP
            XRL      A, #ADAD2               ;C=1 为地址帧信息,与本机地址号
                                             ;比较
            JZ       LOOP1                   ;地址相符,则转 LOOP1
            SJMP     LOOP2                   ;地址不相符,则转 LOOP2
    LOOP1:  CLR      SM2                     ;清 SM2,为后面接收数据帧做准备
            SJMP     LOOP2                   ;中断返回
    LOOP:   MOVX     @DPTR, A                ;接收的数据送数据缓冲区
            INC      DPTR                    ;修改地址指针
            DJNZ     R0, LOOP2               ;字节数据没完全接收完,
                                             ;则转 LOOP2
            SETB     SM2                     ;全部接收完,置 SM2=1
    LOOP2:  RETI                             ;中断返回
    ;******从机串行口发送中断服务程序*******
    ;从机串行口发送中断服务程序与主机串行口发送中断服务程序结构类似,这里不再赘述
```

4. 单片机与 PC 的通信

　　一台 PC 既可以与一个 8051 单片机应用系统通信，也可以与多个 8051 单片机应用系统通信；可以近距离通信，也可以远距离通信。单片机与 PC 通信时，硬件接口技术主要是电平转换、控制接口设计和通信距离不同的接口的处理等。单片机与 PC 通信的硬件连接电路如图 5-30 所示。在 Windows 环境下，使用 VB 通信控件（MSComm）可以很容易地实现 PC 与单片机之间的通信。

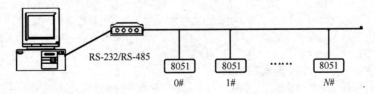

图 5-30　单片机与 PC 通信的硬件连接电路

【例 5-17】　编写一个单片机与 PC 通信的测试程序。

单片机程序：

```
                ORG     0030H
    MAIN:       MOV     TMOD, #20H      ;置 T1 工作于定时器方式 2
                MOV     TH1, #0FDH      ;在 11.0592MHz 下, 串行口波特率为
                                        ;9 600bps
                MOV     TL1, #0FDH
                MOV     PCON, #00H
                SETB    TR1
                MOV     SCON, #0D8H     ;置串行口方式 3
    LOOP:       JBC     RI, RECEIVE     ;接收到数据后立即发送出去
                SJMP    LOOP
    RECEIVE:    MOV     A, SBUF
                MOV     SBUF, A
    SEND:       JBC     TI, SENDEND
                SJMP    SEND
    SENDEND:    SJMP    LOOP
                END
```

PC 程序（VB 语言）：

```
Sub  Form_Load( )
    '初始化串行通信控件,使用串行口 2,波特率为 9 600bps
    MSComm1.CommPort=2
    MSComm1.PortOpen=TURE
    MSComm1.Settings="9 600, N, 8, 1"
End  Sub
Sub  Command1_Click( )
    '接收串行口数据
    Dim Instring as string
    MSComm1.InBufferCount=0
    MSComm1.Output="A"
    Do
        Dummy=DoEvents( )
    Loop  Until(MSComm1.InBufferCount>2)
    Instring=MSComm1.Input
End  Sub
Sub  Command2_Click( )
    '结束通信
    MSComm1.PortOpen=FALSE
    UnLoad Me
End  Sub
```

思考题与习题 5

5-1 简述中断、中断源、中断嵌套及中断优先级的含义。

5-2 MCS-51 单片机提供了几个中断源？有几级中断优先级别？各中断标志是如何产生的？又如何清除这些中断标志？各中断源所对应的中断矢量地址是多少？

5-3 外部中断源有电平触发和边沿触发两种触发方式,这两种触发方式所产生的中断过程有何不同？怎样设定？

5-4　MCS-51 单片机若要扩充 6 个中断源，可采用哪些方法？如何确定它们的优先级？

5-5　试叙述中断的作用和中断的全过程。

5-6　某系统有 3 个外部中断源 1，2，3，当某一中断源变低电平时便要求 CPU 处理，它们的优先处理次序由高到低为 3，2，1，处理程序的入口地址分别为 2000H，2100H，2200H。试编写主程序及中断服务程序（转至相应的入口即可）。

5-7　定时/计数器有哪些特殊功能寄存器？它们有几种工作方式？如何设置？

5-8　如果采用晶振频率为 3MHz，在定时/计数器工作方式 0，1，2 下，其最大的定时时间分别为多少？

5-9　定时/计数器用作定时器时，其计数脉冲由谁提供？定时时间与哪些因素有关？

5-10　定时/计数器用作计数器时，对外界计数脉冲频率有何限制？

5-11　定时/计数器的工作方式 2 有什么特点？适用于哪些应用场合？

5-12　编写程序，要求使用 T0，采用方式 2 定时，在 P1.0 输出周期为 400μs，占空比为 10∶1 的矩形脉冲。

5-13　一个定时器的定时时间有限，如何实现两个定时器的串行定时来达到较长时间定时的目的？

5-14　利用定时/计数器 T0 产生定时时钟，由 P1 口控制 8 个指示灯。编写程序，使 8 个指示灯依次一个一个闪动，闪动频率为 20 次/秒（8 个灯依次亮一遍为一个周期）。

5-15　简述特殊功能寄存器 SCON，TCON，TMOD 的功能。

5-16　串行通信的主要优点和用途是什么？

5-17　简述串行口接收和发送数据的过程。

5-18　帧格式为 1 个起始位、8 个数据位和 1 个停止位的异步串行通信方式是方式几？

5-19　简述串行通信的第 9 个数据位的功能。

5-20　通过串行口发送或接收数据时，在程序中应使用下列哪类指令？

（1）MOVC 指令　　（2）MOVX 指令　　（3）MOV 指令　　（4）XCHD 指令

5-21　为什么定时/计数器 T1 用作串行口波特率发生器时，应采用方式 2？若已知时钟频率和波特率，如何计算其初值？

5-22　利用单片机的串行口扩展 24 只发光二极管和 8 个按键，要求画出电路图，并编写程序使 24 只发光二极管按照不同的顺序发光（发光的时间间隔为 1s）。

第6章 单片机系统基本并行扩展技术

本章教学要求：

(1) 熟悉单片机系统总线的扩展方法，理解其扩展原理。

(2) 掌握译码法和线选法进行单片或多片存储器的扩展设计方法。

(3) 掌握 8155 并行口的扩展设计方法。

(4) 掌握 LED 显示器和行列式键盘的扩展设计方法。

(5) 掌握常用的并行 A/D 和 D/A 接口扩展方法。

6.1 并行扩展概述

单片机系统的特点之一是结构简单，硬件扩展设计方便。一个单片机系统可将单片机作为核心部件，但其硬件资源还远不能满足实际需要。

8031 和 8032 等单片机不提供用户 ROM，必须进行 ROM 的扩展，以存放控制程序、数据表格等；8751 等单片机虽然向用户提供 EPROM，但容量不大，程序存储空间不足时，还必须扩展外部 ROM。

MCS-51 单片机内部通常有 128～256B 的内部 RAM，若将其用于一般的控制及运算是足够的，但若将其用于数据存储，其容量往往不足。在这种情况下，必须扩展 RAM。

MCS-51 单片机对外提供 32 条 I/O 接口线，但 P0 口通常用作地址/数据复用接口，P2 口通常用于提供高 8 位地址，而 P3 口还具有第二功能。若扩展了 ROM 或 RAM，单片机的 I/O 接口往往也不够用，有时必须进行 I/O 接口的扩展。

单片机应用系统中有时还涉及数据的输入、输出和人机交互信息等接口问题，必须进行有关接口电路设计。

一个实际的单片机应用系统往往具有如图 6-1 所示的一般结构，需要根据实际情况进行系统扩展。本章主要讨论 MCS-51 单片机存储器和 I/O 接口等基本并行扩展问题。

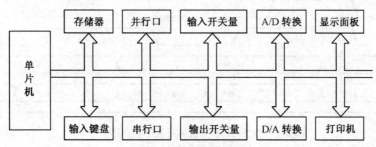

图 6-1 单片机应用系统结构图

6.2 外部总线扩展

与一般的计算机系统一样，MCS-51 单片机也是通过三总线与外部设备或外部存储器连接的。由于单片机的 I/O 接口是分时复用的，因而必须先将三总线分离出来才能与外部设备或外部存储器进行连接。而要对单片机进行正确的扩展，必须了解单片机相关指令所产生的信号关系。

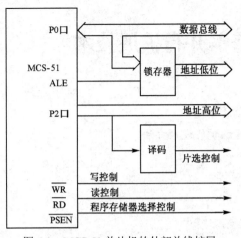

图 6-2 MCS-51 单片机的外部总线扩展

单片机操作外部设备或外部存储器所使用的指令相同，其助记符均为 MOVX。在该指令执行过程中，P0 口先送出低 8 位地址，后送出数据。而外部设备或外部存储器本身不具备地址保持功能，无法保持有效地址。这就要求在单片机 P0 口与外部存储器的低 8 位地址之间加锁存器对低 8 位地址进行锁存。P2 口高 8 位地址会一直持续到指令周期结束，不需要进行锁存。ALE 信号可用来控制锁存器对地址信号进行锁存。

MCS-51 单片机的外部总线扩展如图 6-2 所示。

6.3 外部存储器扩展

MCS-51 单片机对外提供 16 条地址线，可扩展的存储空间为 64KB，同时还提供了 $\overline{PSEN}$，$\overline{WR}$ 和 $\overline{RD}$ 信号。操作程序存储器（取指令及执行 MOVC 指令）时，$\overline{PSEN}$ 有效；而操作数据存储器（MOVX）时，$\overline{RD}$ 或 $\overline{WR}$ 信号有效。因而实际可扩展空间为 128KB，即 ROM 可扩展至 64KB（包括单片机内部 ROM），外部数据存储器也可扩展至 64KB（不包括单片机内部 RAM）。

6.3.1 外部 ROM 扩展

1．ROM 的访问时序

MCS-51 单片机访问 ROM 的时序如图 6-3 所示。实际上，有两种情况需要访问 ROM，一是取指令，二是执行查表指令 MOVC。

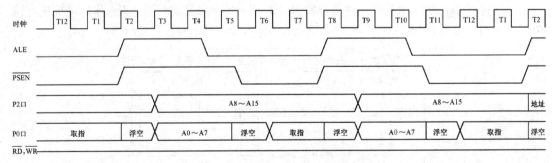

图 6-3 MCS-51 单片机访问 ROM 的时序图

由图 6-3 可以看出：在 CPU 访问 ROM 期间，单片机的 P2 口与 P0 口形成 16 位地址总线，P2 口在整个取指周期中始终保持着高 8 位地址信号，因而 P2 口可以和 ROM 的高 8 位地址线直接连接；P0 口先输出低 8 位地址，浮空后再传送指令代码，传输指令代码期间必须保证低 8 位地址有效，因而 P0 口地址信号必须经过锁存器锁存；ALE 作为地址信号的定时信号，其上升沿表示低 8 位地址已出现在 P0 口，可以作为锁存器选通信号，下降沿表示 P0 口地址信号即将消失，可以作为锁存器的锁存控制信号。

根据以上分析，可以得到如图 6-4 所示的 MCS-51 单片机扩展外部 ROM 的示意图。

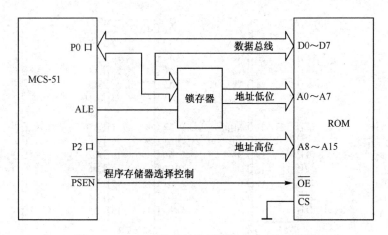

图 6-4　MCS-51 单片机扩展外部 ROM 的示意图

2．EPROM 扩展

1）EPROM 芯片及其主要技术特性

EPROM 芯片是常用程序存储器芯片之一。它是可编程可紫外线擦除的只读存储器，一般采用双列直插封装形式。芯片正面有一个玻璃窗口，用特定波长的紫外光照射该窗口 15 分钟左右，可以使存储器中各位信息全部变为 1，即恢复到空状态，之后可以重新写入数据。其写入过程一般在专用工具——编程器上完成。为防止存于 EPROM 中的数据意外丢失，可用不透光材料粘贴在已完成写入的 EPROM 芯片的玻璃窗口。

EPROM 芯片的优点是数据存储可靠性高，一般不会发生数据丢失。其缺点是数据写入速度慢，擦除麻烦。常用 EPROM 存储器的主要技术特性见表 6-1。

表 6-1　常用 EPROM 存储器的主要技术特性

芯 片 型 号	2716	2732	2764	27128	27256	27512
容量/KB	2	4	8	16	32	64
引脚数	24	24	28	28	28	28
读出时间/ns	350～450	200	200	200	200	200
最大工作电流/mA	100	75	100	100	125
最大维持电流/mA		35	35	40	40	40

EPROM 芯片的读出时间与芯片的型号有关，一般在 100～300ns 之间，表中所列参数为典型值。若采用 CMOS 芯片，则其最大工作电流和最大维持电流都将大大降低。表中未列出 EPROM 芯片的写入时间，EPROM 芯片每个单元的写入时间与具体的编程算法有关，一般每字节写入时间为 1ms 至几十毫秒。

常用 EPROM 存储器是系列芯片，以 27×××命名，其中，×××代表存储器的容量，单位为 Kbit 即千位。常见的有 2716，2732，2764，27128，27256，27512，其容量分别为 2KB（2K×8 位），4KB，8KB，16KB，32KB，64KB。

2）常用 EPROM 芯片的引脚定义

常用 EPROM 芯片的引脚定义如图 6-5 所示，引脚符号的含义和功能如下：

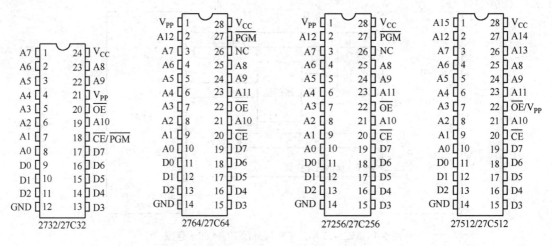

图 6-5 常用 EPROM 芯片的引脚定义

- D7～D0：三态数据总线
- A0～Ai：地址输入线，i = 12～15
- $\overline{CE}$：片选信号输入线
- $\overline{OE}$：输出允许输入线
- V$_{PP}$：编程电源输入线
- $\overline{PGM}$：编程脉冲输入线
- V$_{CC}$：电源
- GND：接地
- NC：空引脚

3) EPROM 芯片操作方式

操作方式是指允许对芯片进行的操作。EPROM 的主要操作方式有编程、校验、读出、维持、编程禁止等，这里结合最常用的芯片 2764 介绍操作方式，见表 6-2。

表 6-2 2764 操作方式

方　式 ＼ 引　脚	$\overline{CE}$ (20)	$\overline{OE}$ (22)	$\overline{PGM}$ (27)	V$_{PP}$ (1)	V$_{CC}$ (28)	D0～D7 (11～13)(15～19)
读出	V_{IL}	V_{IL}	V_{IH}	V_{CC}	5V	数据输出
禁止输出	V_{IL}	V_{IH}	V_{IH}	V_{CC}	5V	高阻
维持	V_{IH}	任意	任意	V_{CC}	5V	高阻
编程	V_{IL}	V_{IH}	V_{IL}	*	*	数据输入
编程校验	V_{IL}	V_{IL}	V_{IH}	*	*	数据输出
编程禁止	V_{IH}	任意	任意	*	*	高阻

注：*表示不定（与具体芯片有关）。

表 6-2 中有关内容说明：V_{IL} 为低电平；V_{IH} 为高电平；V_{PP} 为编程电压，编程电压大小与芯片型号及编程方式有关；正常工作时，V_{CC} 为 5V，在与编程有关的操作中 V_{CC} 的大小则与芯片型号有关。

编程是指将数据及程序代码写入 EPROM，编程时需要外加 V_{PP} 并有特定编程时序，不同型号芯片的 V_{PP} 不同，但 V_{PP} 都有严格的范围限制，低于下限不能保证数据的正确写入，高于上限则可能损坏被编程芯片，V_{PP} 的允许值一般写在芯片上。EPROM 芯片常用的编程电压有 12.5V 和 25V 两种。编程校验是指检查编程数据是否与源数据一致。

常用的编程方式有慢速编程与快速智能化编程，二者的主要区别是前者编程脉冲宽度约 50ms，后者编程脉冲宽度约 1ms。

编程过程一般由专用编程器或仿真器与 PC 连接，在 PC 键盘上操作完成。

4）EPROM 扩展

在 MCS-51 单片机应用系统中可以扩展 2716～27512 任何 EPROM 芯片。这里以扩展 2764 为例说明 EPROM 的扩展方法。8031 单片机扩展 EPROM 存储器 2764 的接口电路如图 6-6 所示。

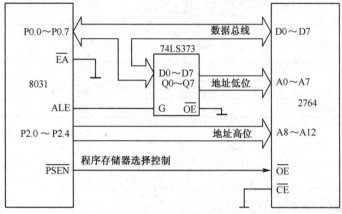

图 6-6   8031 单片机扩展 EPROM 存储器 2764 的接口电路

2764 的容量是 8KB，有 13 条地址线。单片机 ALE 信号与 74LS373 的锁存控制端 G 连接，通过 74LS373 实现了单片机地址总线与数据总线的分离。2764 的 A0～A7 与锁存器 74LS373 的 Q0～Q7 连接，A8～A12 直接与单片机 P2 口的 P2.0～P2.4 连接。由于 8031 单片机没有 ROM，控制程序必须存放在 2764 中，因而 8031 的 $\overline{EA}$ 端必须接地。将单片机的 $\overline{PSEN}$ 引脚连接到 2764 的 $\overline{OE}$ 端，控制 EPROM 中数据的读出。图中 2764 的地址范围是 0000～1FFFH。

3．EEPROM 扩展

EEPROM 是电可擦写的只读存储器，可以实现在线写入，并具有 EPROM 的数据保持功能，可以如同 SRAM 一样使用，但应注意，其写入速度比 SRAM 慢得多。本节介绍 2864A 与 MCS-51 单片机的接口技术。

2864A 采用 28 脚双列直插封装形式，引脚定义如图 6-7 所示，内部结构如图 6-8 所示。2864A 是 8K×8 位的 EEPROM 存储器，单一+5V 电源工作，工作电流最大为 140mA，最大读出时间为 250ns。由于 2864A 芯片内部设有页缓冲器，因此可以对其实现快速写入操作。2864A 内部设

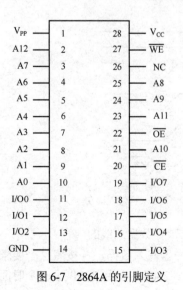

图 6-7   2864A 的引脚定义

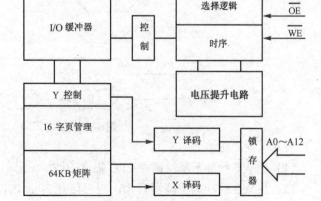

图 6-8   2864A 的内部结构

有编程脉冲发生电路，不需要外接编程电压和编程脉冲信号，就可以对其实现在线写入。除写信号外，2864A 引脚定义与 2764 相同，若不使用在线写入功能，2864A 与 2764 可以互换使用。2864A 操作方式见表 6-3。

表 6-3　2864A 操作方式

方式＼引脚	$\overline{CE}$	$\overline{OE}$	$\overline{WE}$	输入/输出
读出	V_{IL}	V_{IL}	V_{IH}	数据输出
写入	V_{IL}	V_{IH}	负脉冲	数据输入
禁止	V_{IH}	×	×	高阻

1）读出方式

当 $\overline{OE}$ 和 $\overline{CE}$ 同时为低电平时，就可以读出 2864A 中由 A0～A12 指出单元的数据。当 2864A 在系统中的地址范围被确定后，在系统硬件结构上应确保地址译码线 $\overline{CE}$ 为低电平，当芯片被选中后，由输出使能端 $\overline{OE}$ 来控制数据读出。

一般 $\overline{OE}$ 端与单片机的 $\overline{RD}$ 引脚相连接，这样当执行指向芯片的读指令时，就可以将所指定单元内容送到数据总线上。

2864A 读出延时时间在 200～350ns 范围内，可以满足一般 CPU 的时序要求，在正确使用的情况下可以无限次读出。

2）写入方式

2864A 内含电压提升电路，只需要外接单一+5V 电源就可以实现读写操作，在硬件结构上保证了与普通 SRAM 写入时结构的一致性，可以实现完全在软件管理下不需要外加干预的写入。2864A 将 8KB 存储空间分为 512 页，每页 16 字节。相应地，2864A 内部安排了一个 16 字节的页缓冲器，并提供了内部数据/地址的缓冲、锁存器，页的区分地址由高位地址线 A4～A12 确定。16 字节页是 2864A 内部写操作单位。

2864A 的写入过程包括"页装入"和"页内容存储"。在用户程序控制下，将数据写入 2864A 页缓冲器，即完成"页装入"。在 2864A 内部时序管理下，把页缓冲器内容写入页地址指定的 EEPROM 存储单元中，即完成"页内容存储"。由单片机提供的 $\overline{WE}$ 信号是 2864A 完成写操作的定时信号。2864A 页写入时序如图 6-9 所示。

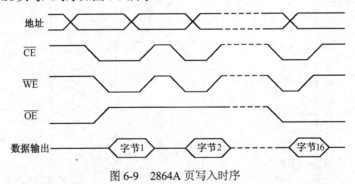

图 6-9　2864A 页写入时序

写入过程描述如下：

（1）在 $\overline{WE}$ 脉冲下降沿锁存 CPU 提供的地址信息，上升沿锁存数据总线的内容。

（2）从 $\overline{WE}$ 脉冲的下降沿开始，用户应在 20μs 内向页缓冲器写入数据，并按照这个要求将数据逐一送入页缓冲器，一次最多可以写入 16 字节。实际上，2864A 为用户提供了一个时间窗口，若 20μs 时间内用户没有数据写入，则芯片进入页内容存储周期。因而 20μs 是一个关键时间，用户向 2864A 写入数据的时间间隔不能超过这个时间窗口。同时，用户也可以利用这一特性实现 2864A 任意单元的写入，而不必每次写入 16 字节。

（3）页内容存储过程。2864A 将选中页的原内容清除，然后将页缓冲器的内容作为新数据写入 EEPROM 指定的页中。

（4）提供写入结束信息。用户通过程序以不超过 20μs 时间间隔向 2864A 写入一字节的速度向 2864A 传送数据，16 字节数据传送完毕并不意味着写入完成，因为此时 2864A 才真正开始向其内部存储单元写入数据。2864A 不提供 $\overline{BUSY}$ 信号，用户通过读最后写入数据来判定写过程是否结束。在页存储操作期间，如对 2864A 执行读出操作，读出的是最后写入的字节，但它的最高位是原来写入字节最高位的反码，可以据此判断 2864A 的一次写入操作是否完成。

3）禁止方式

当 EEPROM 处于未选中方式时，芯片处于禁止方式，芯片功耗大大降低。当 $\overline{CE}$ 处于高电平时，EEPROM 处于未选中方式。

2864A 时间窗口的宽度为 3～20μs，字节装入时间符合这一时间要求时，能在内部时序的作用下，自动进入下一个窗口时间。8031 单片机扩展 EEPROM 存储器 2864A 的接口电路如图 6-10 所示。图中 2864A 的地址范围是 0000H～1FFFH。

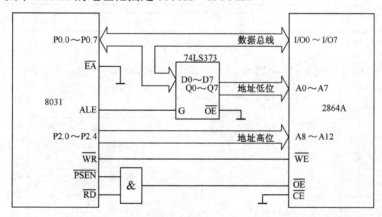

图 6-10　8301 单片机扩展 EEPROM 存储器 2864A 的接口电路

6.3.2　外部 RAM 扩展

单片机都有内部 RAM，其容量大小与单片机的种类和型号有关，通常在几百至几千字节之间。如 8031 内部有 128B RAM，8032 内部有 256B RAM。这些内部 RAM 通常作为数据缓冲区、堆栈等使用，若有大量的数据需要存储，如进行数据采集，则应在单片机系统中扩展外部 RAM。

MCS-51 单片机访问外部 RAM 的时序图如图 6-11 所示。下面以扩展一片 6264 存储器为例介绍外部 RAM 的扩展方法。

6264 是 8K×8 位的静态随机存储器芯片，采用 CMOS 工艺制造，单一+5V 电源供电，最大功耗为 200mW，最大读出时间为 200ns。6264 采用 28 脚双列直插封装形式，引脚定义如图 6-12 所示。MCS-51 单片机扩展外部 RAM 6264 的接口电路如图 6-13 所示。

根据图 6-11 所示的外部 RAM 读写过程关系及表 6-4 所示的 6264 操作方式，MCS-51 单片机扩展外部 RAM 6264 的接口电路如图 6-13 所示。图中，6264 存储器芯片采用线选法，A0～A12 可从全 0 变为全 1，因而其地址范围为 0000H～1FFFH。从表 6-4 可以看出，CE2 引脚与掉电数据保持有关。当CE2引脚信号为低电平时，6264进入数据保持状态。利用这一特性，可以设计一个逻辑电路，其输出端连接6264的CE2引脚。当电源电压正常时，该逻辑电路输出高电平；当电源电压降到某一数值以下时，该逻辑电路输出低电平，则6264进入数据保持状态，这样其内部数据不至于因电源波动而被改变。

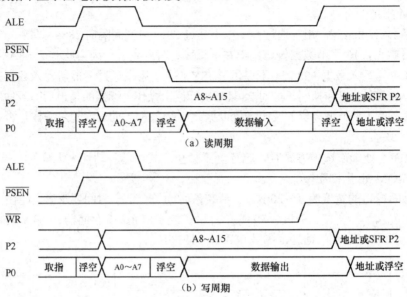

图 6-11　MCS-51 单片机访问外部 RAM 的时序图

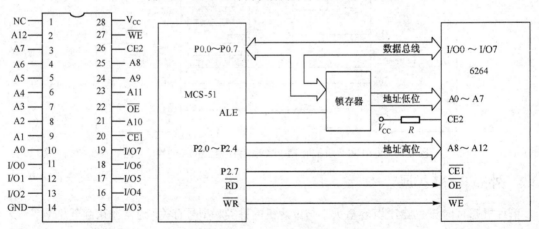

图 6-12　6264 的引脚定义　　　　图 6-13　MCS-51 单片机扩展外部 RAM 6264 的接口电路

表 6-4　6264 操作方式

$\overline{WE}$	$\overline{CE1}$	CE2	$\overline{OE}$	方　　式	数　据　线
×	V_{IH}	×	×	未选中（掉电）	高阻
×	×	V_{IL}	×	未选中（掉电）	高阻
V_{IH}	V_{IL}	V_{IH}	V_{IH}	输出禁止	高阻
V_{IH}	V_{IL}	V_{IH}	V_{IL}	读	数据输出
V_{IL}	V_{IL}	V_{IH}	V_{IH}	写	数据输入
V_{IL}	V_{IL}	V_{IH}	V_{IL}	写	数据输入

【例 6-1】 结合图 6-13 所示外部 RAM 接口电路,编写程序实现外部 RAM 中的数据读取。将 6264 中的 1000H~1007H 8 个单元内容移到单片机内部 RAM 60H 开始的连续单元中。

程序如下:

```
DATAMOV:    MOV     DPTR, #1000H        ;DPTR 指向源地址
            MOV     R0, #60H            ;R0 指向目的地址
            MOV     R1, #8              ;数据块长度
DATALOOP:   MOVX    A, @DPTR            ;从 6264 取数据
            MOV     @R0, A              ;保存至内部 RAM 指定单元
            INC     DPTR                ;修改地址指针
            INC     R0
            DJNZ    R1, DATALOOP        ;长度控制
            RET
```

由于 EEPROM 可以实现在线写入,因此在单片机应用系统中可以将其作为 RAM 使用。以 2864A 为例,当作为 RAM 使用时,与单片机的接口电路如图 6-10 所示。此时可以用本例的方法用 MOVX 指令对 2864A 进行写入操作。

6.3.3 多存储器芯片扩展

单片机应用系统进行存储器扩展时,由于扩展空间大小的原因,可能只扩展一个存储器芯片,也可能一个芯片容量不够,需要扩展多个存储器芯片。这时就要通过片选信号控制芯片选择,以保证不发生地址冲突。常用的芯片选择方法有两种,即线选法和译码法。前者是指将不用的高位地址线直接作为存储器的片选信号线,而后者是指将不用的高位地址信号进行译码,用译码器的输出作为片选信号。译码法包括全译码法和部分译码法。线选法可能会造成地址空间浪费,而全译码法则可以更有效地利用存储空间。

在如图 6-14 所示的 8031 单片机扩展多存储器芯片系统中,外扩了 16KB ROM(使用两片 2764 芯片)和 8KB RAM(使用一片 6264 芯片)。采用全地址译码方式,P2.7 用于控制 2-4 译码器的工作,P2.6 和 P2.5 参加译码,且无悬空地址线,无地址重叠现象。1# 2764,2# 2764,3# 6264 的地址范围分别为:0000H~1FFFH,2000H~3FFFH,4000H~5FFFH。

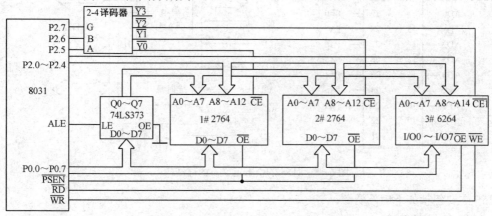

图 6-14 8031 单片机扩展多存储器芯片系统

6.4　并行口扩展

MCS-51 单片机的外设占用外部 RAM 空间，可利用 MOVX 指令对外设进行操作。因而扩展外设和扩展外部存储器对单片机资源的使用情况是相同的。

在单片机应用系统中扩展存储器时，P0 口用作低 8 位地址和数据总线复用，P2 口用作高 8 位地址总线，若再考虑串行通信、RAM 扩展等问题，则 P3 口作为第二功能被使用，这样，单片机就只剩下 P1 口可以作为并行 I/O 接口使用了。在 P1 口不能满足需要时，还需要扩展并行口。

扩展并行 I/O 接口的方法很多，可以用 TTL 芯片进行并行 I/O 接口的简单扩展，也可以在系统中扩展可编程并行口芯片。

6.4.1　8155 可编程并行口芯片

8155 是一种可编程并行口芯片，除具有 I/O 接口扩展功能外，8155 还具有 RAM 扩展功能和定时/计数器扩展功能。因此，若系统中要求同时扩展上述资源，则可以考虑扩展并行口芯片 8155。

1. 8155 的引脚定义及内部结构

8155 的引脚定义及内部结构如图 6-15 所示。

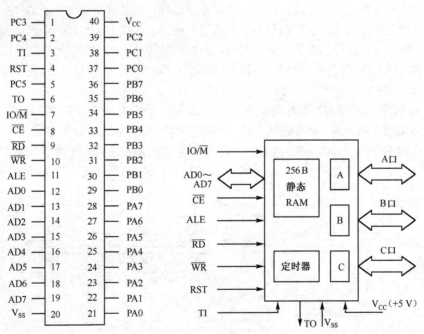

图 6-15　8155 的引脚定义及内部结构

8155 主要包括如下内部资源：

● 256B 的静态 RAM；

● 两个可编程的 8 位并行 I/O 接口 A 口、B 口和一个可编程的 6 位并行 I/O 接口 C 口；

● 一个可编程的 14 位减法计数器 TC。

8155 的引脚功能如下。

AD0～AD7：地址/数据线。

IO/$\overline{\text{M}}$:	输入，用于选择 I/O 或 RAM。
$\overline{\text{CE}}$:	输入，片选信号。
ALE:	输入，地址锁存信号，ALE 引脚输入的下降沿把 AD0~AD7 的地址及 $\overline{\text{CE}}$ 和 IO/$\overline{\text{M}}$ 的状态锁存入内部锁存器。
$\overline{\text{RD}}$:	输入，读选通信号，低电平有效。
$\overline{\text{WR}}$:	输入，写选通信号，低电平有效。
TI:	输入，8155 内部减法计数器的计数脉冲输入。
TO:	输出，8155 内部减法计数器的输出信号线。
RESET:	输入，复位控制信号，高电平有效。
PA0~PA7:	8 位并行 I/O 接口线。
PB0~PB7:	8 位并行 I/O 接口线。
PC0~PC5:	6 位并行 I/O 接口线。
V_{CC}/V_{SS}:	电源/地线，8155 使用单一+5V 电源。

2．8155 的内部寄存器

8155 的内部资源有寄存器和存储器之分，其对 I/O 接口的操作映射为对寄存器的操作，因此，使用 8155 时只需区分是操作寄存器还是操作存储器。这要靠 IO/$\overline{\text{M}}$ 信号来区分，IO/$\overline{\text{M}}$ =1 操作寄存器，IO/$\overline{\text{M}}$ =0 操作存储器。8155 地址信号有效时，地址信号的低 3 位确定所操作的寄存器。6 个内部寄存器的编址见表 6-5。CPU 对 8155 的操作控制规定见表 6-6。

表 6-5　8155 内部寄存器编址

名　称	地　址	名　称	地　址
控制字寄存器、状态字寄存器	××××000	C 口寄存器	××××011
A 口寄存器	××××001	定时/计数器低字节寄存器	××××100
B 口寄存器	××××010	定时/计数器高字节寄存器	××××101

表 6-6　CPU 对 8155 的操作控制规定

控 制 信 号				操　作
$\overline{\text{CE}}$	IO/$\overline{\text{M}}$	$\overline{\text{RD}}$	$\overline{\text{WR}}$	
0	0	0	1	读 RAM 单元（地址为××00H~××FFH）
0	0	1	0	写 RAM 单元（地址为××00H~××FFH）
0	1	0	1	读内部寄存器
0	1	1	0	写内部寄存器
1	×	×	×	无操作

由表 6-5 可知，8155 的控制字寄存器和状态字寄存器公用一个地址，写该地址时，写入的是控制字，读该地址时，读出的是状态字。

1）8155 的控制字

8155 的控制字格式如下：

D7	D6	D5	D4	D3	D2	D1	D0
TM2	TM1	IEB	IEA	PAB2	PAB1	PB	PA

控制字各位定义如下：

PA：定义 A 口的输入/输出，PA=0，定义 A 口输入；PA=1，定义 A 口输出。

PB：定义 B 口的输入/输出，PB=0，定义 B 口输入；PB=1，定义 B 口输出。

PAB1 和 PAB2：定义 A 口、B 口和 C 口的工作方式。

    00：A 口和 B 口为基本 I/O 接口，C 口为输入口。

    11：A 口和 B 口为基本 I/O 接口，C 口为输出口。

    01：A 口工作在选通方式，B 口为基本 I/O 接口，PC5，PC4，PC3 为输出方式，PC0～PC2 提供 A 口选通方式的握手联络信号（PC0=INTRA，PC1=BFA，PC2=STBA）。

    10：A 口和 B 口均为选通方式，PC0～PC5 提供它们所需的握手联络信号（PC0=INTRA，PC1=BFA，PC2=STBA，PC3=INTRB，PC4=BFB，PC5=STBB）。

其中，INTRA 为 A 口中断请求输出标志，INTRB 为 B 口中断请求输出标志，BFA 为 A 口缓冲器/空输出信号，BFB 为 B 口缓冲器/空输出信号，STBA 为 A 口数据选通输入信号，STBB 为 B 口数据选通输入信号。

IEA：A 口中断允许，IEA=1 时允许 A 口中断，IEA=0 时禁止 A 口中断。

IEB：B 口中断允许，IEB=1 时允许 B 口中断，IEB=0 时禁止 B 口中断。

TM1 和 TM2：定义定时/计数器的工作方式。

    00：空操作，不影响定时/计数器工作。

    01：立即停止定时/计数器工作。

    10：待定时/计数器溢出时停止工作。

    11：启动定时/计数器。

2）8155 的状态字

8155 的状态字格式如下：

D7	D6	D5	D4	D3	D2	D1	D0
×	TIMER	INTEB	BFA	INTRB	INTEA	BFA	INTRA

8155 状态字的各位定义如下：

INTRA：A 口中断请求标志。

BFA：   A 口缓冲器满标志。

INTEA：A 口中断允许标志。

INTRB：B 口中断请求标志。

BFB：   B 口缓冲器满标志。

INTEB：B 口中断允许标志。

TIMER：定时/计数器中断请求标志，计数溢出时置 1，CPU 读 8155 状态后清零。

3. 8155 的定时/计数器

8155 的定时/计数器是一个 14 位的减法计数器。它有两个 8 位初值寄存器：高 8 位初值寄存器的低 6 位存放计数初值的高 6 位，最高两位确定定时/计数器的工作方式；低 8 位初值寄存器用于存放计数初值的低 8 位。计数脉冲来自 TI 引脚。

8155 定时/计数器的初值寄存器存储数据格式如下：

低 8 位初值寄存器

D7	D6	D5	D4	D3	D2	D1	D0
T7	T6	T5	T4	T3	T2	T1	T0

高 8 位初值寄存器

D7	D6	D5	D4	D3	D2	D1	D0
M2	M1	T13	T12	T11	T10	T9	T8

M2 和 M1 决定了 8155 的定时/计数器有 4 种工作方式，不同的工作方式意味着在 TO 引脚输出不同信号。4 种工作方式见表 6-7。

表 6-7　8155 定时/计数器 4 种工作方式

M2 M1	方　式	TO 引脚输出波形	说　明
0　0	单负方波		宽为 $n/2$ 个（n 为偶数）或$(n-1)/2$（n 为奇数）个 TI 时钟周期
0　1	连续方波		低电平宽 $n/2$ 或$(n-1)/2$（n 为偶数）个 TI 时钟周期，高电平宽度与低电平相同
1　0	单负脉冲		计数溢出时输出一个宽为 TI 时钟周期的负脉冲
1　1	连续脉冲		每次计数溢出时输出一个宽度为 TI 时钟周期的负脉冲并自动恢复

使用 8155 的定时/计数器时，应先对它的高、低字节寄存器编程，设置工作方式和计数初值 n。然后对控制字寄存器编程（控制字最高两位是 11），启动定时/计数器工作。注意，硬件复位并不能初始化定时/计数器为某种工作方式或启动定时/计数器。

启动和停止定时/计数器都是通过写控制字实现的。启动定时/计数器的步骤如下：

（1）根据定时要求确定时间常数，即 14 位减法计数器的计数初值；

（2）确定定时/计数器的工作方式并按先高后低顺序将计数初值写入初值寄存器；

（3）向控制字寄存器写入最高两位是 11 的控制字，启动定时/计数器。

停止定时/计数器的方法是：向控制字寄存器写入最高两位为 01 的控制字，使定时/计数器立即停止计数；向控制字寄存器写入最高两位为 10 的控制字，使定时/计数器溢出时停止计数。

注意：8155 复位后，定时/计数器处于停止状态；8155 对 TI 引脚输入的脉冲个数进行计数，但输入脉冲的频率不应高于 4MHz。

6.4.2　8155 与单片机的接口方法

由于 8155 内部有输入锁存器，因而来自单片机的控制信号可以直接与 8155 连接。8155 与 MCS-51 单片机的接口电路如图 6-16 所示。

在图 6-16 中，8155 的 RAM 字节地址范围是 7E00H～7EFFH；命令/状态字寄存器地址是 7F00H；A 口地址是 7F01H；B 口地址是 7F02H；C 口地址

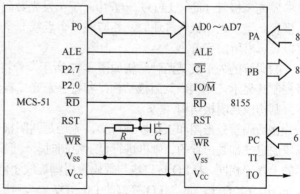

图 6-16　8155 与 MCS-51 单片机的接口电路

是 7F03H；定时/计数器低 8 位寄存器地址是 7F04H；定时/计数器高 8 位寄存器地址是 7F05H。

【例6-2】 在图6-16中，将单片机内部RAM 40H～4FH单元的内容，送8155内部RAM 00H～0FH单元。设定8155芯片的工作方式为：A口为基本输入方式，B口为基本输出方式，C口为输入方式，定时/计数器作为方波发生器，对输入脉冲100分频。

程序如下：

```
        ORG     1000H
        MOV     R0,#40H         ;R0指向CPU内部RAM 40H单元
        MOV     DPTR, #7E00H    ;数据指针指向8155内部RAM 00H单元
LP:     MOV     A, @R0          ;数据送累加器A
        MOVX    @DPTR, A        ;数据从累加器A送8155内部RAM单元
        INC     DPTR            ;指向下一个8155内部RAM单元
        INC     R0              ;指向下一个CPU内部RAM单元
        CJNE    R0, #50H, LP    ;数据未传送完返回
        MOV     DPTR, #7F04H    ;指向定时/计数器低8位
        MOV     A, #64H         ;分频系数(64)₁₆=(100)₁₀
        MOVX    @DPTR, A        ;装入低8位计数初值
        INC     DPTR            ;指向定时/计数器高8位
        MOV     A, #40H         ;设定时/计数器工作方式为连续方波(40H=01000000B)
        MOVX    @DPTR, A        ;定时/计数器工作方式及高6位计数初值装入
        MOV     DPTR, #7F00H    ;数据指针指向控制字寄存器
        MOV     A, #0C2H        ;设定A,B,C口工作方式
        MOVX    @DPTR, A        ;启动定时/计数器(0C2H=11000010B)
        RET
        END
```

6.5 显示器与键盘扩展

键盘、显示器是微机重要的输入/输出设备，因而键盘、显示器与微机的接口技术是微机控制系统中必须解决的问题。键盘用于输入信息。从工作原理上看，按键较少时，键盘一般采用独立按键方式；按键较多时，键盘一般采用行列结构。显示器有显示监控结果、提供用户操作界面等功能。在单片机应用系统中，常用的显示器有LED和LCD（LCM）等。

6.5.1 LED显示器扩展

1. LED结构及其工作原理

发光二极管（简称LED）一般由若干个发光数码管组成，数码管的每个数码段是一只发光二极管。当发光二极管导通时，相应的一个点或一个笔划发光，控制发光二极管的发光组合，可以显示出所需字符。

数码管的外形及其两种结构如图6-17所示。若将各发光二极管的阳极连接在一起，通过阴极控制其显示，则构成共阳极结构；若将各发光二极管的阴极连接在一起，通过阳极控制其显示，则构成共阴极结构。

由数码管外形图和工作原理可知，无论是共阴极数码管还是共阳极数码管，其显示字形中码段的定义都是一致的。微机进行显示控制时，一般通过I/O接口送出七段码。显然，即使送出的七段码相同，若I/O接口线与数码管引脚连线不同，则显示的字形也不相同。若数码管的a，b，c，d，e，f，g，dp与I/O接口的D0～D7——对应连接，则在共阴极、共阳极结构下的七段码见表6-8。

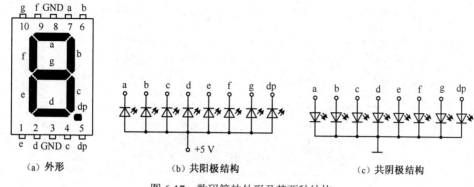

（a）外形　　　　　　　（b）共阳极结构　　　　　　（c）共阴极结构

图 6-17　数码管的外形及其两种结构

表 6-8　七段显示字形码

显 示 字 形		0	1	2	3	4	5	6	7	8	9
七段码	共阴极	3FH	06H	5BH	4FH	66H	6DH	7DH	07H	7FH	67H
	共阳极	C0H	F9H	A4H	B0H	99H	92H	82H	F8H	80H	90H

2．LED 显示器工作方式

根据控制原理不同，LED 显示方式可分为静态显示方式和动态显示方式。

若数码管显示为某一个字符，相应的发光二极管恒定地导通或截止，则该显示方式为静态显示方式。静态显示方式时，所有数码管同时点亮，字符显示期间加在数码管上的七段码不变，即每个数码管对应一个 8 位 I/O 接口，所以占用的硬件资源较多。

动态显示则是轮流点亮各数码管，即对显示器进行扫描。任何时刻只给一个数码管通电，通电一定时间后，再给下一个数码管通电。只要刷新率足够高，动态显示方式同样可以实现稳定显示。动态显示的最大优点是节约 I/O 接口。

3．LED 显示接口方法

以 MCS-51 单片机为核心的应用系统通常采用 8155 扩展 LED 显示器，其电路如图 6-18 所示。8155 的 A 口输出位选择码，B 口输出段码，因而是动态显示方式。从电路结构可以看出，图中 LED 是共阴极数码管。

【例 6-3】　设计 6 位共阴极数码管与 8155 的接口电路，并写出与之对应的动态扫描显示子程序。显示数据缓冲区在内部 RAM 79H～7EH 单元。

分析：设计 8155 的 A 口作为扫描口，输出位选择码，B 口作为段码输出口，都工作在基本输出方式下；A 口地址为 7F01H，B 口地址为 7F02H。进行扫描时，A 口的低 6 位依次置 1，依次选中从左至右的显示器。共阴极数码管在段数据表中的字形码应与共阴极数码管的字形码相同。6 位动态 LED 显示器接口电路如图 6-18 所示。

编写程序如下：

```
                ORG     1000H
DSP8155:        MOV     DPTR, #7F00H        ;指向 8155 控制字寄存器
                MOV     A, #00000011B       ;设定 A 口和 B 口为基本输出方式
                MOVX    @DPTR, A            ;向控制字寄存器写控制字
DISP1:          MOV     R0, #7EH            ;指向显示数据缓冲区末地址
                MOV     A, #20H             ;设定扫描字, PA5 为 1, 从左至右扫描
LOOP:           MOV     R2, A              ;暂存扫描字
                MOV     DPTR, #7F01H        ;指向 8155 的 A 口
                MOVX    @DPTR, A            ;输出位选择码
```

```
            MOV     A, @R0              ;读显示数据缓冲区一字符
            MOV     DPTR, #PTRN         ;指向段数据表首地址
            MOVC    A, @A+DPTR          ;查表,得段数据
            MOV     DPTR, #7F02H        ;指向 8155 的 B 口
            MOVX    @DPTR, A            ;输出段数据
            CALL    D1MS                ;延时 1ms
            DEC     R0                  ;调整指针
            MOV     A, R2               ;读回扫描字
            CLR     C                   ;清进位标志位
            RRC     A                   ;扫描字右移
            JC      PASS                ;结束
            AJMP    LOOP                ;继续显示
    PASS:   RET                         ;返回
    D1MS:   MOV     R7, #02H            ;延时 1ms 子程序
    DMS:    MOV     R6, #0FFH
            DJNZ    R6, $
            DJNZ    R7, DMS
            RET
    PTRN:   DB      3FH, 06H, 5BH, 4FH, 66H, 6DH, 7DH, 07H, 7FH, 67H
                                        ;段数据表
            END
```

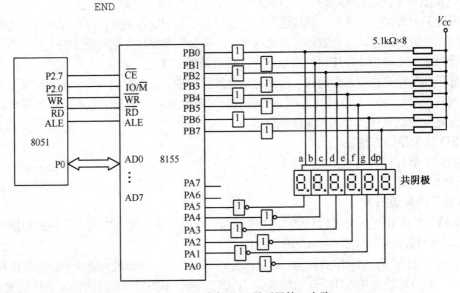

图 6-18   6 位动态 LED 显示器接口电路

6.5.2 LCD 显示器扩展

1. LCD 结构及工作原理

LCD 是一种被动式的显示器,由于功耗低、抗干扰能力强,因此在低功耗单片机系统中得到广泛应用。液晶显示器的基本结构如图 6-19 所示。

LCD 本身不发光,通过调节光的亮度进行显示。其工作过程为:在玻璃电极上加上电压之后,在电场的作用下,液晶的扭曲结构消失,其旋光作用也消失,偏振光便可以直接通过;去掉电场之后,液晶分子又恢复其扭曲结构,把这样的液晶置于两个偏振片之间,改变偏振片的相对位置(正交或平行),就可以得到白底黑字或黑底白字的显示形式。

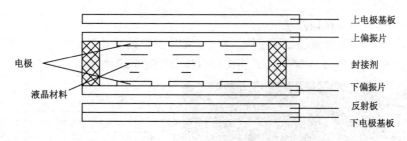

图 6-19　液晶显示器的基本结构

2. LCD 的驱动方式

从 LCD 的工作原理可知，LCD 是靠加在两个电极板上的电压进行显示的，根据加载方式不同，LCD 驱动方式可分为静态驱动方式和多极驱动方式两种。

1）静态驱动方式

LCD 静态驱动方式的驱动回路、波形及真值表如图 6-20 所示。图中波形 A 是一个占空比为 50% 的方波信号。B 是显示控制信号，高电平时显示，低电平时不显示。C 表示某个液晶显示字段，字段上两个电极的电位相同时，两极间电位差为零，字段不显示；字段上两个电极电位相反时，两电极的电位差为两倍幅值方波电压，该字段呈黑色显示。

2）多极驱动方式

当显示字段较多时，为减少引线和驱动回路数，需要采用多极驱动方式。这是一种多背极驱动方式，将 LCD 的各个字段按行列方式排列，如图 6-21 所示。图中将 8 个显示字段的电极分为 3 组，每组引出一个背极和一个段极，以背极为行，以段极为列，按行列进行控制。当待显示字段较多时，这种方式可以大大减少电极数目。

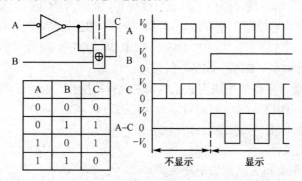

图 6-20　LCD 静态驱动方式的驱动回路、波形及真值表

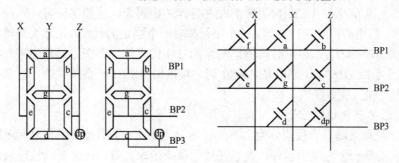

图 6-21　LCD 多极驱动原理

3．字符型液晶显示器接口方法

下面以 LCD1602 字符型液晶显示模块为例，介绍字符型液晶显示器的扩展用法。LCD1602
能够同时显示 16 列 2 行共 32 个字符，其实物及引脚图如图 6-22 所示。

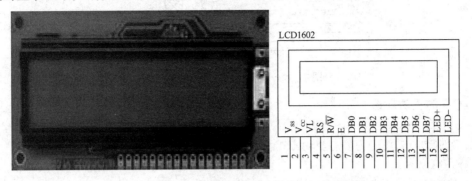

图 6-22　LCD1602 字符型液晶显示模块实物及引脚图

1）LCD1602 引脚功能

LCD1602 采用标准的 14 脚（无背光）或 16 脚（带背光）接口，各引脚功能如下：

- 1 脚：V_{SS} 为电源地。
- 2 脚：V_{DD} 为正电源（+5V）。
- 3 脚：VL 为液晶显示器对比度调整端，接正电源时对比度最弱，接地时对比度最强，对
  比度过高时会产生"鬼影"，使用时可以通过一个 10kΩ 的电位器调整对比度。
- 4 脚：RS 为寄存器选择，高电平时选择数据寄存器、低电平时选择指令寄存器。
- 5 脚：R/$\overline{\text{W}}$ 为读写信号线，高电平时进行读操作，低电平时进行写操作。当 RS 和 R/$\overline{\text{W}}$
  同时为低电平时，可以写入指令或者显示地址；当 RS 为高电平、R/$\overline{\text{W}}$ 为低电平时，可
  以写入数据（显示各字形）；当 RS 为低电平、R/$\overline{\text{W}}$ 为高电平时，可以读忙信号（读 DB7，
  以及读取位址计数器（DB0～DB6）值）。
- 6 脚：E 为使能端，由高电平跳变成低电平时执行写操作，高电平时执行读操作。
- 7～14 脚：DB0～DB7 为 8 位双向数据线（三态门）。
- 15 脚：背光电源正极。
- 16 脚：背光电源负极。

2）LCD1602 字符型液晶显示模块字符集

LCD1602 字符型液晶显示模块内部的字符发生存储器（CGROM）已经存储了 160 个不同
的点阵字符图形，图 6-23 是 LCD1602 的十六进制 ASCII 码表。这些字符有：阿拉伯数字、英
文字母的大小写、常用的符号和日文等，每个字符都有一个固定的代码，比如大写英文字母"A"
的代码是 01000001B（41H），显示时模块把地址 41H 中的点阵字符图形显示出来，我们就能看
到字母"A"。因为 LCD1602 识别的是 ASCII 码，可以用 ASCII 码直接赋值，在单片机编程中
还可以用字符型常量或变量赋值，如'A'。

3）LCD1602 显示 RAM 地址

LCD1602 字符型液晶显示模块分为上下两行各 16 位显示，不同行的字符显示地址见表 6-9。

液晶显示模块是一个慢显示器件，所以在执行每条指令之前，一定要确认模块的忙标志为
低电平（表示不忙），否则写指令失效。显示字符时，先要输入显示字符地址，也就是告诉模块
在哪个位置显示字符。

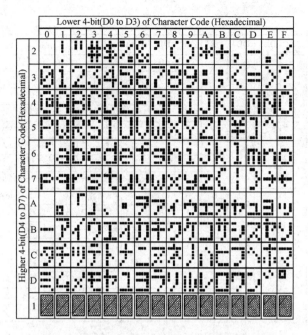

图 6-23　LCD1602 液晶显示模块十六进制 ASCII 码表

表 6-9　LCD1602 内部显示（DDRAM）地址

显示位置	1	2	3	4	5	6	7	8	9	10	11	12	13	14	15	16
第一行地址	00H	01H	02H	03H	04H	05H	06H	07H	08H	09H	0AH	0BH	0CH	0DH	0EH	0FH
第二行地址	40H	41H	42H	43H	44H	45H	46H	47H	48H	49H	4AH	4BH	4CH	4DH	4EH	4FH

　　例如，第二行第一个字符的地址是 40H，那么是否直接写入 40H 就可以将光标定位在第二行第一个字符的位置呢？这样不行，因为写入显示地址时要求最高位 D7 恒定为高电平 1，所以实际写入的数据应该是 0100 0000B（40H）+1000 0000B（80H）=1100 0000B（C0H）。

　　在对液晶模块的初始化中要先设置其显示模式，在液晶模块显示字符时光标是自动右移的，无须人工干预。每次输入指令前，都要判断液晶模块是否处于忙状态。

　　4）LCD1602 指令

　　LCD1602 液晶显示模块内部控制器共有 11 条控制指令，读写操作、屏幕和光标操作都是通过指令编程来实现的，通过 DB7～DB0 的 8 位数据传输数据和指令。LCD1602 指令集见表 6-10。

表 6-10　LCD1602 字符型液晶显示模块指令集

指　令	RS	R/$\overline{\text{W}}$	DB7	DB6	DB5	DB4	DB3	DB2	DB1	DB0	功　能	执行时间
（1）清屏	0	0	0	0	0	0	0	0	0	1	清除 DDRAM（清显示）和 AC 值（光标复位）	1.64μs
（2）归位	0	0	0	0	0	0	0	0	1	×	AC=0（光标复位），DDRAM 内容不变	1.64μs
（3）输入方式设置	0	0	0	0	0	0	0	1	0	0	数据读写操作后，AC 自动减 1；画面不动	40μs
									0	1	数据读写操作后，AC 自动减 1；画面平移	
									1	0	数据读写操作后，AC 自动加 1；画面不动	
									1	1	数据读写操作后，AC 自动加 1；画面平移	
（4）显示开关控制	0	0	0	0	0	0	1	0	0	0	显示关，光标关，闪烁关	40μs
								0	0	1	显示关，光标关，闪烁开	
								0	1	0	显示关，光标开，闪烁关	
								0	1	1	显示关，光标开，闪烁开	

指令	RS	R/W̄	DB7	DB6	DB5	DB4	DB3	DB2	DB1	DB0	功能	执行时间
（4）显示开关控制	0	0	0	0	0	0	1	1	0	0	显示开，光标关，闪烁关	
								1	0	1	显示开，光标关，闪烁开	
								1	1	0	显示开，光标开，闪烁关	
								1	1	1	显示开，光标开，闪烁开	
（5）光标、画面移位	0	0	0	0	0	1	0	0	×	×	光标向左平移一个字符位（AC自动减1）	40μs
							0	1	×	×	光标向右平移一个字符位（AC自动加1）	
							1	0	×	×	画面向左平移一个字符位，但光标不动	
							1	1	×	×	画面向右平移一个字符位，但光标不动	
（6）功能设置	0	0	0	0	1	0	0	0	×	×	4位数据接口，一行显示，5×7点阵	40μs
						0	0	1	×	×	4位数据接口，一行显示，5×10点阵	
						0	1	0	×	×	4位数据接口，两行显示，5×7点阵	
						0	1	1	×	×	4位数据接口，两行显示，5×10点阵	
						1	0	0	×	×	8位数据接口，一行显示，5×7点阵	
						1	0	1	×	×	8位数据接口，一行显示，5×10点阵	
						1	1	0	×	×	8位数据接口，两行显示，5×7点阵	
						1	1	1	×	×	8位数据接口，两行显示，5×10点阵	
（7）CGRAM地址设置	0	0	0	1	A5	A4	A3	A2	A1	A0	设置CGRAM地址，A5~A0=0~3FH	40μs
（8）DDRAM地址设置	0	0	1	A6	A5	A4	A3	A2	A1	A0	设置下一个要存入数据的DDRAM地址	40μs
（9）读BF及AC值	0	1	BF	AC6	AC5	AC4	AC3	AC2	AC1	AC0	BF=1：忙；BF=0：准备好。AC值含义为最近一次地址设置（CGRAM或DDRAM）定义	40μs
（10）写数据	1	0	数据								数据写入CGRAM或DDRAM内	40μs
（11）读数据	1	1	数据								读取CGRAM或DDRAM中的内容	40μs

5）LCD1602 的读写时序

LCD1602 的读写操作时序如图 6-24 和图 6-25 所示。

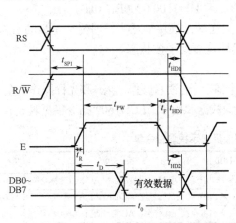

图 6-24 LCD1602 读操作时序

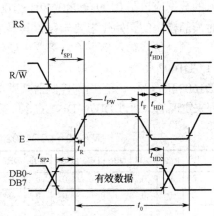

图 6-25 LCD1602 写操作时序

6）LCD1602 应用编程

LCD1602 液晶显示模块可以和单片机 STC89C52 直接连接，电路原理图如图 6-26 所示。下面通过一个编程实例说明 LCD1602 的程序设计方法。

【例 6-4】 根据图 6-26 所示的硬件原理图，用 C 语言编程，实现 LCD1602 显示。第一行显示内容为："I LOVE MCU!"，第二行显示内容为："LCD1602"。

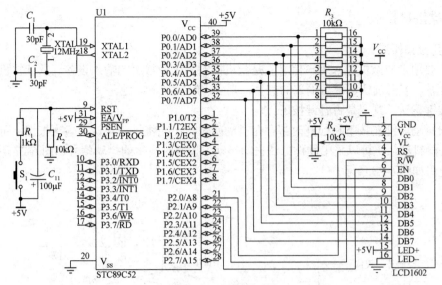

图 6-26 硬件原理图

编写程序如下:

```
#include<reg52.h>
#define uchar unsigned char
#define uint unsigned int
uchar code table[]="I LIKE MCU!";
uchar code table1[]="LCD1602";
sbit lcdrs=P2^0; //液晶数据命令选择端
sbit lcdrw=P2^1; //液晶读写选择端
sbit lcden=P2^2; //液晶使能端
uchar num;
void delay(uint z)  //延时2ms
{   uint x,y;
    for(x=z;x>0;x--)
        for(y=110;y>0;y--);
}
void write_com(uchar com)  //写命令
{   lcdrw=0; //低电平为写
    lcdrs=0; //低电平为命令选择
    P0=com;
    delay(5);
    lcden=1;
    delay(5);
    lcden=0;
}
void write_data(uchar date)  //写数据
{   lcdrw=0; //低电平为写
    lcdrs=1; //高电平为数据选择
    P0=date;
    delay(5);
    lcden=1;
    delay(5);
    lcden=0;
}
```

```
void init()  //初始化
{   lcdrw=0;
    lcden=0;
    write_com(0x38);
        //设置16×2显示，5×7点阵
        //8位数据接口
    write_com(0x0e);
        //设置只显示字符，不显示光标
    write_com(0x06);
        //写一个字符后地址指针加1
    write_com(0x01);
        //显示清零，数据指针清零
}

void main()
{   init();  //初始化
    write_com(0x80);
        //从液晶第一行第一列开始写数据
    for(num=0;num<11;num++)
    {   write_data(table[num]);
        delay(5);
    }
    write_com(0x80+0x40);
        //从液晶第二行第一列开始写数据
    for(num=0;num<16;num++)
    {   write_data(table[num]);
        delay(5);
    }
    while(1);
}
```

6.5.3 键盘接口扩展

1. 键盘接口概述

键盘主要用于向微机输入用户信息，是微机控制系统最常用的输入设备。从计算机对键盘管理的角度看，若要确认从键盘输入的信息，则必须解决如下问题。

（1）按键确认。判定是否有键按下。

（2）去抖动。键在按下和松开时都存在抖动问题，不能将抖动误认为多次按键，可以采用软件方法去除抖动，也可以采用硬件方法去除抖动。按键时产生的抖动信号如图 6-27 所示，硬件去抖动电路如图 6-28 所示。

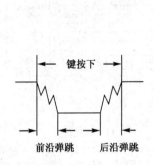

图 6-27　按键时产生的抖动信号

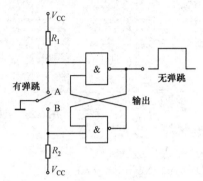

图 6-28　硬件去抖动电路

（3）持续按键处理。对于在规定时间内未释放的按键可以认为是一次有效按键，也可以认为是多次有效按键，或直到按键松开才认为是一次有效按键，这主要取决于系统对键盘输入的要求。

（4）多键处理。若同时有一个以上的键按下，可以以先扫描到的键为唯一有效按键，也可以根据系统的实际需要解释为复合按键。

2. 独立按键键盘

在系统中按键数目较少且空闲 I/O 接口数目较多的情况下，每个按键可以独立占用一条 I/O 接口线，称这种键盘接口方式为独立按键键盘，如图 6-29 所示。图中电阻 R 为上拉电阻，确保无按键时 I/O 接口为高电平。通过判断数据线的电平值即可判断是否有键按下。

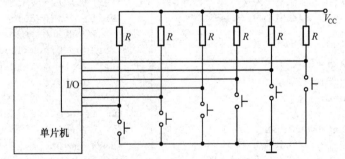

图 6-29　独立按键键盘接口电路

3. 行列式键盘

若每个按键都占用一条 I/O 接口线，当按键数目较多时，就要使用大量的 I/O 接口线。为了减少键盘与单片机接口时所占用 I/O 接口线的数目，通常设置两组互不连接的行线和列线，在行线与列线的交叉处设置一个按键开关，如图 6-30 所示。无键按下时，行线与列线不连接，有键按下时，行线与列线接通。

在这种行列式无编码键盘中，对按键的识别由软件完成，通常有两种方法：一是传统的行扫描法；二是速度较快的线反转法。本节主要讨论行扫描法。

行扫描法采用步进方式，这里以 3×3 行列式键盘为例说明其工作原理。3×3 行列式键盘的结构如图 6-31 所示。图中列线通过电阻接+5V 电源，当键盘上没有键闭合时，所有的行线和列线断开，列线 Y0～Y2 都呈高电平。当键盘上某一键闭合时，则该键所对应的列线与行线短路。以 4 号键为例，当 4 号键闭合时，行线 X1 和列线 Y1 短路，此时 Y1 的电平由行线 X1 的电平决定。如果把列线接到微机的输入口、行线接到微机的输出口，则在程序的控制下，使行线 X0 为低电平，X1 和 X2 都为高电平，则为低电平的列线与 X0 的交叉处的键处于闭合状态；否则 X0 这一行上没有键处于闭合状态，依次类推，最后使行线 X2 为低电平，其余的行线为高电平，检查 X2 这一行上是否有键闭合。这种逐行逐列地检查键盘状态的过程称为对键盘的一次扫描。CPU 对键盘的扫描可以采用程序控制的随机方式，CPU 空闲时扫描键盘；也可以采取定时控制方式，每隔一定的时间，CPU 对键盘进行一次扫描；还可以采用中断方式，每当键盘上有键闭合时，向 CPU 请求中断，CPU 响应键盘输入中断，对键盘扫描，以识别哪一个键处于闭合状态，并对键输入信息作出相应的处理。CPU 对键盘上闭合键键号的确定，可以根据行线和列线的状态计算求得，也可查表求得。

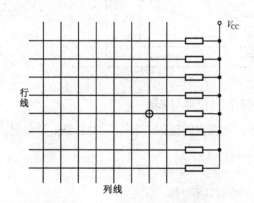

图 6-30　8×8 行列式键盘电路

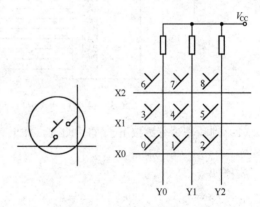

图 6-31　3×3 行列式键盘的结构

4. 行列式键盘的接口方法

图 6-32 所示为 4×8 行列式键盘与 MCS-51 单片机的接口电路。键盘通过 8155 的 A 口和 C 口与单片机连接。

【例 6-5】　根据图 6-32 所示的接口电路，编写行列式键盘扫描程序。

分析：图 6-32 中，8155 的 A 口设定为输出口，称为扫描线。PC3～PC0 设定为输入口，称为回送线。A 口的地址为 7F01H，C 口的地址为 7F03H。

键值编码形式：回送线 PC0，PC1，PC2，PC3 上的键值（每条回送线上有 8 个键，顺序从左到右）分别为 00H +（00H～07H）、08H +（00H～07H）、10H +（00H～07H）、18H +（00H～07H）。其中，（00H～07H）的具体内容由扫描线决定，存放在 R4 中。

（1）扫描是否有键按下子程序 KEY1，回送线的值存放在 A 中。

程序如下：

```
        ORG     1000H
KEY1:   MOV     DPTR, #7F01H    ;将 A 口地址送 DPTR,A 口作为扫描线
        MOV     A, #00H         ;所有扫描线均为低电平
```

```
        MOVX    @DPTR, A        ;A 口向列线输出 00H
        INC     DPTR
        INC     DPTR            ;指向 C 口
        MOVX    A, @DPTR        ;取回送线状态
        CPLA                    ;行线状态取反
        ANL     A, #0FH         ;屏蔽 A 的高半字节
        RET                     ;返回
```

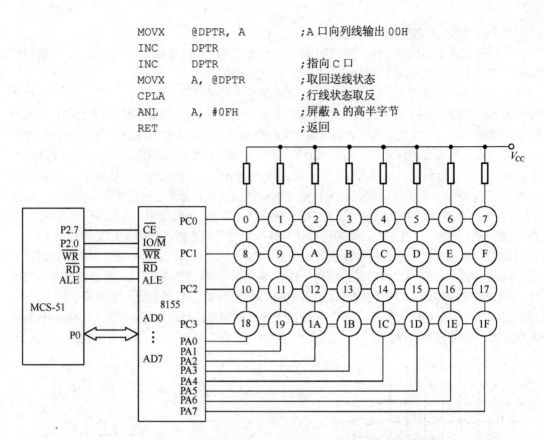

图 6-32　4×8 行列式键盘与 MCS-51 单片机的接口电路

（2）判断是否有键按下子程序 KEY，如果有，则识别按键的键码。其中，DELAY1 是延时子程序。

程序如下：

```
KEY:      ACALL   KEY1            ;检查有键闭合否
          JNZ     LKEY1           ;A 非 0 说明有键按下
          ACALL   DELAY1          ;执行一次延时子程序（延时 6ms）
          AJMP    KEY
LKEY1:    ACALL   DELAY1
          ACALL   DELAY1          ;有键闭合延时 2×6ms=12ms 以去抖动
          ACALL   KEY1            ;延时以后再检查是否有键闭合
          JNZ     LKEY2           ;有键闭合，转 LKEY2
          ACALL   DELAY1          ;无键闭合，说明是干扰信号，不做处理
          AJMP    KEY             ;延时 6ms 后转 KEY 继续等待键入
LKEY2:    MOV     R2, #0FEH       ;扫描初值送 R2，设定 PA0 为当前扫描线
          MOV     R4, #00H        ;回送初值送 R4
LKEY4:    MOV     DPTR, #7F01H    ;指向 A 口
          MOV     A, R2
          MOVX    @DPTR, A        ;扫描初值送 A 口
          INC     DPTR
          INC     DPTR            ;指向 C 口
          MOV     A, @DPTR        ;取回送线状态
          JB      ACC.0, LONE     ;ACC.0=1，第 0 行无键闭合，转 LONE
```

```
                MOV      A, #00H            ;装第 0 行行值
                AJMP     LKEYP              ;转计算键码
LONE:           JB       ACC.1, LTWO        ;ACC.1=1,第 1 行无键闭合,转 LTWO
                MOV      A, #08H            ;装第 1 行行值
                AJMP     LKEYP              ;转计算键码
LTWO:           JB       ACC.2, LTHR        ;ACC.2=1,第 2 行无键闭合,转 LTHR
                MOV      A, #10H            ;装第 2 行行值
                AJMP     LKEYP
LTHR:           JB       ACC.3, NEXT        ;ACC.3=1,第 3 行无键闭合,转 NEXT
                MOV      A, #18H            ;装第 3 行行值
LKEYP:          ADD      A, R4              ;计算键码
                PUSH     ACC                ;保存键码
LKEY3:          ACALL    DELAY1             ;延时 6ms
                ACALL    KEY1               ;判断键是否继续闭合,若闭合再延时
                JNZ      LKEY3
                POP      ACC                ;若键释放,则键码送 A
                RET
NEXT:           INC      R4                 ;列号加 1
                MOV      A, R2
                JNB      ACC.7, KND         ;第 7 位为 0,以扫描到最高列, 转 KND
                RL       A                  ;循环右移一位
                MOV      R2, A
                AJMP     LKEY4              ;进行下一列扫描
KND:            AJMP     KEY                ;扫描完毕,开始新的一轮
DELAY1:         ···                         ;延时子程序(略)
                END
```

6.5.4   键盘和显示器接口设计实例

图 6-33 所示是一个典型实用的采用 8155 并行扩展接口构成的键盘显示接口电路。图中只设置了 32 个键,如果增加 C 口线,则可以增加按键,最多可达 48 个键。LED 显示器采用共阴极结构,段码由 8155 的 B 口提供,位选择码由 A 口提供。键盘的列输入由 A 口提供,行输出由 PC0～PC3 提供,8155 的 RAM 地址为 7E00H～7EFFH,I/O 地址为 7F00H～7F05H。

【例 6-6】   根据图 6-33 所示键盘显示接口电路,在软件设计中将键盘查询与动态显示结合起来考虑,键盘消抖的延时子程序用显示程序替代。显示程序参照例 6-3 的动态扫描显示子程序 DSP8155。

程序如下:

```
                ORG      1000H
KD1:            MOV      A, #0000 0011B     ;8155 初始化,A,B 口基本输出方式,
                                            ;C 口输入方式
                MOV      DPTR, #7F00H
                MOVX     @DPTR, A
KEY1:           ACALL    KS1                ;调用判断是否有键闭合子程序
                JNZ      LK1                ;有键闭合转 LK1
                ACALL    DSP8155            ;调用 8155 动态显示子程序,延时 6ms
                AJMP     KEY1
LK1:            ACALL    DSP8155
                ACALL    DSP8155            ;调用两次显示,延时 12ms
```

```
            ACALL   KS1
            JNZ     LK2
            ACALL   DSP8155         ;调用 8155 动态显示子程序,延时 6ms
            AJMP    KEY1
LK2:        MOV     R2, #0FEH
            MOV     R4, #00H
LK3:        MOV     DPTR, #7F01H
            MOV     A, R2
            MOVX    @DPTR, A
            INC     DPTR
            INC     DPTR
            MOVX    A, @DPTR
            JB      ACC.0, LONE
            MOV     A, #00H
            AJMP    LKP
LONE:       JB      ACC.1, LTWO
            MOV     A, #08H
            AJMP    LKP
LTWO:       JB      ACC.2, LTHR
            MOV     A, #10H
            AJMP    LKP
LTHR:       JB      ACC.3, NEXT
            MOV     A, #18H
LKP:        ADD     A, R4
            PUSH    ACC
LK4:        ACALL   DSP8155
            ACALL   KS1
            JZ      LK4
            POP     ACC
NEXT:       INC     R4
            MOV     A, R2
            JNB     ACC.7, KND
            RL      A
            MOV     R2, A
            AJMP    LK3
KND:        AJMP    KEY1
KS1:        MOV     DPTR, #7F01H
            MOV     A, #00H
            MOVX    @DPTR, A
            INC     DPTR
            INC     DPTR
            MOVX    A, @DPTR
            CPL     A
            ANL     A, #0FH
            RET
            END
```

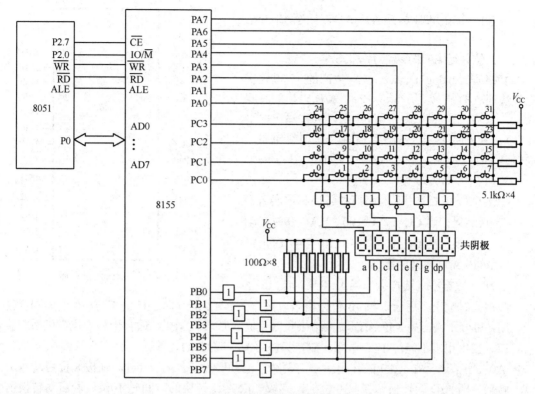

图 6-33　键盘显示接口电路

6.6　A/D 和 D/A 转换器扩展

在单片机应用系统中，经常会遇到模拟量信号的输入/输出问题，对于如何将模拟量转换成数字量送给单片机，或者将数字量转换成模拟量输出到单片机外部，需要用到模数（A/D）或数模（D/A）转换技术。

A/D 转换器（ADC）是将连续的模拟信号转换成二进制数字量的器件，为单片机应用系统采集模拟量信号进而实现数字化处理提供了一种接口。D/A 转换器（DAC）是一种将数字信号转换成模拟信号的器件，为单片机应用系统将数字信号转换成模拟信号输出提供了一种接口。

从数字分辨率角度看，A/D 转换器和 D/A 转换器都有 8 位和高于 8 位之分；从与单片机的数据接口方式（多线并行或串行数据）看，A/D 转换器和 D/A 转换器都有并行口和串行口之分。单片机与 A/D 转换器或 D/A 转换器接口时，需要根据以上区别采取不同的设计方法。

本节介绍单片机如何扩展并行 A/D 和并行 D/A 转换接口，串行 A/D 和串行 D/A 的转换接口方法将在第 7 章介绍。

6.6.1　并行 A/D 转换器扩展

由于 MCS-51 单片机的并行数据总线都是 8 位的，可以直接或间接地与 8 位并行输出的 A/D 转换器连接，并一次性地从 A/D 接口读入数据。例如，ADC0809 就是一个 8 输入通道的逐次逼近比较型 8 位并行输出 A/D 转换器，其输出级有一个 8 位三态输出锁存器，可以直接与单片机的数据总线连接。但 8 位 A/D 转换器的精度往往不能满足实际需求，而常采用 10 位、12 位甚至更高位的 A/D 转换器。A/D 转换器的位数不同，接口电路也不同。对于具有 8 位数据总线的单片机来说，要扩展高于 8 位的并行输出 A/D 转换，单片机需要分两次来完成从 A/D 接口读取数据。这里以 12 位并行输出 A/D 转换芯片 AD574 为例来介绍并行 A/D 转换接口的扩展方法。

1. 12 位并行 A/D 转换芯片 AD574

AD574 是 Analog Devices 公司生产的 12 位逐次逼近型快速 A/D 转换器，完成 12 位 A/D 转换的时间为 35μs，其内部有三态输出缓冲电路，并在输出电平上与 TTL 和 CMOS 电平兼容，无须外加时钟电路，因而得到了广泛应用。AD574 的引脚如图 6-34 所示。

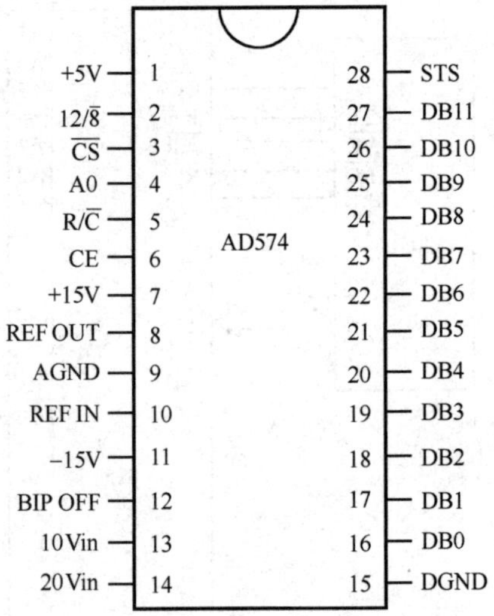

AD574 引脚说明如下。

图 6-34 AD574 的引脚

- CE，$\overline{CS}$，R/$\overline{C}$：用于控制启动转换和读出 A/D 转换结果，当 CE=1、$\overline{CS}$=0、R/$\overline{C}$=0 时启动 A/D 转换；当 CE=1、$\overline{CS}$=0、R/$\overline{C}$=1 时，可以读出 A/D 转换结果。

- 12/$\overline{8}$：数据格式选择端，当 12/$\overline{8}$=1 时，12 位数据同时输出，适合于与 16 位微机系统接口；当 12/$\overline{8}$=0 时，该引脚与 A0 引脚配合使用，可分别输出高 8 位 A/D 转换结果和低 4 位 A/D 转换结果，适合于与 8 位微机系统接口。12/$\overline{8}$引脚不能由 TTL 电平控制，只能接 V$_{CC}$ 或 GND。

- A0：字节选择端。A0 的作用主要有两个：启动转换前，若 A0=1，则按 8 位启动 A/D 转换，即 A/D 的转换结果是 8 位的，完成一次 A/D 转换的时间是 10μs；若启动转换前 A0=0，则启动 12 位 A/D 转换，即 A/D 转换结果是 12 位的，完成一次 A/D 转换的时间是 35μs。若在读周期中，A0=0，读出高 8 位数据，A0=1，读出低 4 位数据。

- +5V：逻辑正电源。

- +15V 和–15V：工作电源，AD574 支持双极性信号输入。

- AGND 和 DGND：模拟信号地和数字信号地。

- REF OUT：参考电压输出，AD574 向外提供+10V 基准电压输出。

- REF IN：参考电压输入，一般通过一个 50Ω电阻与 REF OUT 引脚连接，或用于调满量程。

- BIP OFF：双极性偏差调整，用于调零。

- 10Vin 和 20Vin：模拟信号输入引脚。

- DB0～DB11：12 条数据线。通过这 12 条数据线向外输出 A/D 转换数据。

- STS：转换状态输出引脚，转换过程中，该引脚输出高电平，转换结束时该引脚输出低电平。

AD574 的控制信号组合关系见表 6-11。

表 6-11 AD574 的控制信号组合关系

CE	$\overline{CS}$	R/$\overline{C}$	12/$\overline{8}$	A0	操　作
0	×	×	×	×	禁止
×	1	×	×	×	禁止
1	0	0	×	0	启动 12 位 A/D 转换
1	0	0	×	1	启动 8 位 A/D 转换
1	0	1	V$_{CC}$	×	12 位 A/D 转换结果同时输出
1	0	1	GND	0	输出 A/D 转换结果高 8 位
1	0	1	GND	1	输出 A/D 转换结果低 4 位

2. 单片机与 AD574 的接口方法

AD574 可以工作在单极性输入或双极性输入方式。单极性输入时，允许输入的信号范围为 0～+10V 或 0～+20V；双极性输入时，允许输入的信号范围为−5～+5V 或者 0～+10V。AD574 工作在双极性输入方式时与 MCS-51 单片机的接口电路如图 6-35 所示。

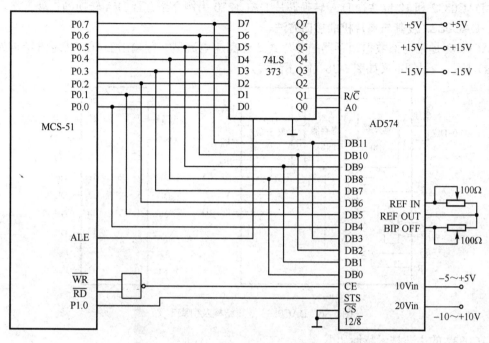

图 6-35　AD574 与 MCS-51 单片机的接口电路

由于 MCS-51 单片机是 8 位的，因而要分两次将 A/D 转换结果读回到单片机中。

【例 6-7】　根据图 6-35 所示 A/D 扩展电路，编写完成一次 A/D 转换的程序。

分析：在图 6-35 中，P0.0 和 P0.1 通过地址锁存器连接 AD574 的 A0 和 R/$\overline{C}$。启动转换时，R/$\overline{C}$=0 且 A0=0，则按 12 位转换，未连接的地址线按 1 对待，则启动 12 位 A/D 转换的地址为 FCH。读取转换结果时，在 R/$\overline{C}$=1 条件下，A0=0 读高 8 位，A0=1 读低 4 位，因而，读高 8 位数据的地址为 FEH，读低 4 位数据的地址为 FFH。P1.0 用于查询 A/D 转换是否结束。

编写程序如下：

```
AD574:  MOV    R1, #30H        ;R1 指向数据缓冲区
        MOV    R0, #0FCH       ;R0 指向启动地址
        MOVX   @R0, A          ;启动 A/D 转换
LOOP:   JB     P1.0, LOOP      ;等待转换结束
        INC    R0              ;指向读高 8 位数据地址
        INC    R0
        MOVX   A, @R0          ;读高 8 位数据
        MOV    @R1, A          ;存高 8 位数据
        INC    R0              ;指向读低 4 位数据地址
        INC    R1              ;指向缓冲区下一字节地址
        MOVX   A, @R0          ;读低 4 位数据
        MOV    @R1, A          ;保存低 4 位数据
        RET
```

6.6.2 并行 D/A 转换器扩展

经过 8 位 D/A 转换后输出的模拟信号基本能满足一般的控制精度要求，但对于控制精度要求较高的应用，则需要采用 10 位、12 位甚至更高的 D/A 转换器。下面分别以 8 位并行 D/A 转换芯片 DAC0832 和 12 位并行 D/A 转换芯片 DAC1210 为例介绍并行 D/A 转换的扩展方法。

1. DAC0832 及其与单片机的接口方法

DAC0832 是带内部数据锁存器的单片式 8 位高速电流型并行输出 DAC，其逻辑结构如图 6-36（a）所示，引脚定义如图 6-36（b）所示。

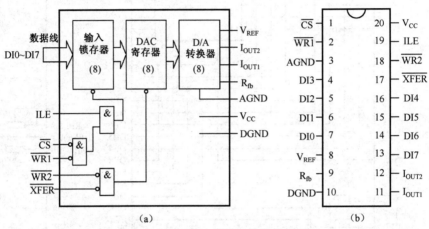

图 6-36　DAC0832 逻辑结构及引脚定义

DAC0832 的主要技术特性如下：
- 转换时间为 1μs；
- 数据输入可以采用单缓冲、双缓冲或直通方式；
- 分辨率为 8 位；
- 逻辑电平输入与 TTL 电平兼容；
- 采用单一正电源供电。

DAC0832 的主要引脚功能如下。
- $\overline{CS}$：片选信号，低电平有效，与 ILE 配合使用。该信号为高电平时，不能对输入锁存器进行写操作。
- ILE：允许输入锁存信号，高电平有效。该信号有效时，才可能将数据线上的信息送入输入锁存器。
- $\overline{WR1}$：写信号 1，低电平有效。该信号有效时，才可能将数据线上的信息写入 8 位输入锁存器。
- $\overline{WR2}$：写信号 2，低电平有效。该信号有效时，才可能将数据从输入锁存器写到 8 位 DAC 寄存器。
- $\overline{XFER}$：数据传送信号，低电平有效。该信号有效时，才可能将输入锁存器的内容送入 DAC 寄存器。
- V_{REF}：基准电源输入端，与 DAC 内部的 R-2R 网络相连，作为 D/A 转换的参考电压。
- DI0～DI7：8 位数字量的输入端，DI7 为最高位，DI0 为最低位。
- I_{OUT1} 和 I_{OUT2}：DAC 的电流输出端，I_{OUT1} 和 I_{OUT2} 是互补的。当输入的数字量为全 1 时，

I_{OUT1} 最大，I_{OUT2} 为 0；当输入的数字量为全 0 时，I_{OUT2} 最大，I_{OUT1} 为 0。

● R_{fb}：反馈电阻，DAC0832 内部有反馈电阻，该端连接外部运算放大器的输出端即可。

由于 DAC0832 有数据输入锁存器，因而可以直接与单片机的数据总线相连，DAC0832 与 MCS-51 单片机的接口电路如图 6-37 所示。

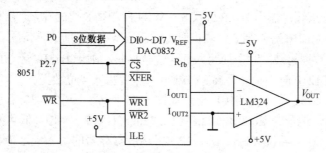

图 6-37   DAC0832 与 MCS-51 单片机的接口电路

【例 6-8】   根据图 6-37 所示电路，编写程序，实现 V_{OUT} 为锯齿波。

分析：按图 6-37 所示的连接关系，DAC0832 工作在单缓冲方式，并且其地址为 7FFFH。

程序如下：

```
P0832:  MOV    DPTR, #7FFFH        ;DPTR 指向 DAC0832
        MOV    A, #0
LOOP:   MOVX   @DPTR, A            ;数据送到 DAC0832
        NOP                       ;延时，调整该时间可改变输出波形斜率
        INC    A
        LJMP   LOOP
```

2. DAC1210 及其与单片机的接口方法

由于 MCS-51 单片机的数据总线是 8 位的，当 D/A 转换器的分辨率高于 8 位时，必须分两次将数据送至 D/A 转换器。DAC1210 是 12 位 D/A 转换芯片，其引脚及内部结构如图 6-38 所示。

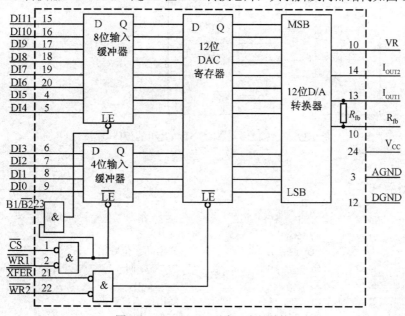

图 6-38   DAC1210 引脚及内部结构

DAC1210 的电流建立时间是 1μs，单一电源（+5～+15V）工作，输入信号与 TTL 电平兼容。从图中可以看出，DAC1210 具有两级内部缓冲器，一个高 8 位缓冲器、一个低 4 位缓冲器构成第一级 12 位缓冲器，一个 12 位 DAC 寄存器构成第二级缓冲器，这为该芯片与 8 位数据总线的微控制器接口提供了方便。

　　DAC1210 的第一级缓冲器由 B1/$\overline{B2}$，$\overline{CS}$，$\overline{WR1}$ 控制高 8 位的写入，由 $\overline{CS}$ 和 $\overline{WR1}$ 控制低 4 位的写入，即向 DAC1210 写入高 8 位数据时，低 4 位寄存器的写控制信号是有效的——写入高 8 位数据时低 4 位数据将被改写，而写入低 4 位数据时，由于 B1/$\overline{B2}$ 无效而不会改写高 8 位数据。这样，写 DAC1210 时必须先写高 8 位数据，然后写低 4 位数据。

　　DAC1210 与 MCS-51 单片机的接口电路如图 6-39 所示。从图 6-39 所示连接关系可以看出，高 8 位数据的写入地址为 E000H（P2.7 = 1，P2.6 = 1，P2.5 = 1），低 4 位数据的写入地址为 C000H（P2.7 = 1，P2.6 = 1，P2.5 = 0），12 位 DAC 寄存器的写入地址为 2000H（P2.7 = 0，P2.6 = 0，P2.5 = 1）。

　　【例 6-9】 为图 6-39 所示电路编写实现一次 D/A 转换的程序。

　　分析：根据图 6-38 及其功能描述和图 6-39 的接口电路，假设：R2 中为 D/A 转换的高 8 位数据，R3 中为 D/A 转换的低 4 位数据。

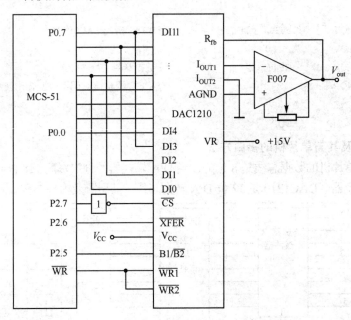

图 6-39　DAC1210 与 MCS-51 单片机的接口电路

编写程序如下：

```
DA1210: PUSH    DPL
        PUSH    DPH
        MOV     DPTR, #0E000H        ;DPTR 指向 8 位输入缓冲器
        MOV     A, R2
        MOVX    @DPTR, A             ;送出高 8 位数据
        MOV     DPTR, #0C000H        ;DATR 指向 4 位输入缓冲器
        MOV     A, R3
        MOVX    @DPTR, A             ;送出低 4 位数据
        MOV     DPTR, #2000H         ;DPTR 指向 12 位 DAC 寄存器
```

```
MOVX        @DPTR, A              ;选通 12 位 DAC 寄存器
POP         DPH
POP         DPL
RET
```

思考题与习题 6

6-1 画图说明单片机系统总线的扩展方法。

6-2 在单片机应用系统中为什么要进行系统扩展？

6-3 说明程序存储器扩展的一般原理。

6-4 根据图 6-13 说明 RAM 扩展的一般原理。

6-5 EPROM 器件与 EEPROM 器件的主要区别是什么？说明它们的主要应用场合。

6-6 说明单片机应用系统中 LED 显示器的两种显示方式。

6-7 说明 LCD 显示器的工作原理。

6-8 说明行列式键盘的扫描原理。

6-9 在以 8031 单片机为核心的单片机应用系统中，要求扩展 32KB RAM（由 SRAM 构成），并要求具有 24 条独立的 I/O 接口线。

（1）选择存储器件及并行 I/O 接口器件；

（2）画出原理电路图，说明单片机 I/O 接口资源使用情况；

（3）列出各器件地址；

（4）编程，将扩展 RAM 中 1000H～10FFH 单元内容移至 1100H 开始的 256 个单元。

6-10 在以 8031 为核心的单片机应用系统中扩展 ROM 至 16KB。

（1）选择存储器件；（2）画出原理电路图；（3）说明各器件占用的存储空间。

6-11 设计单片机应用系统的显示部分，将内部 RAM 的 30H～35H 单元（30H 为最高位，35H 为最低位）的 6 位非压缩 BCD 数显示在 6 位动态 LED 显示器上。

（1）选择元器件；（2）画出原理电路图；（3）编程。

6-12 试编程对 8155 进行初始化，设 A 口为选通输出，B 口为选通输入，C 口作为控制联络口，并启动定时/计数器按方式 1 工作，工作时间为 10ms，定时器计数脉冲频率为单片机时钟频率的 24 分频，$f_{OSC}=12MHz$。

6-13 A/D 转换和 D/A 转换的含义分别是什么？

6-14 设计 A/D 转换接口电路时应注意哪些问题？

6-15 设计 D/A 转换接口电路时应注意哪些问题？

6-16 利用 AD574 设计一个接口电路，每隔 5s 对模拟通道采样一次，并将采样结果保存在外部 RAM 的 1000H 单元，画出原理图并编制相应程序。

6-17 利用 DAC0832 双缓冲结构特性，设计一个接口电路并编制相应程序，实现双路模拟信号同时输出。

第7章　单片机系统常用串行扩展技术

本章教学要求：

（1）了解常用串行总线协议，熟悉 I²C 总线工作原理。

（2）掌握利用软件编程模拟 I²C 总线时序的程序设计方法。

（3）熟悉串行 EEPROM 存储器和 Flash 存储器的接口设计方法。

（4）熟悉串行总线扩展 I/O 接口的方法。

7.1　串行扩展概述

传统的单片机系统采用并行总线扩展外围设备，对地址线译码产生片选信号，为每个外设分配唯一的地址，利用并行数据总线传输数据，需要的单片机芯片引脚数多。例如，8051 单片机采用并行总线扩展一个外围芯片需要的最少引脚数为

8(数据)+2(RD、WR)+1(/CS)+n 条地址线[n=log2(内部寄存器或存储器字节的数目)]

这种方式虽然传输速率高，但是芯片封装体积增大致使成本升高，同时印制电路板体积增大，布线复杂度高，也带来故障点增多，调试维修多有不便。

随着电子技术的发展，串行总线技术日益成熟，具有代表性的串行总线有 I²C、SPI、1-Wire、Microwire 等。串行总线数据传输速率的逐渐提高和芯片逐渐系列化，为多功能、小型化和低成本的单片机系统的设计提供了更好的解决方案。采用串行总线扩展技术可以使系统的硬件设计简化，系统的体积减小，系统的更改和扩充更为容易。可以说，串行总线扩展技术已成为单片机总线的主导技术。本章将主要介绍单片机系统的串行总线扩展技术和方法。

作者还根据本章所介绍的相关内容设计了一个实例，便于读者学习实践。有关电路原理图、印制版图和程序代码将随本书的电子资源一并提供。

7.2　常用串行总线协议

7.2.1　I²C 串行总线

为了简化集成电路之间的互连，Philips 公司开发出一种标准外围总线互连接口，称为"集成电路间总线"或"内部集成电路总线"（Inter-IC，I²C）。I²C 总线是一个两线双向串行总线接口标准，采用这种接口标准的器件只需要使用两条信号线与单片机进行连接，就可以完成单片机与器件之间的信息交互。其相关的术语有：

- 发送器（Transmitter）：发送数据到总线的器件；
- 接收器（Receiver）：从总线接收数据的器件；
- 主器件（Master）：即主控器件，初始化发送、产生时钟信号和终止发送的器件；
- 从器件（Slave）：被主器件寻址的器件。

由于 I²C 总线的双向特性，总线上的主器件和从器件都可能成为发送器和接收器。在主器件发送数据或命令时，主器件是发送器（主发送器）；在主器件接收从器件的数据时，主器件为接收器（主接收器）。而从器件在接收主器件命令或数据时，从器件是接收器（从接收器）；当从器件向主器件返回数据时，从器件是发送器（从发送器）。

由于采用串行数据传输方式，数据传输速率不太高。标准模式下传输速率为 100kbps，快速

模式下传输速率为 400kbps，高速模式传输速率为 3.4Mbps。

采用 I²C 总线设计系统具有如下优点：

（1）实际的器件与功能框图中的功能模块相对应，所有 I²C 器件公用一条总线，便于将框图转化成原理图；

（2）在两条线上完成寻址和数据传输，节省印制电路板的体积；

（3）器件通过内置地址结合可编程地址的方式寻址，不需设计总线接口；增加和删减系统中的外围器件，不会影响总线和其他器件的工作，便于系统功能的改进和升级；

（4）数据传输协议可以完全由软件来定义，应用灵活，适用面广；

（5）通过多主器件模式可以将外部调试设备连接到总线上，为调试、诊断提供便利。

1. I²C 总线的电气连接

I²C 总线采用二线制传输，分别是串行数据线 SDA（Serial Data Line）和串行时钟线 SCL（Serial Clock Line），所有 I²C 器件都连接在 SDA 和 SCL 上。

为了避免总线信号混乱和冲突，I²C 总线接口电路均为漏极开路或集电极开路，因此总线上必须有上拉电阻。上拉电阻与电源电压 V_{DD} 和 SDA/SCL 总线串接电阻 R_s 有关，R_s 一般可选 5～10kΩ，或依据器件参考手册选择。

如图 7-1 所示，单片机系统采用 I²C 总线可方便地扩展外部存储器、A/D 和 D/A 转换器、实时时钟、键盘、显示等电路。

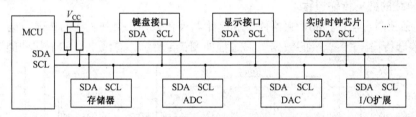

图 7-1　I²C 总线外围接口扩展示意图

I²C 总线的外围扩展器件大都是 CMOS 器件，总线有足够的电流驱动能力，因此总线扩展的节点数由负载电容特性决定，I²C 总线的驱动能力为 400pF。可根据器件的 I²C 总线接口的等效电容确定可扩展的器件数目和总线的长度，以减少总线传输的延迟和出错概率。

2. I²C 总线的工作方式

I²C 总线支持多主和主从两种工作方式。一般设计中 I²C 总线工作在主从方式，I²C 总线上只有一个主器件，其他均为从器件，主器件对总线具有控制权。在多主方式中，通过硬件和软件的仲裁，主控制器取得总线控制权。

3. I²C 总线的器件寻址方式

I²C 总线上连接的器件都是总线上的节点，每个时刻只有一个主器件操控总线。每个器件都有一个唯一确定的地址，主器件通过这个地址实现对从器件的点对点数据传输。器件的地址由 7 位组成，其后附加了 1 位方向位，确定数据的传输方向，这 8 位构成了传输起始信号 S 后的第一字节，如图 7-2 所示。

器件的地址由 4 位固定位和 3 位可编程位组成。固定位由生产厂家给出，用户不能改变。可编程位与器件的地址引脚的连接相对应，当系统中使用了多个相同芯片时可以进行正确的访问。

当主器件发送了数据帧的第一字节后，总线上连接的从器件会将接收到的地址数据与自己的地址进行比较，被选中的从器件再根据方向位确定是接收数据还是发送数据。

注意：不同的器件有时会有相同的固定位，例如，静态 RAM 器件 PCF8570 和 EEPROM 器件 PCF8582 的固定位均为 1010，此时通过可编程位进行区分，如图 7-3 所示。

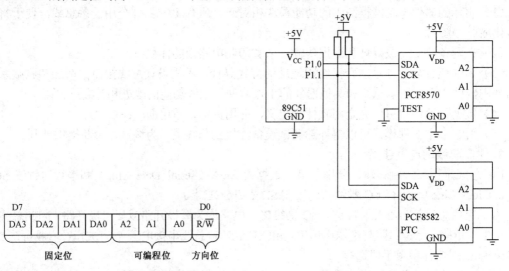

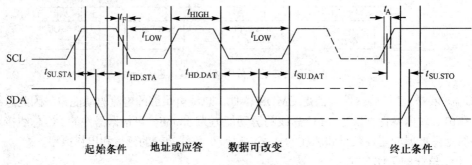

图 7-2　I²C 总线器件寻址方式的地址组成　　　　图 7-3　I²C 总线器件的可编程位设置

4．I²C 总线的数据传输过程

I²C 总线必须由主器件控制，主器件产生起始和停止条件，控制总线的传输方向，并产生时钟信号同步数据传输。I²C 总线的数据传输过程如图 7-4 所示。总线上有如下几种类型的信号。

图 7-4　I²C 总线的数据传输过程

（1）起始信号（S）：在时钟线 SCL 为高电平时，数据线 SDA 从高电平变为低电平产生起始条件，标志着启动 I²C 总线。

（2）终止信号（P）：在时钟线 SCL 为高电平时，数据线 SDA 从低电平变为高电平，标志着终止 I²C 总线传输过程。

（3）应答信号（ACK/NACK）：I²C 协议规定总线每传输一字节数据后，都要有一个应答位。应答位由接收器件产生，即主器件向从器件发送数据时，应答位由从器件产生；主器件接收从器件数据时，应答位由主器件产生。

数据接收方可以接收数据时，产生应答信号（ACK）；不能接收数据时，产生非应答信号（NACK）。如果接收器件产生了非应答信号，则发送器件应终止发送。

当主器件接收从器件送来的最后一个数据后，必须给从器件发一个非应答信号（NACK），令从器件释放 SDA 数据线，这样主器件可以发送终止信号来结束数据的传输。

（4）数据信号：地址和数据均以字节为单位，且高位在前，低位在后。接收方每接收一字节数据都产生一个应答信号。发送器必须在接收器发送应答信号前，预先释放对SDA线的控制（SDA=1），以便主器件对SDA线上应答信号的检测。

与起始和终止信号不同，传输数据时SCL低电平期间允许SDA线上的电平变换，改变和准备数据，SCL高电平期间SDA线的电平要保持稳定。

无论何种情况下时钟信号始终由主器件产生。

时钟线SCL的一个时钟周期只能传输一位数据，I^2C总线的通信速率受主器件控制，在不超过芯片最快速度的情况下，取决于主器件的时钟信号。

主器件与从器件之间传输数据是交互进行的，除起始位、结束位及数据外，还应包含被叫对象地址、操作性质（读写）、应答等信息，即一次信息传输过程传输的信息包含6部分。一个完整的数据传输过程如图7-5所示。

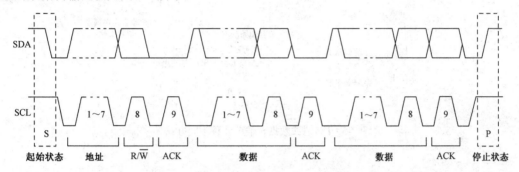

图7-5 I^2C总线数据传输过程

根据所连接的器件性质不同，在I^2C总线上可能存在如下的数据传输方式。

（1）主器件发送命令或数据到从器件。在寻址字节之后，主器件通过SDA线向从器件发送信息，信息发送完毕后发送终止信号，以结束传送过程。这种情况下，数据传输的方向不发生变化。例如，向D/A转换器写入数据，或向I/O扩展器写输出值，如图7-6（a）所示。

（2）主器件读取从器件的数据。寻址字节发送完成的第一个应答信号后，主器件由发送器变为接收器，从器件则变为发送器。主器件通过SDA线接收从器件发送的信息。这种情况下，数据传输方向会发生变化。例如，读取A/D转换器的转换结果，或者读取I/O扩展器的输入信息，如图7-6（b）所示。

（3）复合模式，主器件向从器件发送命令或数据后，再次向从器件进行一次操作性质相反的操作。例如，在对串行EEPROM的操作中，先向从器件写入要访问的存储器地址，然后再向从器件发送读取命令，读回数据，如图7-6（c）所示。

主器件与从器件进行通信时，有时需要切换数据的收发方向，例如，访问某一具有I^2C总线接口的EEPROM存储器时，主器件先向存储器输入存储单元的地址信息（发送数据），然后再读取其中的存储内容（接收数据）。在切换数据的传输方向时，可以不必先产生停止条件再开始下次传输，而是直接再一次产生开始条件。I^2C总线在已经处于忙的状态下，再一次直接产生起始条件的情况称为重复起始条件。重复起始条件常常简记为Sr。正常的起始条件和重复起始条件在物理波形上并没有什么不同，区别仅仅在逻辑方面。在进行多字节数据传输过程中，只要数据的收发方向发生了切换，就要用到重复起始条件。

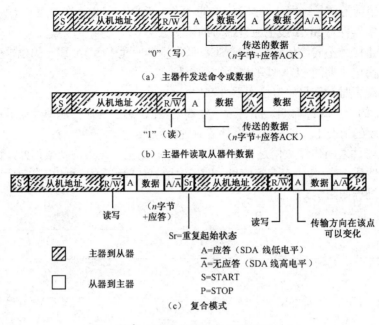

图 7-6　I²C 总线数据传输的几种不同方式

5. 常用的 I²C 总线器件

常用的 I²C 总线器件见表 7-1。

表 7-1　常用的 I²C 总线器件

类　型	型　号
存储器	Atmel 公司的 AT24CXX 系列 EEPROM
8 位并行 I/O 接口扩展	PCF8574/JLC1562
实时时钟	DS1307/PCF8563/SD2000D/M41T80/ME901/ISL1208
数据采集 ADC 芯片	MCP3221(12 位 ADC)/ADS1100(16 位 ADC)/ADS1112(16 位 ADC)/MAX1238(12 位 ADC)/MAX1239(12 位 ADC)
数模转换 DAC 芯片	DAC5574(8 位 DAC)/DAC6573(10 位 DAC)/DAC8571(16 位 DAC)
LED 显示器件	ZLG7290/SAA1064/CH452/MAX6963/MAX6964
温度传感器	TMP101/TMP275/DS1621/MAX6625

7.2.2　SPI 总线

SPI（Serial Peripheral Interface）总线也是当前广泛使用的一种串行外设接口，由 Motorola 公司提出，用来实现单片机与各种外围设备的串行数据交换。外围设备可以是数据存储器、网络控制器、键盘和显示驱动器、A/D 和 D/A 转换器。SPI 总线还可实现微控制器之间的数据通信等。

SPI 总线主要特性在于采用 3 线同步传输，可以同时发送和接收串行数据，工作在全双工方式下。SPI 最高数据传输速率可达几 Mbps。

1. SPI 总线的电气连接

SPI 总线采用四线通信，4 根线分别介绍如下。

- SCK：串行时钟线，用作同步脉冲信号，有的芯片称为 CLK。
- MISO：主器件输入/从器件输出数据线，有的芯片称为 SDI、DI 或 SI。

- MOSI：主器件输出/从器件输入数据线，有的芯片称为 SDO、DO 或 SO。
- $\overline{\text{CS}}$：从器件选择线，由主器件控制，有的芯片称为 nCS、CS 或 STE 等。

总线上有多个 SPI 接口的单片机时，应为一主多从，在某一时刻只能有一个单片机为主器件。如果总线上只有一个 SPI 接口器件，则不需要进行寻址操作而进行全双工通信。在扩展多个 SPI 外围器件时，单片机应分别通过 I/O 接口线为每个从器件提供独立的使能信号，硬件上比 I^2C 系统要稍微复杂一些，如图 7-7 所示。但是 SPI 不需要在总线上发送寻址序列，软件上简单高效。

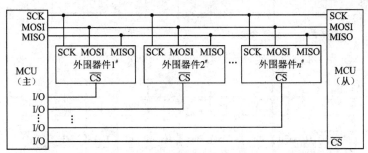

图 7-7　SPI 总线扩展外围器件

大多数 SPI 从器件具有三态输出，从器件没有被选中时处于高阻态，允许 MISO 引脚并接在同一条信号线上。但如果从器件的输出不呈三态特性，则需要接到单片机单独的 I/O 接口。

2．SPI 总线的数据传输过程

数据的传输格式是高位（MSB）在前，低位（LSB）在后。

SPI 总线有 4 种工作模式，是根据时钟极性和相位来划分的，见表 7-2。

表 7-2　SPI 总线的 4 种工作模式

工作模式	时钟极性（CPOL）	时钟相位（CPHA）	描　　述
0	0	0	时钟信号空闲电平为低，SCK 的上升沿锁存 SPI 数据
1	0	1	时钟信号空闲电平为低，SCK 的下降沿锁存 SPI 数据
2	1	0	时钟信号空闲电平为高，SCK 的下降沿锁存 SPI 数据
3	1	1	时钟信号空闲电平为高，SCK 的上升沿锁存 SPI 数据

其中，CPOL 是时钟极性选择，为 0 时 SPI 总线空闲为低电平，为 1 时 SPI 总线空闲为高电平。CPHA 是时钟相位选择，为 0 时在时钟脉冲的第一个跳变沿采样，为 1 时在时钟脉冲的第二个跳变沿采样。

工作模式 0 的时序如图 7-8 所示。在 SPI 传输过程中，发送方首先将数据上线，然后在同步时钟信号的上升沿 SPI 的接收方锁存位信号。在 SCK 信号的一个周期结束时（下降沿），发送方输出下一位数据信号，再重复上述过程，直到一字节的 8 位信号传输结束。

工作模式 1 的时序如图 7-9 所示。在 SPI 传输过程中，在 SCK 的上升沿发送方输出位数据，SPI 的接收方在 SCK 的下降沿锁存位信号。在 SCK 信号的一个周期结束时（上升沿），发送方输出下一位数据信号，再重复上述过程，直到一字节的 8 位信号传输结束。

工作模式 2 的时序如图 7-10 所示。在 SPI 传输过程中，发送方首先将数据上线，然后在同步时钟信号的下降沿 SPI 的接收方锁存位信号。在 SCK 信号的一个周期结束时（上升沿），发送方输出下一位数据信号，再重复上述过程，直到一字节的 8 位信号传输结束。

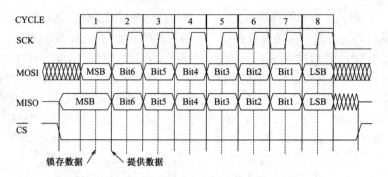

图 7-8　SPI 总线的工作模式 0 时序（CPOL=0，CPHA=0）

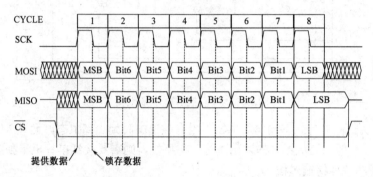

图 7-9　SPI 总线的工作模式 1 时序（CPOL=0，CPHA=1）

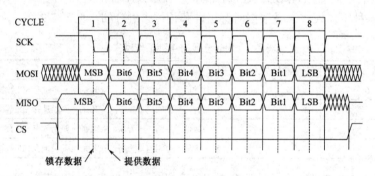

图 7-10　SPI 总线的工作模式 2 时序（CPOL=1，CPHA=0）

　　工作模式 3 的时序如图 7-11 所示。在 SPI 传输过程中，在 SCK 的下降沿发送方输出位数据，SPI 的接收方在 SCK 的上升沿锁存位信号。在 SCK 信号的一个周期结束时（下降沿），发送方输出下一位数据信号，再重复上述过程，直到一字节的 8 位信号传输结束。

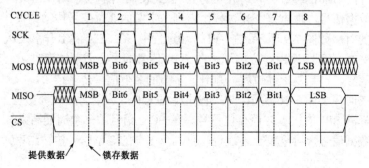

图 7-11　SPI 总线的工作模式 3 时序（CPOL=1，CPHA=1）

注意：上述 4 个时序图只描述了 SPI 4 种工作模式的理想状态，并没有考虑数据的建立时间、延时时间等具体的时序参数，在实际使用时应根据器件操作手册的具体参数进行编程。

有的单片机内部集成了 SPI 控制器，便于实现 SPI 接口的数据传输，但是只要理解了 SPI 传输的原理和过程，可以利用软件来实现 SPI 接口。

3. 常用的 SPI 总线器件

常用的 SPI 总线器件见表 7-3。

表 7-3　常用的 SPI 总线器件

类　　型	型　　号
存储器	Microchip 公司的 93LCXX 系列 EEPROM，Atmel 公司的 AT25XXX 系列 EEPROM，Xicor 公司的 X5323/25 等
SPI 扩展并行 I/O 接口	PCA9502/MAX7317/MAX7301
实时时钟	PCA2125/DS1390/DS1391/DS1305
数据采集 ADC 芯片	ADS8517(16 位 ADC)/TLC4541(16 位 ADC)/MAX11200(24 位 ADC)/MAX1225(12 位 ADC)/AD7789(24 位 ADC)
数模转换 DAC 芯片	DAC7611（12 位 DAC）/DAC8881（16 位 DAC）/DAC7631（16 位 DAC）/AD421(16 位 DAC)
键盘、显示芯片	MAX6954/MAX6966/MAX7219/ZLG7289/CH451
温度传感器	MAX6662/MAX31722/DS1722

7.2.3　1-Wire 总线

1-Wire 总线（又称单线总线）是由 Maxim 公司推出的微控制器外围设备串行扩展总线，适用于单主机系统，可控制一个或多个从器件。1-Wire 总线只采用一根数据线来完成从器件供电和主从设备之间的数据交换，加上地线共需两根线，即可保证器件的全速运行。采用 1-Wire 总线可最大限度减少系统的连线，降低印制电路板设计的复杂度。

1. 1-Wire 的电气连接

1-Wire 总线器件内部有唯一的 64 位器件序列号，允许多个器件挂接在同一条 1-Wire 总线上。通过网络操作命令协议，主机可以对其进行寻址和操控。图 7-12 给出了 1-Wire 总线系统扩展温度传感器的例子。

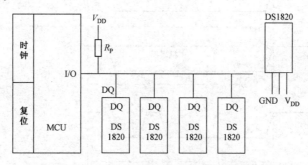

图 7-12　1-Wire 总线系统扩展温度传感器示例

一般情况下，多数 1-Wire 器件没有电源引脚，而采用寄生供电的方式从 1-Wire 通信线路获取电源。因此需要对 1-Wire 总线上拉，如图 7-12 中的电阻 R_P。上拉电压越高，1-Wire 器件所得到的功率就越大。电压越高，网络中可以挂接的 1-Wire 从器件也越多，时隙之间的恢复时间也越短。如果距离较远，则需要提供额外的电源。

采用单片机作为 1-Wire 总线主机时，要注意所连的 I/O 接口必须是双向的，其输出为漏极开路，且线上具有弱上拉电阻，这是 1-Wire 总线接口的基本要求。

2．1-Wire 总线的基本操作

由于 1-Wire 总线没有时钟脉冲进行同步，需要严格的时序和协议来保证总线的操作有效性和数据的完整性。1-Wire 总线有 4 种基本操作，分别是复位、写 1、写 0 和读位操作。1-Wire 总线将完成一位传输的时间称为一个时隙。定义了基本操作后，对器件的读写操作可通过多次调用位操作来实现。表 7-4 是各种操作及实现方法的简要说明，图 7-13 为其时序图。表 7-5 给出了通常线路条件下 1-Wire 总线操作时序的推荐时间，但需要结合器件的具体参数综合考虑。

采用 1-Wire 总线通信，要求 CPU 能够产生较为精确的 1μs 延时，还要保证通信过程不能被中断。所有的数据和指令的传递都是从最低有效位开始通过 1-Wire 总线。

表 7-4　1-Wire 总线各种操作及实现方法

操　作	含　义	实　现　方　法
写 1	向总线上从器件写 1	主机拉低总线并延时时间 A； 释放总线，由上拉电阻拉高总线，延时时间 B
写 0	向总线上从器件写 0	主机拉低总线并延时时间 C； 释放总线，由上拉电阻拉高总线，延时时间 D
读位	从总线上读回 1 位数据	主机拉低总线并延时时间 A； 释放总线，由上拉电阻拉高总线，延时时间 E 后对总线采样，读回从器件输出值；然后延时时间 F
复位	初始化总线上的从器件	主机拉低总线并延时时间 G； 释放总线，由上拉电阻拉高总线，延时时间 H 后对总线进行采样，读从器件的响应信号，如果为低电平，表示有器件存在，如果为高电平，表示总线上没有器件；延时时间 I

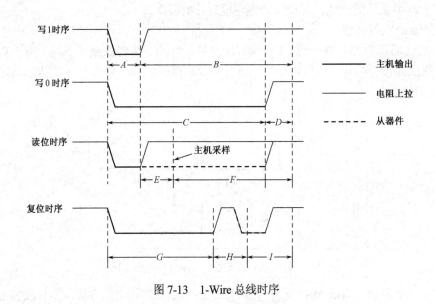

图 7-13　1-Wire 总线时序

表 7-5　1-Wire 总线时序推荐值

时间段	A	B	C	D	E	F	G	H	I
值（μs）	6	64	60	10	9	55	480	70	410

3. 1-Wire 总线的器件 ROM 码

为了正确访问不同的 1-Wire 总线器件，每个 1-Wire 总线器件都内置一个唯一的 64 位二进制 ROM 码，以标志其 ID 号。其中前 8 位是 1-Wire 家族码，中间 48 位是唯一的序列号，最后 8 位是前面 56 位的 CRC（循环冗余校验）码，如图 7-14 所示。

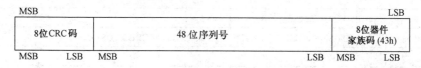

图 7-14　1-Wire 总线器件的 ROM 码格式

主机根据 ROM 码的前 56 位来计算 CRC 码，并与读取回来的值进行比较，判断接收的 ROM 码是否正确。CRC 码的多项式函数为 $CRC=X^8+X^5+X^4+1$。

4. 1-Wire 总线的命令

1-Wire 总线协议针对不同类型的器件规定了详细的命令，命令有两种类型。一类是 ROM 命令，每种命令均为 8 位，用来搜索、甄别从器件，实现从器件寻址或简化总线操作。另一类是器件操作的功能命令，如存储器操作、转换启动等，具体的命令与器件相关。常用的 ROM 命令有如下几种。

1）搜索 ROM 命令[F0h]

搜索 ROM 命令用来找出总线上挂接的所有从器件的 ROM 码，获取从器件的类型和数量。

2）读 ROM 命令[33h]

用来在总线上只有单一从器件的情况下读取从器件的 64 位 ROM 码。当总线上有多个从器件时，会发生数据冲突。

3）匹配 ROM 命令[55h]

用于选定总线上的从器件。匹配 ROM 命令后面跟随一个 64 位 ROM 码，只有与该 64 位 ROM 码完全匹配的从器件才能对主机的命令进行响应。该命令实现了总线上从器件的寻址。

4）跳过 ROM 命令[CCh]

该命令可以在不用发出 ROM 码的情况下对总线上的器件进行操作。根据器件的不同，该命令有不同的功能。例如，总线上挂接的设备为 DS18B20 温度传感器时，主机发出该命令后，紧接着发出温度转换的功能命令，可以令总线上所有的 DS18B20 进行温度转换。而总线上是存储器件时，如果总线上不止一个从器件，当一条 Read 命令紧跟一条跳过 ROM 命令发送时，会因多个从器件同时发送数据而导致数据冲突。这种情况下只适合单从器件系统。

5）重复命令[A5h]

该命令可以降低多从器件环境下对某一器件的重复操作的复杂度，提高数据的吞吐率。执行该命令时，首先检查 RC 标志状态，如果 RC 位为 1，则可利用该命令重复访问此器件。访问总线上的其他器件会清除 RC 位。

5. 1-Wire 总线的数据传输过程

所有 1-Wire 总线操作的流程为：先对总线上的器件进行初始化，然后利用搜索 ROM 指令寻找和匹配，指定待操作器件，接着发出功能指令，进行具体操作或传输数据。系统对从器件的各种操作必须按协议进行，只有主机呼叫时，从器件才能应答。如果命令顺序混乱，则总线将不能正常工作。

6. 常用的 1-Wire 总线器件

1-Wire 总线器件主要提供存储器、混合信号电路、身份识别、安全认证等功能。还有一种 iButton

形式的 1-Wire 总线器件，采用纽扣状不锈钢外壳封装，可通过瞬间接触进行数字通信，用于货币交易和高度安全的认证系统中。常用的 1-Wire 总线器件见表 7-6。

表 7-6　常用的 1-Wire 总线器件

类　型	型　号
存储器	DS2431, DS28EC20, DS2502, DS1993 等
温度传感元件和开关	DS28EA00, DS1825, DS1822, DS18B20, DS18S20, DS1922, DS1923 等
A/D 转换器	DS2450
计时时钟	DS2417, DS2422, DS1904
电池监护	DS2871, DS2762, DS2438, DS2775 等
身份识别和安全认证	DS1990A, DS1961S
1-Wire 总线控制器和驱动器	DS1WM, DS2482, DS2480B

7.3　串行存储器扩展

7.3.1　I²C 接口的 EEPROM 存储器扩展

在单片机应用系统设计中，由于单片机的 I/O 接口往往有复用功能，加之引脚数目的限制，在使用不同的功能时，I/O 接口引脚可能不够用。若所需 I/O 接口引脚数目较多，则可以考虑采用第 6 章所述的 I/O 接口扩展方法进行 I/O 接口扩展。若所需 I/O 接口引脚数目不多，则可以考虑将并行口改成串行口；若印制电路板尺寸不允许，这时也需考虑将并行器件改为串行器件，因为串行器件引脚较少，体积较小。

本节以 Microchip 公司 24CXX 系列的 EEPROM 存储器为例介绍 I²C 总线的存储器扩展技术。

1. 24CXX 系列串行 EEPROM 引脚功能

24CXX 系列是串行 EEPROM 器件，同 I²C 串行总线兼容，其容量从 256B 到 2KB 不等，器件型号及容量见表 7-7。其典型的 8 引脚 DIP 封装如图 7-15 所示，各引脚功能如下。

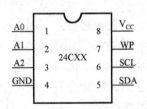

图 7-15　24CXX DIP 封装

- SDA：串行数据线。
- SCL：串行时钟线。
- WP：写保护输入，当 WP 接地时，允许 EEPROM 完成正常的读写操作；而当 WP 接电源电压 V_{CC} 时，EEPROM 处于写保护状态。
- A2、A1、A0：可编程地址输入，用于确定 EEPROM 在 I²C 串行总线上的地址。
- V_{CC} 和 GND：正电源与地。

表 7-7　常用 24CXX 系列串行 EEPROM 的有关信息

型　号	容量/B	I²C 连接数	页写字节数	器件地址引脚	读写控制位
24C01A	128	8	8	A2, A1, A0	R/$\overline{W}$
24C02	256	8	8	A2, A1, A0	R/$\overline{W}$
24C04	512	4	16	A2, A1, A0	R/$\overline{W}$
24C08	1K	2	16	A2, A1, A0	R/$\overline{W}$
24C16	2K	1	16	A2, A1, A0	R/$\overline{W}$

2．串行 EEPROM 寻址

由于 24CXX 系列器件是功能单一的存储器器件，因而在 I²C 总线中属于被控器件。若在 I²C 总线上连接 EEPROM 器件，则传输信息的目标地址部分的高 4 位地址用于识别存储器器件，低 3 位用于选择挂接在 I²C 总线上的目标存储器。

3．串行 EEPROM 操作

1）串行 EEPROM 字节写操作

字节写操作是指将数据随机写入 EEPROM 中的任意一个存储单元。为完成字节写操作，单片机应向 EEPROM 器件传送启停信号、器件地址、寻址单元地址和待写数据，根据 7.2.1 节有关信息传输过程所包含的信息描述，其操作过程如下：

（1）单片机发送起始信号 S；

（2）单片机发送器件地址及读写控制位（R/$\overline{W}$ = 0）；

（3）EEPROM 回送应答信号 ACK；

（4）单片机发送寻址单元地址；

（5）EEPROM 回送应答信号 ACK；

（6）单片机发送待写数据字节；

（7）EEPROM 回送应答信号 ACK；

（8）单片机发送终止信号 P。

2）串行 EEPROM 页写操作

串行 EEPROM 支持页操作，根据器件容量不同，页的大小不同，一般一页包括 8～16B。页写操作是指单片机在发送 EEPROM 器件地址与终止信号 P 之间，可以连续向 EEPROM 发送一页数据。在页写操作过程中，EEPROM 自动修改内部存储单元地址指针，并在收到终止 P 标志后将收到的数据写入相应的存储单元中。

3）串行 EEPROM 读操作

在信息传输过程中，若将读写控制位置 1（R/$\overline{W}$ = 1），则执行对 EEPROM 的读操作。串行 EEPROM 支持 3 种读操作，即当前地址读操作、随机读操作和顺序读操作。读操作类似写操作，仅是器件地址中的读写控制位置 1。在当前地址读操作过程中，单片机和被控 EEPROM 之间的信息交换描述如下：

（1）单片机发送起始信号 S；

（2）单片机发送读写控制位 R/$\overline{W}$ = 1；

（3）EEPROM 回送应答信号 ACK；

（4）EEPROM 输出当前地址的字节数据；

（5）单片机产生非应答信号 NACK；

（6）单片机发送终止信号 P，信息传输结束。

随机读操作方式由虚字节写周期开始，虚字节写周期由起始信号 S、器件地址和寻址目标地址组成，其后是当前地址读操作周期。顺序读操作方式采用当前地址读操作开始，或是采用随机读操作开始，在顺序读操作方式下，主机在接收每一字节数据后，都要检测是否存在应答信号 ACK，若在字节数据后检测到应答信号 ACK，继续进行 EEPROM 读操作，并传输下一字节数据，直至检测到非应答信号 NACK，就终止读出过程。

下面以 AT24C02 EEPROM 存储器芯片应用为例介绍串行存储器的扩展方法。

【例 7-1】 AT24C02 与单片机接口电路如图 7-16 所示，编写模拟 I²C 程序将单片机内部 RAM 10H 单元开始的 8 字节数据写入 AT24C02 的 50H~57H 单元中，再将 AT24C02 的 50H～57H

中的 8 个数据读出，存入单片机内部 RAM 的 20H~27H 中。

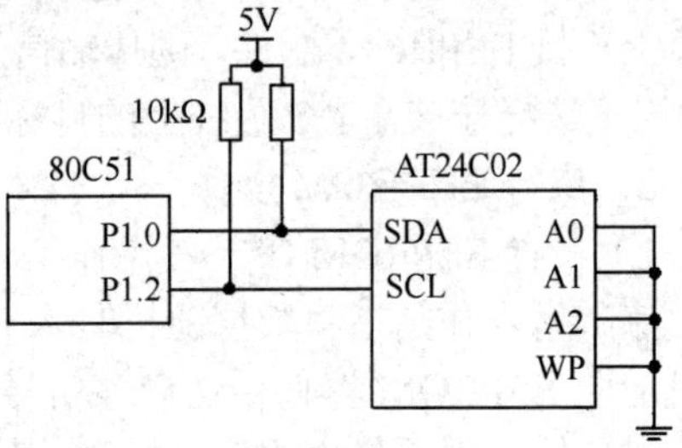

```
//**********************************
//系统使用 80C51 单片机,晶振频率为 12MHz
//单片机使用软件模拟 I²C 与 EEPROM 芯片交互数据
//EEPROM 芯片为 AT24C02
//本实例程序已通过应用测试
//**********************************
#include "reg51.h"
#include "intrins.h"

unsigned char data g_Dat[8] _at_ 0x10;
unsigned char data g_Buff[8] _at_ 0x20;

//定义 I²C 接口的数据线和时钟线
sbit SDA = P1^0;
sbit SCL = P1^2;

//*******************************************************
//函数名称: IIC_Start
//功    能: 产生 I²C 总线启动条件
//简要描述: 通过在 SCL 线为高时,SDA 线从高跳变到低产生启动条件
//           所有命令都必须以启动条件开始
//输    入: 无
//输    出: 无
//返    回: 无
//*******************************************************
void IIC_Start(void)
{
  SCL = 0;
  SDA = 1;              //将 SCL 线置低,SDA 线置高,为产生启动条件做准备
  _nop_();
  SCL = 1;             //将 SCL 线置高
  _nop_();
  SDA = 0;             //在 SCL 线为高期间,将原本为高的 SDA 线置低,产生启动条件
  _nop_();
  SCL = 0;
}


//*******************************************************
//函数名称: IIC_Stop
//功    能: 产生 I²C 总线停止条件
//简要描述: 通过在 SCL 线为高时,SDA 线由低跳变到高产生停止条件
//           所有操作都必须以停止条件结束
//输    入: 无
//输    出: 无
//返    回: 无
//*******************************************************
void IIC_Stop(void)
{
```

图 7-16　AT24C02 与单片机接口电路

```
  SCL = 0;
  SDA = 0;              //将 SCL 线和 SDA 线都置为低,为产生停止条件做准备
  _nop_();
  SCL = 1;              //将 SCL 线置高
  _nop_();
  SDA = 1;              //在 SCL 线为高期间,将原本为低的 SDA 线置高,产生停止条件
  _nop_();
  SCL = 0;
}


//********************************************************
//函数名称: IIC_BusWrite
//功    能: 产生总线字节写时序
//简要描述:
//输    入: unsigned char Dat --> 要写入的字节数据
//输    出: 无
//返    回: 收到从器件的应答时,返回 0,表示操作成功
//          未收到从器件的应答时,返回非 0,表示操作失败
//********************************************************
unsigned char IIC_BusWrite(unsigned char Dat)
{
  unsigned char i;

  for(i = 0; i < 8; i++)                        //每字节共计 8 位
  {
    SCL = 0;                                      //将 SCL 线置低,准备发出数据位
    (Dat & 0x80) ? (SDA = 1) : (SDA = 0);         //移出数据位到 SDA 线上
    Dat <<= 1;                                    //由高位到低位逐位发送
    _nop_();
    SCL = 1;                                      //将 SCL 线置高,发出数据位
  }

  _nop_();
  SCL = 0;                                        //将 SCL 线置低,准备产生应答时钟
  SDA = 1;                                        //将 SDA 线置高,以释放总线
  _nop_();
  SCL = 1;                                        //将 SCL 线由低置高,产生应答时钟
  _nop_();
  SCL = 0;
  if (SDA)                                        //SDA 线为高时,表示从器件无应答
  {
    return -1;                                    //未收到从器件的应答,返回非 0,操作失败
  }
  else
  {
    return 0;                                     //收到从器件的应答,返回 0,操作成功
  }
}


//********************************************************
```

```
//函数名称: IIC_BusRead
//功    能: 产生总线字节读时序
//简要描述:
//输    入: bit NAck
//            当NAck为0时,表示主器件将对本次读取产生应答
//            当NAck为1时,表示主器件将不对本次读取产生应答
//输    出: 无
//返    回: 从器件读回的字节数据
//****************************************************
unsigned char IIC_BusRead(bit NAck)
{
  unsigned char i,d;

  SCL = 0;                      //将SCL线置低,准备产生移位时钟沿
  SDA = 1;                      //释放SDA,准备接收数据
  for (i = 0; i < 8; i++)       //每字节共计8位
  {
    SCL = 1;                    //在SCL线上产生上升沿,以从从器件移出数据
    d <<= 1;
    d |= SDA;                   //最高位首先移入,故从左端将数据位存入
    SCL = 0;                    //将SCL线置低,准备读取下一位数据
  }

  SDA = NAck;                   //将应答位放在SDA线上
  _nop_();
  SCL = 1;                      //产生应答时钟
  _nop_();
  SCL = 0;
  SDA = 1;                      //释放总线

  return d;                     //返回读取到的数据字节
}


//****************************************************
//函数名称: IIC_StreamRead
//功    能: 随机连续字节读取
//简要描述: 从指定地址处开始,连续读取指定数量的字节数据
//输    入: unsigned char address --> 要读出的数据在AT24C02中的起始地址
//          unsigned char num  --> 要读出的数据字节的数量
//输    出: unsigned char * buff  --> 指向读出的数据的存放区
//返    回: 无
//****************************************************
void IIC_StreamRead(unsigned char address,
                    unsigned char num, unsigned char * buff)
{
  unsigned char i;

  if (0 == num) return;
  //初始化地址指针
  IIC_Start();                  //产生启动条件
```

```
  IIC_BusWrite(0xA0);                    //向 AT24C02 写入控制字节 0xA0,即 1010 0000
                                         //该控制字节由 4 位设备类型标识 1010,3 位设备
                                         //地址位(本例中 A2、A1、A0 均接地,故为 000)
                                         //和 1 位读写位(读为 1,写为 0)构成
  IIC_BusWrite(address);                 //随后写入要读取的数据字节流的起始地址

  //连续读
  IIC_Start();                           //再次产生一个启动条件
  IIC_BusWrite(0xA0 | 1);                //向 AT24C02 写入控制字节 0xA0,即 1010 0000
                                         //该控制字节由 4 位设备类型标识 1010,3 位设备
                                         //地址位(本例中 A2、A1、A0 均接地,故为 000)
                                         //和 1 位读写位(读为 1,写为 0)构成
  for (i = 0;i < (num - 1);i++) //随后逐字节读出数据
  {
    buff[i] = IIC_BusRead(0);
  }
                                         //读取最后一字节时,不产生应答,以通知
                                         //AT24C02 读取已完成
  buff[i] = IIC_BusRead(1);
  IIC_Stop();                            //产生停止条件
}


//*****************************************************
//函数名称: IIC_PageWrite
//功    能: 按页写入
//简要描述: 从指定地址处开始,连续写入指定数量的字节数据
//          注意,AT24C02 将 8 字节定义为一页,这意味着按页写入数据时
//          这些数据在 AT24C02 中的地址位的 A7~A3 位必须是相同的
//          同时也表明一次最多能写入 8 字节
//输    入: unsigned char address --> 要写入的数据在 AT24C02 中的起始地址
//          unsigned char num  --> 要写入的数据字节的数量
//          unsigned char * buff --> 指向要写入数据的存放区
//输    出: 无
//返    回: 无
//*****************************************************
void IIC_PageWrite(unsigned char address,
                   unsigned char num, unsigned char * buff)
{
  unsigned char i;

  //检查传入的参数是否正确
  if (0 == num) return;
  if (8 < num) return;
  if (((address & 7) + num) > 8) return;

  IIC_Start();                           //产生启动条件
  IIC_BusWrite(0xA0);                    //向 AT24C02 写入控制字节 0xA0, 即 1010 0000
                                         //该控制字节由 4 位设备类型标识 1010,3 位设备
                                         //地址位(本例中 A2、A1、A0 均接地,故为 000)
                                         //和 1 位读写位(读为 1,写为 0)构成
```

```
    IIC_BusWrite(address);              //随后写入要写入的数据字节流的起始地址

    for (i = 0; i < num; i++)           //然后逐字节写入数据
    {
      IIC_BusWrite(buff[i]);
    }

    IIC_Stop();                         //写入完成后,产生停止条件
}


//************************************************
//函数名称: IIC_StatePolling
//功    能: 器件状态查询
//简要描述: 用于查询在执行写入操作后,器件内部编程是否已完成
//输    入: 无
//输    出: 无
//返    回: unsigned char --> 0 表示器件已空闲,非 0 表示器件正忙
//************************************************
unsigned char IIC_StatePolling(void)
{
  unsigned char Temp;

  IIC_Start();                          //产生启动条件
  Temp = IIC_BusWrite(0xA0);            //向 AT24C02 写入写控制字节 0xA0
                                        //如果器件不忙,则返回 0,忙则返回非 0

  IIC_Stop();
  return Temp;
}

void main(void)
{
  {
    //将内部 RAM 中 10H 开始的 8 字节数据(数组 g_Dat)
    //写入 EEPROM 的 50H~57H 中
    unsigned char i;
    for (i = 0; i < 8; i++)
    {
      g_Dat[i] = i;                     //准备要写入的数据
    }
    IIC_PageWrite(0x50, 8, g_Dat);      //将数据写入 EEPROM
    while (IIC_StatePolling());         //等待写入完成
  }


  {
    //将 EEPROM 中 50H~57H 的 8 字节的数据读出
    //存入单片机内部 RAM 的 20H~27H 中(数组 g_Buff 中)
    IIC_StreamRead(0x50, 8, g_Buff);
  }

  while (1)
```

```
      {
          //处理其他事务
      }
  }
```

7.3.2　SPI 接口的大容量 Flash 存储器扩展

一般情况下，EEPROM 的存储容量比较小，如果单片机应用系统需要扩充大容量的非易失性存储器，则往往采用 Flash 存储器。Flash 存储器又称为"闪存"，具有电路结构较简单、相同容量占芯片面积较小和读写速度快的特点，适用于程序存储和大容量数据存储。Flash 存储器与EEPROM 在使用上最大的不同点在于二者寻址方法不同，Flash 存储器按扇区（Sector）、块（Block）或页（Page）操作，EEPROM 则按字节操作。

本节将以 AT45DB081D 为例介绍大容量 Flash 存储器的扩展技术。

1．AT45DB081D 串行 Flash 存储器介绍

AT45DBXXXX 系列是 Atmel 公司推出的低工作电压、可在系统编程、兼容 SPI 的 Flash 存储器，存储容量为 1～256MB。这种串行 Flash 存储器十分适宜要求存储密度高、引脚资源占用少、电源电压低和功耗小的商业和工业应用领域。

AT45DB081D 的存储容量为 8MB，其主要特点为：

- 工作电压为 2.5～3.6V，SI、SCK、$\overline{CS}$、$\overline{RESET}$、$\overline{WP}$ 输入口可承受 5V 电压。
- SPI 串行总线，支持 SPI 工作模式 0 和 SPI 工作模式 3，时钟频率最高可达 66MHz。
- 用户可定义页尺寸为 256B 或 264B。
- 分页操作，共分 4 096 页（256B 或 264B/页），支持页、块、扇区或芯片擦除。
- 内置两个 256B/264B SRAM 数据缓冲区，对页编程时允许缓冲区接收数据。
- 内置编程和控制定时器，所有的编程周期都是 AT45DB081 自己完成定时。
- 可通过指针进行连续读操作。
- 快速的页编程时间——典型值 7ms。
- 低功耗，读操作电流 7mA，待机电流 25μA。
- 每页最少 100 000 次的擦写次数。
- 在系统编程比较简单，无须高电压。

AT45DB081D 具有 SOIC 和 MLF 两种封装形式，常用的 SOIC
封装如图 7-17 所示。各引脚功能介绍如下。

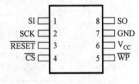

图 7-17　AT45DB081D
的封装形式和引脚图

- $\overline{CS}$：片选信号。
- SCK：SPI 总线的时钟信号。
- SI：串行数据输入。
- SO：串行数据输出。
- $\overline{WP}$：硬件页写保护。当 $\overline{WP}$ 为低电平时，由保护寄存器所指定的主存储区中的扇区不能被编程，处于保护状态。如果不使用该功能，则 $\overline{WP}$ 应挂起。
- $\overline{RESET}$：复位信号。用于终止操作过程，使芯片恢复到等待状态。由于芯片内部具有上电复位电路，因此在上电过程中对 $\overline{RESET}$ 引脚的电平没有要求。不使用的情况下可挂起。

2．AT45DB081D 的存储结构

AT45DB081D 的内部结构如图 7-18 所示，包括存储器阵列、I/O 接口和两个缓冲区，这两个 SRAM 缓冲区与主存储区的页面相同大小，极大地提高了整个系统的灵活性，简化了数据的读写过程。

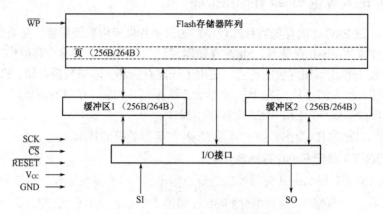

图 7-18　AT45DB081D 的内部结构图

AT45DB081D 按照扇区、块和页 3 种维度来组织存储器，共分为 16 个扇区，512 块和 4 096 页。每个扇区的容量大小可能不同，如图 7-19 所示。AT45DB081D 所有的串行 Flash 编程操作都是基于页进行的，擦除操作可以按页、块、扇区或芯片进行。

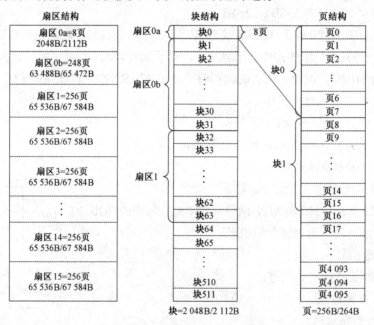

图 7-19　AT45DB081D 内部存储器结构图

由于 AD45DB081D 具有用户可设定的两种页面尺寸结构，因此寻址时地址位有所不同。当采用标准的 264B 页面尺寸时，缓冲区的地址采用 9 个地址位 BFA8～BFA0，用来寻址缓冲区内的某一字节地址；主存储区采用 12 个页面地址位 PA11～PA0，用来确定所需访问的页面地址，然后利用 9 个地址位 BA8～BA0 来寻址每个页面内的字节地址。

当采用 256B 页面尺寸时，缓冲区的地址采用 8 个地址位 BFA7～BFA0，用来寻址缓冲区内的某一字节地址；主存储区采用 A19～A0 地址位来寻址，其中高 12 位 A19～A8 用来确定所需访问的页面地址，然后利用 8 个地址位 A7～A0 来寻址每个页面内的字节地址。

3．AT45DB081D 的寄存器

1）状态寄存器

AT45DB081D 有一个 8 位的状态寄存器（Status Register），用来指示设备的操作状态。通过发送读状态寄存器命令，可将状态寄存器的数据从最高位开始依次读出。状态寄存器各位的意义见表 7-8。

表 7-8　AT45DB081D 的状态寄存器各位的意义

位 7	位 6	位 5	位 4	位 3	位 2	位 1	位 0
准备好/忙	比较	1	0	0	1	保护	页面尺寸

其中，位 7 表示芯片现在的工作状态，是否允许进行编程操作，为 1 时处于准备好状态，为 0 表示忙。位 6 反映了主存储器阵列中存储页与缓冲区相比较的结果，为 0 表示相同，为 1 表示不同。位 5～2 表示芯片的存储容量，AT45DB081B 为 1001。位 1 表示扇区保护功能是否被允许，1 表示允许，0 表示禁止。位 0 表示页面尺寸，1 表示 256B/页，0 表示 264B/页。

2）扇区保护寄存器

AT45DB081D 内部有一个 16B 的扇区保护寄存器（Sector Protection Register），用来指定 16 个扇区中相应的某一扇区是否处于保护状态。对于扇区 1～15 而言，当对应字节被编程为 FFH 时，该扇区被保护；为 00H 时，处于可擦写状态。由于 0 扇区分为扇区 0a 和扇区 0b 两个部分，与其他扇区略有不同（见表 7-9），扇区保护寄存器内容的读取和修改需要通过相应操作命令进行。

表 7-9　AT45DB081D 的扇区 0 保护寄存器信息

	位 7,6	位 5,4	位 3～0	数　据
扇区 0 不被保护	00	00	××××	0XH
保护扇区 0a	11	00	××××	CXH
保护扇区 0b	00	11	××××	3XH
保护扇区 0a 和 0b	11	11	××××	FXH

3）扇区锁定寄存器

AT45DB081D 还包括一个 16B 的扇区锁定寄存器（Sector Lockdown Register），用来锁定 16 个扇区中的任一扇区。当某一扇区被锁定后，将永久地变为只读状态，而且将不能解锁。

对于扇区 1～15 而言，当对应字节被编程为 FFH 时，该扇区被锁定；为 00H 时，该扇区处于正常状态。对于扇区 0，当字节内容为 00H 时为正常状态，为 C0H 时锁定扇区 0a，为 30H 时锁定扇区 0b，为 F0H 时锁定扇区 0a 和 0b。扇区锁定寄存器内容的读取和写入也需要通过相应操作命令进行。

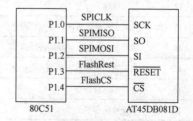

图 7-20　AT45DB081D 与单片机接口

4．AT45DB081D 的操作

AT45DB081D 和单片机的接口比较简单，在单片机没有内置的 SPI 控制器时，可采用 I/O 接口与芯片连接，如图 7-20 所示，然后利用软件编程实现 SPI 总线传输协议。

为了使存储器进行所需的操作，如读、写、擦除等，必须由主机通过 SI 引脚向存储器发出

相应的操作命令,然后从 SO 或 SI 引脚读出或写入数据。命令的格式一般为操作命令码+地址码。图 7-21(a)和(b)分别是页面尺寸为 256B 和 264B 时 AT45DB081D 基本的操作命令格式。常用的操作命令见表 7-10。

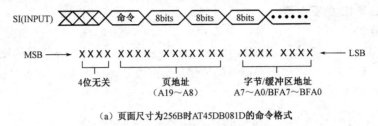

(a) 页面尺寸为256B时AT45DB081D的命令格式

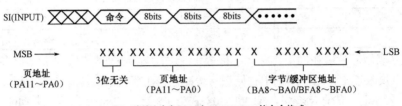

(b) 页面尺寸为264B时AT45DB081D的命令格式

图 7-21　AT45DB081D 基本的操作命令格式

表 7-10　AT45DB081D 常用的操作命令

序　号	操　作	操作命令码	
1	读主存储区页面	D2H	
2	读状态寄存器	D7H	
3	连续读	03H,0BH	
4	读缓冲区	D1H,D4H(缓冲区 1)	D3H,D6H(缓冲区 2)
5	写缓冲区	84H(缓冲区 1)	87H(缓冲区 2)
6	擦写主存储区页面并将缓冲区内容写入	83H(缓冲区 1)	86H(缓冲区 2)
7	不擦写主存储区页面直接将缓冲区内容写入	88H(缓冲区 1)	89H(缓冲区 2)
8	通过缓冲区写主存储区页面(操作 5 和操作 6 的组合)	82H(缓冲区 1)	85H(缓冲区 2)
9	页面擦除	81H	
10	块擦除	50H	
11	扇区擦除	7CH	
12	芯片擦除	C7H+94H+80H+9AH	
13	传送主存储区页面内容到缓冲区	53H(缓冲区 1)	55H(缓冲区 2)
14	比较主存储区页面和缓冲区内容	60H(缓冲区 1)	61H(缓冲区 2)
15	自动重写缓冲区内容到主存储区页面	58H(缓冲区 1)	59H(缓冲区 2)
16	允许扇区保护命令	3DH+2AH+7FH+A9H	
17	禁止扇区保护命令	3DH+2AH+7FH+9AH	
18	擦除扇区保护寄存器	3DH+2AH+7FH+CFH	
19	编程扇区保护寄存器	3DH+2AH+7FH+FCH	
20	读扇区保护寄存器	32H	
21	扇区锁定	3DH+2AH+7FH+30H	

注意：表 7-10 只列出了操作命令码，实际上每个命令执行时主机需要发送由操作命令码+地址信息+无关位组成的命令序列，才能进行正常操作。而且有些命令不需要附加地址信息，例如读状态寄存器命令只有操作码。大部分的命令是单字节操作码，如读主存储区页面等。一些特殊功能命令是多字节组成的命令序列，如扇区锁定命令。同时，还要注意页面尺寸不同时命令序列也不相同。

连续读命令在发出命令并提供了初始地址后，只要提供时钟信号，在内部地址计数器的作用下就可以从主存储区中连续地读出数据，而不需要再提供地址信号。当读到页的结尾时，会无迟延地从下一页开始读取。当到达主存储区的结尾时，会返回到第一页的第一字节进行读取。$\overline{CS}$ 信号的上升沿中断读操作。其中，0BH 是高速连续读指令，SCK 频率最高为 66MHz；03H 是低速读指令，SCK 频率最高为 33MHz。

下面以页面尺寸为 256B 为例介绍连续读命令的使用。主机发送操作命令 0BH+3 字节的地址信息+8 个无关位组成的命令序列。其中，3 字节的地址信息由 4 个保留位+A19～A0 组成，高 12 位 A19～A8 用来确定所需访问的页面地址，然后利用 8 个地址位 A7～A0 来寻址每个页面内的字节地址。在命令序列发送完后的下一个 SCK 信号时，芯片将通过 SO 引脚输出数据。页面尺寸为 256B 时连续读命令的时序如图 7-22 所示。

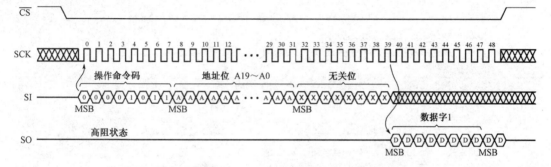

图 7-22　页面尺寸为 256B 时连续读命令的时序图

读主存储区页面命令用来读取 4 096 页中某一页的数据，该命令执行时，缓冲区的内容保持不变。当读到页的结尾时，自动返回到该页的起始位置读取数据。$\overline{CS}$ 信号的上升沿中断读操作。

读缓冲区命令可以读取缓冲区中的数据。其中，D4H 和 D6H 是高速读命令，D1H 和 D3H 是低速读命令。$\overline{CS}$ 信号的上升沿中断读操作。

写缓冲区命令用于将数据写入缓冲区。在地址信息的最低位传输完成的下一个时钟脉冲数据被写入缓冲区，当写到缓冲区的结尾时，会从缓冲区的开始位置写入。$\overline{CS}$ 信号的上升沿结束数据的传输。

擦写主存储区页面并将缓冲区内容写入命令用来将缓冲区的数据写入主存储区。在发送完规定的命令序列后并拉高 $\overline{CS}$ 信号，芯片将自动擦除命令序列中指定的页面，然后将缓冲区的数据写入相应的页面。在此过程中芯片处于忙状态，状态寄存器中准备好/忙位为 0。

限于篇幅，其他命令请参考芯片手册。

下面以 AT45DB081D 芯片应用为例介绍串行 Flash 存储器扩展的方法。

【例 7-2】　AT45DB081D 与单片机接口电路如图 7-20 所示，编写模拟 SPI 程序，将单片机内部 RAM 10H 单元开始的 8 字节数据写入 AT45DB081D 的 50H～57H 单元中，再将 AT45DB081D 的 50H～57H 单元中的 8 字节数据读出，存入单片机内部 RAM 的 20H～27H 中。

```
//*********************************************************
//系统使用 80C51 单片机,晶振频率为 12MHz
//单片机使用软件模拟 SPI 工作模式 3 与 Flash 芯片交互数据
//Flash 芯片 AT45DB081D 配置为 256 字节/页
//本实例程序已通过应用测试
//*********************************************************
#include "reg51.h"

unsigned char data g_Dat[8] _at_ 0x10;
unsigned char data g_Buff[8] _at_ 0x20;

//定义单片机与 Flash 芯片 AT45DB081D 连接的各引脚
sbit  SCK       = P1^0;           //Flash 芯片 SPI 接口 SCK 线
sbit  MISO      = P1^1;           //Flash 芯片 SPI 接口 MISO 线
sbit  MOSI      = P1^2;           //Flash 芯片 SPI 接口 MOSI 线
sbit  FlashRst  = P1^3;           //Flash 芯片复位线
sbit  FlashCS   = P1^4;           //Flash 芯片片选线

//*********************************************************
//函数名称: SPI_SendOneByte
//功    能: 单片机(主器件)向 Flash(从器件)发送 1 字节数据
//简要描述:
//输    入: unsigned char dat --> 要发送的数据
//输    出: 无
//返    回: 无
//*********************************************************
void SPI_SendOneByte(unsigned char dat)
{
  unsigned char i;

  for (i = 8; i; i--)
  {
    SCK = 0;                      //将 SPI 时钟线拉低
                                  //数据高位先移出
    (dat & 0x80) ? (MOSI = 1) : (MOSI = 0);
    dat <<= 1;                    //左移一位, 使数据逐位发出
    SCK = 1;                      //将 SPI 时钟线由低拉高, 以使数据位
                                  //从 MOSI 线上移入 Flash
  }
}


//*********************************************************
//函数名称: SPI_GetOneByte
//功    能: 单片机(主器件)从 Flash(从器件)获取 1 字节数据
//简要描述:
//输    入: 无
//输    出: 无
//返    回: unsigned char --> 获取到的数据
//*********************************************************
```

```
unsigned char SPI_GetOneByte(void)
{
  unsigned char i;
  unsigned char dat = 0;

  for (i = 8; i; i--)
  {
    SCK = 0;                      //产生下降沿,从 Flash 移出数据位
    dat <<= 1;                    //数据高位先移出
    if (MISO) dat |= 1;           //存储收到的数据位
    SCK = 1;                      //将 SCK 线拉高,以准备获得下一位数据
  }

  return dat;
}


//*********************************************************
//函数名称: FlashMMPageRead
//功    能: 单片机对 Flash 执行“主存储区页读取”
//简要描述:
//输    入: unsigned int   PageAddress -->  页地址
//             unsigned int   ByteAddress --> 字节在页中所处的地址
//             unsigned int   ByteNum     --> 欲读取的字节数
//输    出: unsigned char * pRcvBuff   --> 读取到的数据的存放区的指针
//返    回: unsigned char --> 0 表示读取成功,非 0 表示读取失败
//*********************************************************
unsigned char FlashMMPageRead(unsigned int PageAddress,
                unsigned int ByteAddress, unsigned int ByteNum,
                unsigned char * pRcvBuff)
{
  unsigned long AddTemp = 0;
  unsigned int i;

  //检查传入的参数的合法性
  if (PageAddress > 4095) return -1;
  if (ByteAddress > 255)  return -1;
  if (ByteNum > 256)      return -1;
  if ((ByteAddress + ByteNum) > 256)  return -1;

  //构造向 Flash 发送的地址信息
  AddTemp += PageAddress;         //首先将页地址加入
  AddTemp <<= 8;                  //然后左移 8 位,以备低 8 位存入字节地址
  AddTemp += ByteAddress;         //将字节地址加入

  //执行读取
  FlashCS = 0;                    //选中 Flash
  SPI_SendOneByte(0xD2);          //向 Flash 发送主存储区页读取命令码 D2H
                                  //向 Flash 发送 3 字节地址信息
  SPI_SendOneByte(((unsigned char *)&AddTemp)[1]);
  SPI_SendOneByte(((unsigned char *)&AddTemp)[2]);
```

```
    SPI_SendOneByte(((unsigned char *)&AddTemp)[3]);
                              //发送4字节无关数据,以启动读取
    SPI_SendOneByte(0xFF);
    SPI_SendOneByte(0xFF);
    SPI_SendOneByte(0xFF);
    SPI_SendOneByte(0xFF);

    for (i = ByteNum; i; i--)      //连续读取指定字节的数据
    {
      *pRcvBuff = SPI_GetOneByte();
    }

    FlashCS = 1;                   //释放Flash
    return 0;                      //读取成功
}


//**********************************************************
//函数名称：FlashMMPageToBuff
//功      能：单片机对Flash执行"主存储区页传送到Buffer"
//简要描述：
//输      入: unsigned int  PageAddress --> 页地址
//           unsigned char BuffID      --> 0表示传送到Buffer1
//                                         1表示传送到Buffer2
//输      出：无
//返      回: unsigned char --> 0表示操作成功,非0表示操作失败
//**********************************************************
unsigned char FlashMMPageToBuff(unsigned int  PageAddress,
                               unsigned char BuffID)
{
  //检查传入的参数的合法性
  if (PageAddress > 4095) return -1;
  if (BuffID > 1)         return -1;

  //执行传送
  FlashCS = 0;                     //选中Flash
                                   //使用Buffer1时,发送命令码53H
                                   //使用Buffer2时,发送命令码55H
  BuffID ? SPI_SendOneByte(0x55) : SPI_SendOneByte(0x53);
                                   //向Flash发送2字节地址信息
  SPI_SendOneByte(((unsigned char *)&PageAddress)[0]);
  SPI_SendOneByte(((unsigned char *)&PageAddress)[1]);
                                   //发送1字节无关数据
  SPI_SendOneByte(0xFF);

  FlashCS = 1;                     //释放Flash
  return 0;                        //读取成功
}


//**********************************************************
//函数名称：FlashBuffWrite
```

```
//功    能: 单片机对 Flash 执行 "Buffer 写"
//简要描述:
//输    入: unsigned int    ByteAddress --> Buffer 中的写入地址
//          unsigned int    ByteNum     --> 欲写入的字节数量
//          unsigned char * pDatBuff    --> 欲写入的数据区的指针
//          unsigned char   BuffID      --> 0 表示写入 Buffer1
//                                          1 表示写入 Buffer2
//输    出: 无
//返    回: unsigned char --> 0 表示操作成功, 非 0 表示操作失败
//*******************************************************
unsigned char FlashBuffWrite(unsigned int    ByteAddress,
                    unsigned int  ByteNum, unsigned char * pDatBuff,
                    unsigned char   BuffID)
{
  unsigned char i;

  //检查传入的参数的合法性
  if (BuffID > 1)            return -1;
  if (ByteAddress > 255)  return -1;
  if (ByteNum > 256)         return -1;
  if ((ByteAddress + ByteNum) > 256)  return -1;

  //执行写入
  FlashCS = 0;                       //选中 Flash
                                     //写 Buffer1 时, 发送命令码 84H
                                     //写 Buffer2 时, 发送命令码 87H
  BuffID ? SPI_SendOneByte(0x87) : SPI_SendOneByte(0x84);
                                     //向 Flash 发送 2 字节无关数据
  SPI_SendOneByte(0xFF);
  SPI_SendOneByte(0xFF);
                                     //向 Flash 发送 1 字节地址信息
  SPI_SendOneByte(((unsigned char *)&ByteAddress)[1]);
                                     //向 Flash 发送欲写入 Buffer 的数据
  for (i = 0; i < ByteNum; i++)
  {
    SPI_SendOneByte(pDatBuff[i]);
  }

  FlashCS = 1;                       //释放 Flash

  return 0;                          //读取成功
}

//*******************************************************
//函数名称: FlashBuffToMMPageWE
//功    能: 单片机对 Flash 执行 "带擦除的 Buffer 到主存储区编程"
//简要描述:
//输    入: unsigned int  PageAddress --> 欲编程的主存储区页地址
//          unsigned char BuffID       --> 0 表示使用 Buffer1
//                                         1 表示使用 Buffer2
```

```
//输    出: 无
//返    回: unsigned char --> 0 表示操作成功,非 0 表示操作失败
//**********************************************************
unsigned char FlashBuffToMMPageWE(unsigned int  PageAddress,
                                   unsigned char BuffID)
{
  //检查传入的参数的合法性
  if (PageAddress > 4095) return -1;
  if (BuffID > 1)         return -1;

  //执行编程
  FlashCS = 0;                        //选中 Flash
                                      //使用 Buffer1 时,发送命令码 83H
                                      //使用 Buffer2 时,发送命令码 86H
  BuffID ? SPI_SendOneByte(0x86) : SPI_SendOneByte(0x83);
                                      //向 Flash 发送 2 字节地址信息
  SPI_SendOneByte(((unsigned char *)&PageAddress)[0]);
  SPI_SendOneByte(((unsigned char *)&PageAddress)[1]);
                                      //发送 1 字节无关数据
  SPI_SendOneByte(0xFF);

  FlashCS = 1;                        //释放 Flash 后,Flash 内部开始执行编程

  return 0;                           //读取成功
}


//**********************************************************
//函数名称: FlashReadStateReg
//功    能: 单片机读 Flash 的状态寄存器
//简要描述:
//输    入: 无
//输    出: 无
//返    回: unsigned char --> Flash 状态寄存器内容
//**********************************************************
unsigned char FlashReadStateReg(void)
{
  unsigned char Temp;

  FlashCS = 0;                        //选中 Flash
  SPI_SendOneByte(0xD7);              //发送命令码 D7H
  Temp = SPI_GetOneByte();            //读取状态寄存器
  FlashCS = 1;                        //释放 Flash

  return Temp;                        //返回读取结果
}

void main(void)
{
  {
    //将内部 RAM 中 10H 开始的 8 字节数据(数组 g_Dat)
```

```
                    //写入 Flash 的 50H～57H 中
                    unsigned char i;
                    for (i = 0; i < 8; i++)
                    {
                      g_Dat[i] = i;                    //准备要写入的数据
                    }

                    FlashMMPageToBuff(0, 0);         //先将相应页的内容全部读取到 Buffer1 中
                                                     //等待读取完成
                                                     //状态寄存器位 7 为 1 表示读取完成
                    while (!(FlashReadStateReg() & 0x80));
                                                     //修改 Buffer1，将数据写入其中
                    FlashBuffWrite(0x50, 8, g_Dat, 0);
                                                     //将修改后的 Buffer 写入 Flash 中
                    FlashBuffToMMPageWE(0, 0);
                                                     //等待写入完成
                                                     //状态寄存器位 7 为 1 表示写入完成
                    while (!(FlashReadStateReg() & 0x80));
                }

                {
                //将 Flash 中 50H～57H 的 8 字节的数据读出
                //存入单片机内部 RAM 的 20H～27H(数组 g_Buff 中)中
                FlashMMPageRead(0, 0x50, 8, g_Buff);
                }

                while (1)
                {
                //处理其他事务
                }
            }
```

7.4　串行转并行 I/O 接口扩展

　　随着单片机应用系统的微型化，许多单片机本身的 I/O 引脚较少，可利用串行总线扩展 I/O 接口芯片，增加系统的 I/O 接口，还有利于减小印制电路板布线的复杂度和体积。常用的串行总线扩展 I/O 接口的芯片主要有 NXP、TI 和 Maxim 公司的产品，这几个公司均生产 I^2C 和 SPI 接口的通用并行 I/O 接口（GPIO）扩展芯片，可以扩展 8 位和 16 位，甚至到 40 位的 GPIO。本节以 NXP 公司的 PCA9534 为例介绍利用串行总线扩展 I/O 接口的方法。

7.4.1　串行转并行 I/O 扩展芯片的工作原理

1. PCA9534 芯片介绍

　　PCA9534 通过 I^2C 总线实现单片机的 I/O 接口扩展。该器件有 8 位 GPIO，单独的 I/O 接口配置，具有大电流驱动能力，可直接驱动 LED。具有中断输出引脚（$\overline{INT}$），可向单片机发送中断信号。

　　PCA9534 的内部结构如图 7-23（a）所示，其主要特性如下：

- 工作电压为 2.3～5.5V，I/O 接口可承受 5V 电压。

- 8 位远程 I/O 接口，上电默认为输入口。
- 极性翻转寄存器。
- 输出电流可达 10mA，灌电流可达 25mA，总灌电流的能力达到 200mA。
- 中断开漏输出，低电平有效。
- SCL/SDA 输入的噪声滤波器。
- 上电时无干扰脉冲信号。
- 内部上电复位。
- 在 3 个地址引脚下，同一条 I²C 总线上可以同时挂接 8 个器件。
- 低待机电流（最大为 1μA）。
- 工作温度为–40～+85℃。
- 400kHz 的 I²C 总线接口。

PCA9534 典型的 16 引脚 DIP 封装如图 7-23（b）所示，各引脚功能介绍如下。

- SDA：串行数据线。
- SCL：串行时钟线。
- A0～A2：可编程地址输入，用于确定 PCA9534 在 I²C 串行总线上的地址。
- I/O0～I/O3：准双向 I/O 接口 0～3。
- I/O4～I/O7：准双向 I/O 接口 4～7。
- $\overline{INT}$：中断输出（低电平有效）。
- V_{SS}：地。
- V_{DD}：电源。

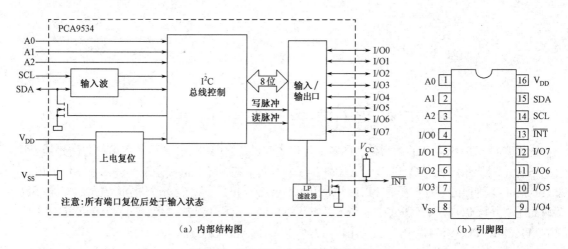

图 7-23　PCA9534 内部结构和引脚图

2. PCA9534 的寻址和内部寄存器

PCA9534 地址的固定位为 0100，用于识别 I²C 的器件类型，根据 A0～A2 的配置，在地址的低 3 位选择 I²C 总线上的目标器件。例如，当 A0 接 V_{CC}，A1 和 A2 接 GND 时，器件的地址为 0x21h。

PCA9534 包含一个 8 位配置寄存器，单片机通过相应的配置位选择每个 I/O 引脚是输入还是输出。PCA9534 还包含一个 8 位输入寄存器、8 位输出寄存器，用来保存输入或输出的数据。寄存器的选择和操作通过命令字节进行。PCA9534 的寄存器和命令字节见表 7-11。

表 7-11　PCA9534 的寄存器和命令字节

控制寄存器位		命令字节（HEX）	寄 存 器	协 议	默 认 值
B0	B1				
0	0	0x00	输入寄存器	字节读	×××× ××××
0	1	0x01	输出寄存器	字节读写	1111 1111
1	0	0x02	极性翻转寄存器	字节读写	0000 0000
1	1	0x03	配置寄存器	字节读写	1111 1111

输入寄存器是只读寄存器，它反映了 I/O 引脚的逻辑电平状态。

输出寄存器反映了定义为输出引脚的逻辑电平，该寄存器的值对输入引脚没有影响。

极性翻转寄存器允许用户翻转输入寄存器中位的极性。当该寄存器中某一位被置 1 时，则输入寄存器中相应位的极性被翻转。如果某一位置 0，则输入寄存器中相应位的极性保持不变。

配置寄存器用于设置指定的接口为输入还是输出。当某位置 1 时，相应的引脚被指定为输入；若为 0，则该引脚为输出。

3．PCA9534 的总线操作

在发送完地址字节后，主器件要发送一个命令字节，这个命令字节被存储在 PCA9534 的寄存器中。命令字节的低两位指定了对内部哪一个寄存器进行读写操作。当命令字节发送后，指定的寄存器被选中，除非利用新的命令字节选择其他的寄存器，否则一直对该寄存器进行操作。

1）写寄存器操作

按照 I²C 规约，将地址帧的最低位置 0，发送完地址帧并且在 PCA9534 应答后，发送命令字节，在 PCA9534 应答后接着发送要写入寄存器的数据，如图 7-24 所示。

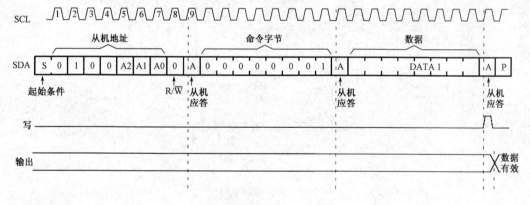

图 7-24　PCA9534 的写寄存器操作

2）读寄存器操作

将地址帧的最低位置 0，发送完地址帧并且在 PCA9534 应答后，发送命令字节，确定要访问的寄存器。在 PCA9534 应答后，将地址帧的最低位置 1，此时单片机成为接收方，而 PCA9534 成为发送方，单片机接收 PCA9534 发出的数据，并给出应答信号，如图 7-25 所示。

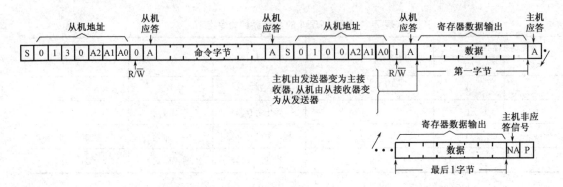

| S | 0 | 1 | 3 | 0 | A2 | A1 | A0 | 0 | A | 命令字节 | A | S | 0 | 1 | 0 | 0 | A2 | A1 | A0 | 1 | A | 数据 | A |

从机地址　　从机应答　　从机应答　　从机地址　　从机应答　　寄存器数据输出　　主机应答

R/$\overline{W}$

主机由发送器变为主接收器,从机由从接收器变为从发送器

R/$\overline{W}$　　第一字节

寄存器数据输出　　主机非应答信号

| 数据 | NA | P |

最后1字节

图 7-25　PCA9534 的读寄存器操作

4.PCA9534 的中断

当输入接口的电平状态与保存在输入寄存器相应位的状态不同时,芯片的 $\overline{INT}$ 输出变为有效,向单片机指出输入信号发生了变化。

7.4.2　串行总线扩展 I/O 接口实例

下面以 PCA9534 芯片为例介绍利用串行总线扩展 I/O 接口的方法。

【例 7-3】 以 STC90C54 单片机作为主控芯片,利用 PCA9534 为单片机扩展 4 位键盘输入和 4 位开关量输出信号,单片机的 P1.4 引脚与 PCA9534 的 SDA 引脚相连,P1.5 引脚与 PCA9534 的 SCL 引脚相连,PCA9534 的 A0~A2 接地,中断 $\overline{INT}$ 连接到 $\overline{INT0}$。硬件接口电路如图 7-26 所示。

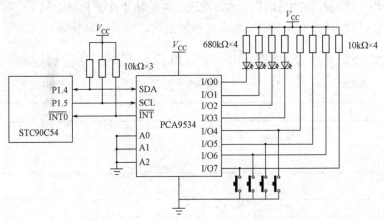

图 7-26　硬件接口电路

编写 C 程序如下:

```
#include "reg51.h"
#include "intrins.h"
#include "STC90.h"                  //包含 STC9054 头文件
#include "I2C.h"                     //包含 I²C 头文件
#define uchar unsigned char
#define PCA9534 0x40                 //定义从器件地址
sbit SDA=P1^4;                       //模拟 I²C 数据传送位
sbit SCL=P1^5;                       //模拟 I²C 时钟控制位
```

```
extern bit ISendStr(uchar sla,uchar suba,uchar *s,uchar no);
extern bit IRcvStr(uchar sla,uchar suba,uchar *s,uchar no);
void Delayms(void)                    //Delayms:ms 级别延时子程序
{
    uchar i,j;
    for (i=0;i<0xfe;i++) {
        for(j=0;j<0xff;j++);
    }
}
void main(void)
{
    uchar buff1[1]={0xf0};   //配置 I/O 接口的方向,高 4 位为输入口,低 4 位为输出口
    uchar buff2[1];
    Delayms();
    while(1){
        ISendStr(PCA9534,0x03,buff1,0x1);    //发送命令字 03,设置 I/O7~I/O4
                                             //为输入,I/O3~I/O0 为输出
        IRcvStr(PCA9534,0x00,buff2,0x1);     //从 PCA9534 数据到 buff2,
                                             //读 I/O 当前状态值
        buff2[1]=~(*buff2<<4);
        ISendStr(PCA9534,0x01,buff2,0x1);    //发送命令字 0x01,
                                             //把数据发送出去
    }
}
```

思考题与习题 7

7-1 说明 I^2C 总线主机与从机的数据传输过程。

7-2 I^2C 总线如何扩展两个以上相同的外部芯片?

7-3 根据 I^2C 总线协议,编写 I^2C 总线数据传输程序。

7-4 SPI 总线有几种工作模式? 各模式的区别是什么?

7-5 SPI 总线与 I^2C 总线在扩展多个外部器件时有何不同?

7-6 EEPROM 与 Flash 存储器在使用上有何不同?

7-7 根据 SPI 工作模式 0 的时序图,采用 MCS-51 单片机 P1 口的 P1.0、P1.1 和 P1.2 分别作为 SCK、MISO 和 MOSI,试编写 SPI 数据传输程序。

7-8 简述 1-Wire 总线的操作原理。

第8章 单片机系统外设串行扩展技术

本章教学要求：

（1）熟悉串行键盘和 LED 显示器的扩展方法。

（2）熟悉串行 A/D 转换接口的扩展方法。

（3）熟悉串行 D/A 转换接口的扩展方法。

8.1 串行键盘和 LED 显示器扩展

键盘和显示器作为人机交互接口在智能仪器或电子设备中是不可缺少的一部分，传统的键盘和显示接口大都采用并行口方式，电路连接比较复杂，占用单片机较多的硬件资源。对于键盘接口设计，需要软件进行扫描、防抖和解码；对于动态 LED 显示电路，还需要定时刷新，占用较多的机时。目前众多厂家都推出了基于串行总线的键盘和显示芯片，典型的器件有 Maxim 公司的 MAX7219、MAX6953、MAX6954 等，国内一些厂家也推出了类似产品，如 HD7279、CH451 和 ZLG7290 等。与传统的并行口的键盘显示芯片 Intel 8279 相比，这些芯片具有集成度高，外围电路简单，驱动能力强，不需要外置驱动等优点，其中最显著的特点是与 CPU 接口电路简单，布线简单，节省 I/O 资源。

本节以 ZLG7290B 为例介绍串行总线扩展键盘和 LED 显示器的方法。

8.1.1 串行键盘和 LED 显示器控制芯片的工作原理

1. ZLG7290B 芯片介绍

ZLG7290B 是采用 I^2C 总线的数码管显示驱动和键盘接口芯片。ZLG7290B 的段电流可达 20mA，位电流可达 100mA 以上，可直接驱动 1 英寸以下的 8 位共阴极数码管，通过增加驱动电路可驱动大尺寸的数码管。该芯片可进行闪烁、段点亮、段熄灭控制，有 10 个数字码和 21 个字母的译码显示功能，或者直接向显示缓冲区写入显示数据；能实现最多 64 只按键的扫描和管理，自动消除抖动。内部有连击计数器，能够使某键按下后不松手而连续有效，从而简化特殊键的软件设计。

ZLG7290B 的内部结构如图 8-1 所示。ZLG7290B 还具有中断功能，当按下某个普通键时，ZLG7290B 的 $\overline{INT}$ 引脚会产生一个低电平的中断请求信号。当读走键值后，中断信号就会自动撤销。

ZLG7290B 具有 DIP24 和 SOP24 两种封装形式，引脚图如图 8-2 所示，引脚定义如下。

- SA/KR0～SG/KR6：数码管段 a～段 g 驱动输出，同时也作为键盘行 0～行 6 的扫描信号。
- DP/KR7：数码管 dp 段驱动输出，也是键盘行 7 的扫描信号。
- DIG0/KC0～DIG7/KC7：数码管位选信号 0～7，也作为键盘列 0～列 7 的扫描信号。
- $\overline{INT}$：键盘中断请求信号，低电平（下降沿）有效。
- $\overline{RST}$：复位信号，低电平有效。
- OSC1：晶振输入信号。
- OSC2：晶振输出信号。
- SCL：I^2C 总线时钟信号。

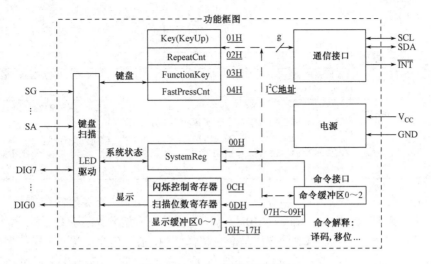

图 8-1　ZLG7290B 的内部结构

- SDA：I^2C 总线数据信号。
- V_{CC} 和 GND：正电源与地，V_{CC} 的范围为＋3.3～5.5V。

ZLG7290B 有 8 个键盘行扫描信号和 8 个键盘列扫描信号，可以实现 64 只行列矩阵键盘。其中，键盘行 7 的扫描信号（KR7）与 8 个列扫描信号（KC0～KC7）形成的 8 个按键可以作为功能键使用。功能键可以像计算机键盘上的 Shift、Ctrl 和 Alt 键一样配合普通键使用，也可以像计算机键盘上的 F1～F12 键单独使用。与普通按键不同的是，功能键按下时产生一次中断信号，释放时也会产生一次中断信号。

1	SC/KR2	SB /KR1	24
2	SD/KR3	SA /KR0	23
3	DIG3/KC3	DIG4/ KC4	22
4	DIG2/KC2	DIG5/ KC5	21
5	DIG1/KC1	SDA	20
6	DIG0/KC0	SCL	19
7	SE/KR4	OSC2	18
8	SF/KR5	OSC1	17
9	SG/KR6	V_{CC}	16
10	DP/KR7	$\overline{RST}$	15
11	GND	$\overline{INT}$	14
12	DIG6/KC6	DIG7/KC7	13

图 8-2　ZLG7290B 引脚图

2. ZLG7290B 的内部寄存器

ZLG7290B 的显示控制和键盘扫描等功能需要通过 I^2C 总线设置和访问相应的寄存器来实现。ZLG7290B 的从地址为 70H，为了访问内部寄存器，ZLG7290B 为内部寄存器设置了"子地址"，便于通过 I^2C 总线寻址。所定义的部分内部寄存器的功能和地址见表 8-1。

表 8-1　ZLG7290B 的部分内部寄存器

名　称	子 地 址	描　述
系统寄存器 SystemReg	00H	ZLG7290B 的内部寄存器目前只使用了第 0 位，称作 KeyAvi，该位为 1 表示有键按下，为 0 表示没有键按下
键值寄存器 Key	01H	键值寄存器 Key 存储按下的键值，普通按键的键值是 1～56，如果有键按下而读回的键值为 0，则表示是功能键。键值寄存器 Key 的值在被读走后自动清零
连击计数器 RepeatCnt	02H	ZLG7290B 为普通按键提供了连击计数功能。当持续按住某一普通按键时，经过 2s 延时后，ZLG7290B 会以一定的时间间隔连续发出中断信号，每发一次中断，RepeatCnt 加 1，最大为 255
功能键寄存器 FunctionKey	03H	FunctionKey 寄存器用来存储功能键的键值。FunctionKey 的初值为 FFH，每位对应一个功能键，例如，第 0 位对应 F0，第 1 位对应 F1，其余类推。某一功能键被按下时，相应的位被清零
命令缓冲区 0 CmdBuf0	07H	向命令缓冲区写入相应的控制命令可以实现段寻址、下载显示数据、控制闪烁等功能
命令缓冲区 1 CmdBuf1	08H	

名　　称	子地址	描　　述
闪烁控制寄存器 FlashOnOff	0CH	FlashOnOff 寄存器决定闪烁频率和占空比，其中高 4 位表示闪烁时亮的持续时间，低 4 位表示闪烁时灭的持续时间
扫描位数寄存器 ScanNum	0DH	ScanNum 寄存器决定扫描显示的位数，取值 0～7，对应 1～8 位。具体的值取决于连接了几个数码管，例如只连接了 4 个数码管，则该寄存器的值应设为 3
显示缓冲区 DpRam0～ DpRam7	10H～17H	DpRam0～DpRam7 这 8 个寄存器的取值直接决定了数码管的显示内容。每个寄存器的 8 位分别对应数码管的 a,b,c,d,e,f,dp 段，MSB 对应 a，LSB 对应 dp。例如，大写字母 H 的字形数据为 6EH（不带小数点）或 6FH（带小数点）

ZLG7290B 有两种方式控制数码管的显示。第一种方法是采用寄存器映像控制，通过向显示缓冲区的寄存器 DpRam0～DpRam7（10H～17H）直接写入所要显示的数据的段码。这种方法每次可写入 1～8 字节数据。第二种方法是命令解释控制，通过向命令缓冲区寄存器 CmdBuf0 和 CmdBuf1 写入控制命令，来控制 ZLG7290B 的显示内容。例如，向 07H 写入命令并选通相应的数码管，向 08H 写入所要显示的数据。这种方法每次只能写入 1 字节的数据，多字节数据的输出可在程序中用循环写入的方法实现。

ZLG7290B 读普通按键的入口地址和读功能键的入口地址不同，读普通按键的地址为 01H，读功能键的地址为 03H。读普通按键返回按键的编号，读功能键返回的不是按键编号，需要程序对返回值进行翻译，转换成功能键的编号。如果微控制器发现 ZLG7290B 的 $\overline{\text{INT}}$ 引脚产生了中断请求，而从 Key 寄存器中读到的键值是 0，则表示按下功能键。

3. ZLG7290B 的控制命令

通过向命令缓冲区寄存器 CmdBuf0（07H）和 CmdBuf1（08H）写入相关的控制命令，可以实现段寻址、下载显示数据、控制闪烁等功能。

1）段寻址（SegOnOff）

8 位数码管可被视为 64 段，每段为一个发光二极管。利用段寻址命令可以实现 64 段的独立控制，控制命令的格式如下：

第 1 字节								第 2 字节							
D7	D6	D5	D4	D3	D2	D1	D0	D7	D6	D5	D4	D3	D2	D1	D0
0	0	0	0	0	0	0	1	on	0	S5	S4	S3	S2	S1	S0

第 1 字节 00000001B 是命令字；第 2 字节的 D7 位表示该段是否点亮（0：灭，1：亮），D5～D0 是 6 位段地址，取值 0～63。

2）下载数据并译码（Download）

下载数据并译码指令是一条关键的指令，用来向某一位数码管写入要显示的值，其命令字的格式如下：

第 1 字节								第 2 字节							
D7	D6	D5	D4	D3	D2	D1	D0	D7	D6	D5	D4	D3	D2	D1	D0
0	1	1	0	A3	A2	A1	A0	dp	Flash	0	d4	d3	d2	d1	d0

第 1 字节的高 4 位 0110 是命令字段；低 4 位 A3A2A1A0 是数码管的位地址（其中 A3 留作以后扩展之用，实际使用时取 0 即可）。第 2 字节的 D7 位控制小数点是否点亮（0：点亮，1：熄灭），D6 位表示是否要闪烁（0：正常显示，1：闪烁），d4d3d2d1d0 是要显示的数据，包括

10 个数字和 21 个字母。显示数据的译码见表 8-2。

表 8-2　ZLG7290B 的显示数据译码

D4	D3	D2	D1	D0	十六进制数	显示内容	D4	D3	D2	D1	D0	十六进制数	显示内容
0	0	0	0	0	00H	0	1	0	0	0	0	10H	G
0	0	0	0	1	01H	1	1	0	0	0	1	11H	H
0	0	0	1	0	02H	2	1	0	0	1	0	12H	i
0	0	0	1	1	03H	3	1	0	0	1	1	13H	J
0	0	1	0	0	04H	4	1	0	1	0	0	14H	L
0	0	1	0	1	05H	5	1	0	1	0	1	15H	o
0	0	1	1	0	06H	6	1	0	1	1	0	16H	P
0	0	1	1	1	07H	7	1	0	1	1	1	17H	q
0	1	0	0	0	08H	8	1	1	0	0	0	18H	r
0	1	0	0	1	09H	9	1	1	0	0	1	19H	` t
0	1	0	1	0	0AH	A	1	1	0	1	0	1AH	U
0	1	0	1	1	0BH	b	1	1	0	1	1	1BH	y
0	1	1	0	0	0CH	C	1	1	1	0	0	1CH	c
0	1	1	0	1	0DH	d	1	1	1	0	1	1DH	h
0	1	1	1	0	0EH	E	1	1	1	1	0	1EH	T
0	1	1	1	1	0FH	F	1	1	1	1	1	1FH	无显示

3）闪烁控制（Flash）

闪烁控制命令用来设置相应位的闪烁特性，命令字的格式如下：

第 1 字节								第 2 字节							
D7	D6	D5	D4	D3	D2	D1	D0	D7	D6	D5	D4	D3	D2	D1	D0
0	1	1	1	×	×	×	×	F7	F6	F5	F4	F3	F2	F1	F0

第 1 字节的高 4 位 0111 是命令字段；××××没有具体意义，可取 0000；第 2 字节的 F_n（$n=0\sim7$）控制相应位的闪烁属性，0：正常显示，1：闪烁。

8.1.2　串行键盘和 LED 显示器扩展实例

这里以采用 I^2C 总线的数码管显示驱动和键盘接口芯片 ZLG7290B 应用为例，介绍串行键盘和 LED 显示器的扩展方法。

【例 8-1】　应用 ZLG7290B 芯片扩展 4×4 键盘和 8 位 LED 显示。

（1）硬件电路设计

硬件接口电路如图 8-3 所示。ZLG7290B 与 MCS-51 单片机的接口简单，只需要连接 I^2C 的 SDA 线和 SCL 线。由于采用 I^2C 总线不断查询系统寄存器的 KeyAvi 位也能判断是否有键按下，这样就可以省单片机的一根 I/O 接口线，因此，如果中断源比较紧张，可不连接 $\overline{\text{INT}}$ 信号线，但是 I^2C 总线处于频繁的活动状态。

ZLG7290B 扩展的数码管必须是共阴极的。在图 8-3 中采用 ZLG7290B 控制两个 4 位联体式数码管，组成 8 位数码显示。数码管在工作时要消耗较大的电流，$R_2\sim R_9$ 是限流电阻，典型值是 270 Ω。如果要增大数码管的亮度，则可以适当减小电阻值，最低 200Ω。

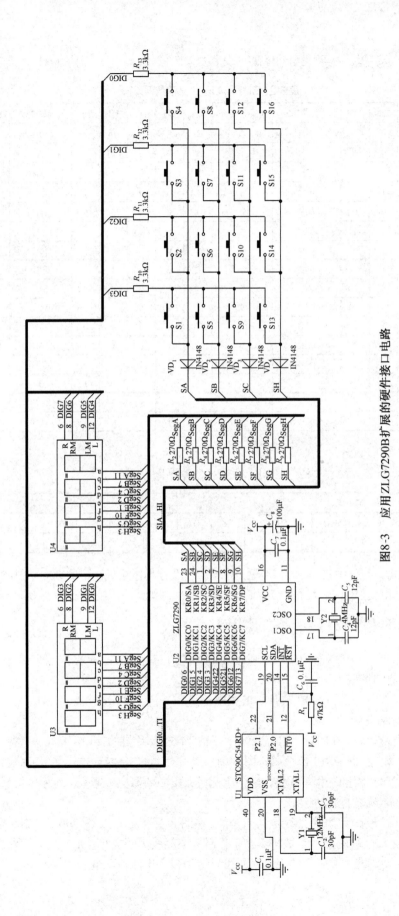

图8-3 应用ZLG7290B扩展的硬件接口电路

在所扩展的 16 只按键中，S13～S16 是利用 KR7 扫描线扩展的功能键。键盘电阻 R_9～R_{12} 的典型值是 3.3kΩ。由于数码管扫描线和键盘扫描线是公用的，因此采用二极管 VD_1～VD_4 可以防止按键干扰数码管显示的情况发生。

（2）程序设计

根据图 8-3 所示电路，此程序是 ZLG7290B 对外围按键和数码管进行一些基本的操作，包括测试数码管（同时点亮和熄灭，依次点亮和熄灭），读取并显示单击键值、连击键值、功能键值。由于 ZLG7290B 的寄存器比较多，在编写程序时，一定要注意各个寄存器的地址、各位具体含义、功能等，这一点对重要寄存器的配置尤为重要。

ZLG7290B 提供两种显示控制方式，一种是直接向显示缓冲区写入字形数据，另一种是通过向命令缓冲区寄存器写入控制指令实现自动译码显示，此程序中采用后者进行显示。本程序只应用了 ZLG7290B 很简单的功能，其他功能如段寻址、闪烁、直接向显示缓冲区写入字形数据进行显示等都没有涉及，读者可以自行编写剩下功能的程序，以加强对该芯片的认识和应用。

程序中调用了 I^2C 总线的基本功能函数，如 I2C_Puts()、I2C_Gets()等，鉴于篇幅所限，书中没有提供，读者可以登录华信教育资源网（www.hxedu.com.cn）下载完整程序。

ZLG7290B 的头文件"ZLG7290.h"如下：

```
#ifndef _ZLG7290_H
#define _ZLG7290_H
#include "STC90.h"                      //包含 STC90C54 头文件
#include "I2C.h"                        //包含 I²C 头文件
typedef unsigned char uint8;            //数据类型定义
typedef signed char int8;
typedef unsigned int uint16;
typedef signed int int16;
typedef double float32;


/*变量定义*/
#define ZLG7290_pinINT P33;             //接口定义,由具体的硬件决定
#define ZLG7290_I2C_ADDR 0x38           //ZLG7290B I²C 总线协议中的 7 位从机地址
                                        //（不含读写位）
/*ZLG7290B 内部寄存器地址*/
#define ZLG7290_SystemReg        0x00          //系统寄存器
#define ZLG7290_Key              0x01          //键值寄存器
#define ZLG7290_RepeatCnt        0x02          //连击计数器
#define ZLG7290_FunctionKey      0x03          //功能键寄存器
#define ZLG7290_CmdBuf           0x07          //命令缓冲区起始地址
#define ZLG7290_CmdBuf0          0x07          //命令缓冲区 0
#define ZLG7290_CmdBuf1          0x08          //命令缓冲区 1
#define ZLG7290_FlashOnOff       0x0C          //闪烁控制寄存器
#define ZLG7290_ScanNum          0x0D          //扫描位数寄存器
#define ZLG7290_DpRam            0x10          //显示缓存区起始地址
#define ZLG7290_DpRam0           0x10          //显示缓存区 0
#define ZLG7290_DpRam1           0x11          //显示缓存区 1
#define ZLG7290_DpRam2           0x12          //显示缓存区 2
#define ZLG7290_DpRam3           0x13          //显示缓存区 3
#define ZLG7290_DpRam4           0x14          //显示缓存区 4
#define ZLG7290_DpRam5           0x15          //显示缓存区 5
```

```
#define ZLG7290_DpRam6          0x16          //显示缓存区 6
#define ZLG7290_DpRam7          0x17          //显示缓存区 7

   bit ReadRegister_ZLG7290(uint8 RegAddr, uint8 *dat);
                    //从 ZLG7290B 的内部寄存器读出数据。入口参数：RegAddr
                    //为 ZLG7290B 的内部寄存器地址,返回值(0：正常,1：异常)
   bit SendCmd_ZLG7290(uint8 cmd0, uint8 cmd1);
                    //向 ZLG7290B 发送控制命令。入口参数：
                    //cmd0 是写入 CmdBuf0 寄存器的命令字（第 1 字节）
                    //cmd1 是写入 CmdBuf1 寄存器的命令字（第 2 字节）
                    //返回值(0：正常,1：异常)
   bit SendData_ZLG7290(uint8 addr, bit dp, bit Flash, uint8 dat);
                    //向 ZLG 7290B 发送数据并译码。入口参数：
                    //addr 取值 0~7,显示缓存区 DpRam0~DpRam7 的编号；
                    //dp 代表是否点亮该位的小数点,0－熄灭,1－点亮
                    //Flash 控制该位是否闪烁,0－不闪烁,1－闪烁
                    //dat 取值 0~31,表示要显示的数据
                    //返回值(0：正常,1：异常)
   void DispValue(uint8 x, uint8 dat);
                    //显示 100 以内的数值。入口参数：
                    //x 是显示位置,取值 0~6；dat 为要显示的数据,取值 0~99
   void DispHexValue(uint8 x, uint8 dat);
                    //功能：以十六进制方式显示数值。入口参数：
                    //x 是显示位置,取值 0~6；dat 为要显示数据,取值 0~255
   #endif           //头文件结束
```

ZLG7290B 的子程序文件 "ZLG7290.c" 如下：

```
   #include "ZLG7290.h"
   bit ReadRegister_ZLG7290(uint8 RegAddr,uint8 *dat)
                                         //从 ZLG7290B 给定的寄存器中读取数据
   {
       bit b;
       b=I2C_Gets(ZLG7290_I2C_ADDR,RegAddr,1,dat,1);
       return b;
   }

   bit SendCmd_ZLG7290(uint8 cmd0, uint8 cmd1)    //向 ZLG7290B 发送控制命令
   {
       bit b;
       uint8 buf[2];
       buf[0]=cmd0;
       buf[1]=cmd1;
       b=I2C_Puts(ZLG7290_I2C_ADDR,ZLG7290_CmdBuf,1,buf,2);
       return b;
   }
   bit SendData_ZLG7290(uint8 addr, bit dp, bit Flash,uint8 dat)
                                            //给 ZLG7290B 发送数据并译码
   {
       char cmd0;
       char cmd1;
```

```
        cmd0=addr & 0x0F;
        cmd0|=0x60;
        cmd1=dat & 0x1F;
        if (dp) cmd1|=0x80;
        if (Flash) cmd1|=0x40;
        return SendCmd_ZLG7290(cmd0,cmd1);
    }
    void DispValue(uint8 x, uint8 dat)          //DispValue()显示100以内的数值
    {
        uint8 d;
        d=dat/10;
        SendData_ZLG7290(x,0,0,d);
        d=dat-d*10;
        SendData_ZLG7290(x+1,0,0,d);
    }
    void DispHexValue(uint8 x, uint8 dat)       //以十六进制方式显示数值
    {
        uint8 d;
        d=dat/16;
        SendData_ZLG7290(x,0,0,d);
        d=dat-d*16;
        SendData_ZLG7290(x+1,0,0,d);
    }
```

ZLG7290B 的主程序文件 "main.c" 如下:

```
    #include "ZLG7290.h"
    volatile bit FlagINT=0;              //定义键盘中断标志,FlagINT=1 表示有键按下
    void INT0_SVC() interrupt 2          //ZLG7290B 键盘中断服务程序
    {
        FlagINT=1;
    }
    void Delay(unsigned int t)           //延时 10ms~655.36s,
                                         //t>0 时,延时(t*0.01)s
                                         //t=0 时,延时 655.36s
    {
        do {
            TH0=0xDC;
            TL0=0x00;
            TR0=1;
            while(!TF0);
            TF0=0;
            TR0=0;
        }while(--t);
    }
    void TestLed()                       //测试数码管
    {
        uint8 x;
        bit dp;
        bit Flash;
        uint8 dat;
        for (x=0;x<8;x++){               //关闭所有数码管
            SendData_ZLG7290(x,0,0,31);
```

```
        }
        dp=1;                                   //点亮所有数码管
        Flash=0;
        dat=8;
        for(x=0;x<8;x++){
            SendData_ZLG7290(x,dp,Flash,dat);
        }
        Delay(100);
        dp=0;                                   //依次显示所有字形
        Flash=0;
        for(dat=0;dat<16;dat++){
            for(x=0;x<8;x++){
                SendData_ZLG7290(x,dp,Flash,dat);
            }
            Delay(50);
        }
        for(x=0;x<8;x++){                        //关闭所有数码管
            SendData_ZLG7290(x,0,0,31);
        }
    }
    void TestKeyFunction()                      //测试按键功能
    {
        uint8 KeyValue;
        uint8 RepeatCnt;
        uint8 FnKeyValue;
        if(FlagINT) {                           //如果有键按下
            FlagINT=0;                          //清除中断标志
            ReadRegister_ZLG7290(ZLG7290_Key,&KeyValue);
                                                //读取键值、连击计数器值、功能键值
            ReadRegister_ZLG7290(ZLG7290_RepeatCnt,&RepeatCnt);
            ReadRegister_ZLG7290(ZLG7290_FunctionKey,&FnKeyValue);
            DispValue(0,KeyValue);              //显示键值、连击计数器值、功能键值
            DispHexValue(3,RepeatCnt);
            DispHexValue(6,FnKeyValue);
        }
        PCON|=0x01;                             //进入空闲状态
    }
    void main()
    {
        TMOD=0x01;
        EA=0;                                   //关中断
        IT1=1;                                  //负边沿触发中断
        EX1=1;                                  //允许外部中断
        EA=1;                                   //开中断
        TestLed();                              //测试数码管,即给 ZLG 7290B 发送测试
                                                //数据
        while(1) {
            TestKeyFunction();                  //测试键盘功能并对键盘扫描值进行显示
        }
    }
```

8.2 串行 A/D 和 D/A 转换器扩展

采用并行口扩展 A/D 和 D/A 转换器的接口电路显得很复杂，但若采用串行口扩展则简洁得多。串行扩展 A/D 和 D/A 转换器是目前经常采用的方法。

8.2.1 串行 A/D 转换器扩展

采用串行口扩展 A/D 转换器时，单片机与转换芯片的数据交换是通过串行数据传输方式来实现的。当确定了接口协议后，硬件接口方式也就确定了，与单片机的接口方法不涉及单片机的数据总线及位数问题。无论是 8 位或是高于 8 位的串行 A/D 转换芯片，与单片机的硬件接口都是一样的，只是单片机对串行 A/D 芯片的读写时序有所不同，因而程序设计方法有所不同而已。

1. 串行 A/D 转换芯片 ADS1015

ADS10XX 系列的 A/D 转换器是由美国 TI 公司推出的微型封装的 12 位Δ-Σ模数转换器。其中，ADS1013/4/5 采用 I^{2}C 总线与 CPU 接口，下面以 ADS1015 为例介绍采用 I^{2}C 总线的 A/D 转换器扩展方法。

ADS1015 的内部结构如图 8-4（a）所示，主要包括多路开关（MUX）、可编程增益放大器（PGA）、参考电压源、时钟发生器和 I^{2}C 接口电路等。ADS1015 的 MSOP-10 封装的引脚图如图 8-4（b）所示。

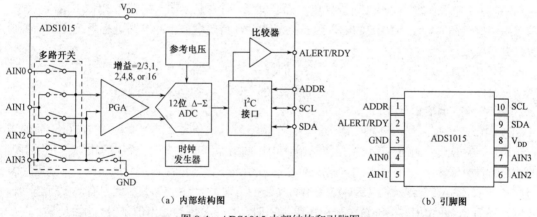

（a）内部结构图　　　　　　　　　　　　（b）引脚图

图 8-4　ADS1015 内部结构和引脚图

ADS1015 的主要技术特性如下：

- 分辨率为 12 位。
- 可编程转换速率为 128SPS～3.3kSPS。
- 内置低漂移的参考电压源。
- 内置可编程增益放大器，允许输入电压低到±256mV，最大输入电压为±4.096V。
- 内置转换时钟发生器。
- 逻辑电平输入与 TTL 电平兼容。
- 四通道单端输入或两通道差分输入。
- 内部具有可编程的比较器。
- 采用单一正电源供电，电源电压范围为 2.0～5.5V。
- 低功耗，连续转换时电流消耗仅为 150μA。

ADS1015 MSOP-10 封装的引脚定义如下：

- ADDR：I^2C 从机地址选择。
- ALERT/RDY：比较器输出或转换准备好信号。
- AIN0：单端输入通道 1 或差分输入通道 1 的正信号输入端。
- AIN1：单端输入通道 2 或差分输入通道 1 的负信号输入端。
- AIN2：单端输入通道 3 或差分输入通道 2 的正信号输入端。
- AIN3：单端输入通道 4 或差分输入通道 2 的负信号输入端。
- SDA：串行数据线。
- SCL：串行时钟线。
- GND：地。
- V_{DD}：电源。

ADS1015 的工作方式有连续转换模式和单次转换模式。连续转换模式时，当前转换工作完成后，ADS1015 将转换结果保存在输出寄存器，然后立即进行下一次转换。在单次转换模式时，转换结束后 ADS1015 自动进入掉电节能状态。ADS 的工作方式通过配置寄存器进行选择。

2. ADS1015 的输入和输出特性

1）ADS1015 的输入特性

ADS1015 可以允许差分输入或单端输入，通过配置寄存器进行选择。ADS1015 采用开关电容输入级。由于电容值很小，因此对外部电路而言就像一个电阻。输入阻抗与 PGA 的增益有关。在输入源阻抗较高时，ADS1015 的输入阻抗不能忽略，需要增加缓冲电路进行阻抗变换，否则会影响测量精度。

ADS1015 的模拟信号输入范围也与 PGA 的增益有关，内部等效的差分输入电压为±4.096V/PGA。但是注意输入电压不能低于–0.3V 和超过 V_{DD} +0.3V，否则会损坏芯片。

2）ADS1015 的输出特性

ADS1015 的输出采用二进制补码形式，正的满量程输入信号（FS）对应于 7FF0h，负的满量程输出信号对应于 8000h。其转换结果与输入电压的关系即数字量输出特性如图 8-5 所示。理想的输出特性见表 8-3。由于采用补码输出，在有些情况下需要进行码制变换。此外，该芯片为了与同系列 16 位 A/D 转换器 ADS1115 兼容，其转换结果保持 16 位特性，但只有高 12 位有效，低 4 位始终为 0，在使用时需注意。采用单端输入时，负值范围的输出值是没有用的。

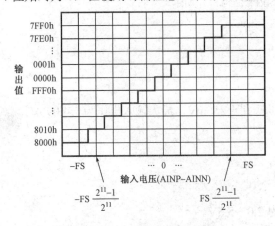

图 8-5　ADS1015 数字量输出特性

表 8-3　ADS1015 的理想输出特性

输入信号（AINP–AINN）	输　　出
≥FS $(2^{11}- 1)/2^{11}$	7FF0h
+FS/2^{11}	0010h
0	0
–FS/2^{11}	FFF0h
≤ –FS	8000h

3. ADS1015 的 I²C 地址

ADS1015 只有一个用于 I²C 总线从器件的可编程地址引脚 ADDR，ADDR 可以连接到 GND、V$_{DD}$、SDA 或 SCL，从而允许该芯片可以有 4 个可编程地址，见表 8-4。

表 8-4　ADS1015 的 I²C 地址

ADDR 引脚	ADS1015 的 I²C 地址
GND	1001000
V$_{DD}$	1001001
SDA	1001010
SCL	1001011

4. ADS1015 的寄存器

ADS1015 有 1 个寻址寄存器和 4 个功能寄存器，输出寄存器存储最后一次转换的结果；配置寄存器可用于改变 ADS1015 的操作模式或查询芯片的状态；低阈值和高阈值寄存器用来设置比较器。

1）寻址寄存器

访问 ADS1015 的寄存器需要借助寻址寄存器（Pointer Register），通过向寻址寄存器中写入相应的值来选择所需访问的寄存器。主机发出 ADS1015 的地址字节，并令最低位为低，然后发出要写入寻址寄存器的数据和终止条件。寻址寄存器会保持数据直到对其进行改变。寻址寄存器的格式见表 8-5。寻址寄存器中 BIT0 和 BIT1 决定了 4 个功能寄存器的地址，见表 8-6。

表 8-5　寻址寄存器格式（只写）

BIT 7	BIT 6	BIT 5	BIT 4	BIT 3	BIT 2	BIT 1	BIT 0
0	0	0	0	0	0	寄存器地址	

表 8-6　寄存器地址

BIT 1	BIT 0	寄 存 器
0	0	输出寄存器
0	1	配置寄存器
1	0	低阈值寄存器
1	1	高阈值寄存器

2）输出寄存器

输出寄存器见表 8-7。该寄存器共有 16 位，但只有 D4～D15 是转换结果，采用二进制补码格式。复位或上电时，该寄存器的所有位被清零。

表 8-7　输出寄存器(只读)

BIT	15	14	13	12	11	10	9	8	7	6	5	4	3	2	1	0
NAME	D11	D10	D9	D8	D7	D6	D5	D4	D3	D2	D1	D0	0	0	0	0

3）配置寄存器

配置寄存器用于配置 ADS1015 的工作模式、输入选择、采样转换速率、可编程增益和比较器的工作模式，见表 8-8。配置中寄存器各位的作用见表 8-9。这些参数描述了 A/D 转换的最大量化范围，但注意输入不能超过 V_{DD}+0.3 V。

表 8-8　配置寄存器(读写)

BIT	15	14	13	12	11	10	9	8
NAME	OS	MUX2	MUX1	MUX0	PGA2	PGA1	PGA0	MODE
BIT	7	6	5	4	3	2	1	0
NAME	DR2	DR1	DR0	COMP_MODE	COMP_POL	COMP_LAT	COMP_QUE1	COMP_QUE0

表 8-9　配置寄存器的作用

BIT [15]	OS：工作状态或启动单次转换，该位只能在掉电模式时写入，写 0 对工作模式没有影响，写 1 时启动一次单次转换。读该位时，如果结果为 0，表示当前正在执行转换；结果为 1，表示当前未执行转换		
BIT [14:12]	设置多路转换器的状态		
	000：AINP = AIN0 and AINN = AIN1 (默认)		100：AINP = AIN0 and AINN = GND
	001：AINP = AIN0 and AINN = AIN3		101：AINP = AIN1 and AINN = GND
	010：AINP = AIN1 and AINN = AIN3		110：AINP = AIN2 and AINN = GND
	011：AINP = AIN2 and AINN = AIN3		111：AINP = AIN3 and AINN = GND
BIT [11:9]	PGA[2:0]：设置可编程增益放大器的增益，改变输入信号的范围		
	000：FS = ±6.144V　　010：FS = ±2.048V(默认)　　100：FS = ±0.512V　　110：FS = ±0.256V		
	001：FS = ±4.096V　　011：FS = ±1.024V　　101：FS = ±0.256V　　111：FS = ±0.256V		
BIT [8]	MODE：芯片工作模式。0：连续转换模式；1：单次转换模式（默认）		
BIT [7:5]	DR[2:0]：采样和转换速率		
	000：128SPS　　010：490SPS　　100：1600SPS (默认)　　110：3300SPS		
	001：250SPS　　011：920SPS　　101：2400SPS　　111：3300SPS		
BIT [4:0]	有关比较器工作模式和输出状态的设定位，详见芯片手册		

4）低阈值和高阈值寄存器

低阈值和高阈值寄存器都是 16 位寄存器，它们的低 4 位固定为 0，高 12 位用来保存比较器的阈值。当改变了 PGA 的增益后，需要对阈值进行重新调整。

5. ADS1015 的读写操作

ADS1015 的读写操作遵循基本 I²C 总线的协议。在数据传输过程中，总线的启动和停止信号均由主机发出，但是需要根据 ADS1015 的特性发送相应的指令。例如，设置 ADS1015 工作在连续转换模式，然后读取转换结果，可发送如下命令。

第一步：配置 ADS1015 工作在连续转换模式。

第一字节：10010000，I²C 的地址，操作性质为写。

第二字节：00000001，选择配置寄存器为操作对象。

第三字节：00000100，配置寄存器的高 8 位数据。

第四字节：10000011，配置寄存器的低 8 位数据。

第二步：设置访问的寄存器为输出寄存器。

第一字节：10010000，I²C 的地址，操作性质为写。

第二字节：00000000，选择输出寄存器为操作对象。

第三步：读取转换结果。

第一字节：10010001，I²C 的地址，操作性质为读。

第二字节：ADS1015 作为从发送器发送的高 8 位转换结果。

第三字节：ADS1015 作为从发送器发送的低 8 位转换结果（只有高 4 位有效）。

相应的写操作和读操作时序如图 8-6 和图 8-7 所示。

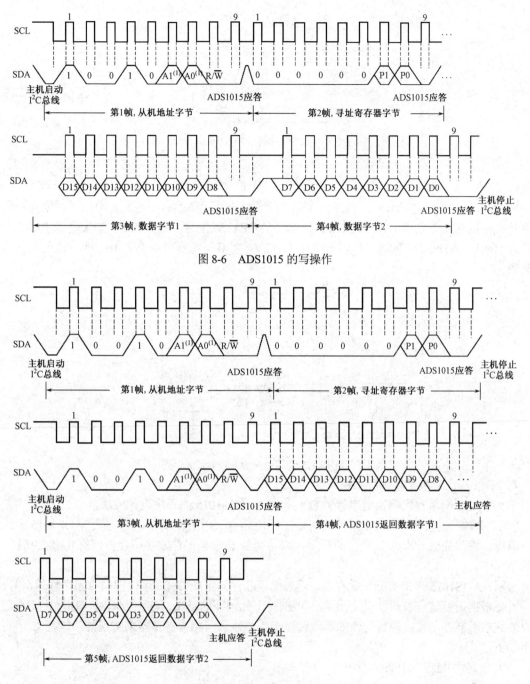

图 8-6 ADS1015 的写操作

图 8-7 ADS1015 的读操作

6. 单片机与串行 A/D 转换器的接口方法

使用时，ADS1015 的数字电路部分连接关系简单，只需要正确连接 I^2C 总线，同时通过 ADDR 引脚设置可编程地址，如图 8-8 所示。模拟电路部分需要根据输入信号的形式，考虑好是单端还是差分输入形式，然后根据输入形式通过配置寄存器确定内部多路转换器的状态，使其与输入信号的形式相适应。再根据输入信号的范围设置可编程增益，确保输入信号不超出 ADS1015 的转换范围。最后确定转换速率，满足采样速率要求。

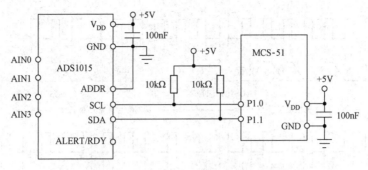

图 8-8　ADS1015 与单片机的基本连接

图 8-9 给出了 ADS1015 采用差分方式实现负载电流检测的应用方案。电路通过采样电阻 R_s 将负载电流转换为电压，并经过 OPA335 放大。OPA335 的放大倍数为 4，如果采样电阻上的压降为 50mV，ADS1015 的满量程输入电压为 0.2V，将其可编程增益设为 16，即可进行负载电流监测。

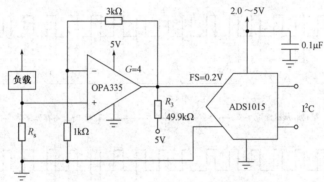

图 8-9　ADS1015 采用差分输入测量负载电流

7．串行 A/D 转换扩展编程举例

下面通过一个编程实例说明串行 A/D 转换芯片 ADS1015 的程序设计方法。

【例 8-2】　根据图 8-8 所示电路编写程序，控制 ADS1015 实现 A/D 转换。ADS1015 输入模拟电压，编写完成一次 A/D 转换的程序，并将 A/D 转换结果存放在单片机内部 RAM 30H 开始的单元中。

分析：ADS1015 内部有配置寄存器，用来配置芯片的工作方式、可编程增益和采样速率等，使用时要根据需要结合表 8-9 进行配置，否则得不到预期的结果。读出数据时，在输出寄存器读取。这些功能都是通过编写适当的函数通过 I^2C 总线访问相应寄存器来实现的。编写 C 语言程序如下。

（1）头文件 ADS 1015.h

```
#ifndef _ADS1015_H
#define _ADS1015_H
#include "REG51.h"                    //包含 51 头文件
#include "intrins.h"                  //调用_nop_()

sbit ADS1015_SCL = P1^0;              //ADS1015 接口定义,由具体的硬件定义
sbit ADS1015_SDA = P1^1;
sbit ADS1015_ALERY = P1^6;
```

```
#define DEVICE_WRITE_ADDRESS 0x90          //I²C 从机的写地址,由引脚 ADDR 决定
#define DEVICE_READ_ADDRESS 0x91           //I²C 从机的读地址,由引脚 ADDR 决定
#define CONVERSION_REGISITER_ADDRESS 0x00       //转换寄存器的地址,存储的数
                                                //值为 A/D 转换后的 12 位数字值
#define CONFIGURE_REGISITER_ADDRESS 0x01        //配置寄存器的地址,主要与
                                                //ADS1015 的设置有关
#define LOW_THRESH_REGISITER_ADDRESS 0x02    //低阈值寄存器的地址
#define HIG_THRESH_REGISITER_ADDRESS 0x03    //高阈值寄存器的地址
#define BV16(LOC)  ((unsigned int)0x01 << (LOC))
#define COMP_QUE0  BV16(0)                //ADS1015 配置寄存器位置位操作宏定义
#define COMP_QUE1  BV16(1)
#define COMP_LAT   BV16(2)
#define COMP_POL   BV16(3)
#define COMP_MODE  BV16(4)
#define DR0        BV16(5)
#define DR1        BV16(6)
#define DR2        BV16(7)
#define MODE       BV16(8)
#define PAG0       BV16(9)
#define PAG1       BV16(10)
#define PAG2       BV16(11)
#define MUX0       BV16(12)
#define MUX1       BV16(13)
#define MUX2       BV16(14)
#define OS         BV16(15)              //ADS1015 配置寄存器位置位操作宏定义
#define DefaultSeting 0x8583             //ADS1015 复位后的默认设置
#define Configure  (DefaultSeting|MUX2)&(~PAG1)|PAG0|MODE

//针对具体应用的配置寄存器的具体设置,对默认设置进行修改
#define DELAY_5US _nop_();_nop_();_nop_();_nop_();_nop_()    //延时 5μs

/*函数声明*/
static void Start_I2C_ADS1015();                    //启动 I²C 总线
static void Stop_I2C_ADS1015();                     //停止 I²C 总线
static void Clock_I2C_ADS1015();                    //产生 I²C 总线单时钟
static void WriteByte_ADS1015(unsigned char WriteByte);

//写字节函数,unsigned char WriteByte 写入字节数据
static unsigned char ReadByte_ADS1015();

//读字节函数,从 ADS1015 读回单字数据
static void WaitAck_ADS1015();          //调用该函数等待来自 ADS1015 的 ACK 信号
static void SendAck_ADS1015();          //调用该函数向 ADS1015 发送 ACK 信号
static void WriteWord_ADS1015(unsigned char DecAddr_WriteCaption,
        unsigned char RegisterAddress, unsigned int WritingWord);
                //向 ADS1015 写入单字数据, 函数参数:
                //unsigned char DecAddr_WriteCaption 是带写操作的硬件地址
                //unsigned char PointerRegister 为 ADS1015 寄存器地址
```

```
                              //unsigned int WritingWord 为单字数据
        static unsigned int ReadWord_ADS1015(unsigned char DecAddr_WriteCaption,
            unsigned char DecAddr_ReadCaption, unsigned char RegisterAddress);
                    //从 ADS1015 读取单字数据，函数参数
                    //unsigned char DecAddr_WriteCaption 为带写操作的硬件地址
                    //unsigned char DecAddr_ReadCaption 为带读操作的硬件地址
                    //unsigned char PointerRegister 为 ADS1015 寄存器地址
                    //返回值：unsigned int 返回一个单字数据
        extern int DataProcess_ADS1015();          //启动 A/D 转换，并读取转换结果
                                                   //返回值：int 转换结果
        #endif                                     //头文件结束
```

（2）ADS1015 驱动程序文件 ADS1015.C

```c
#include "ADS1015.h"

void delayms(unsigned char ms)              //以毫秒为单位的延时子程序
{
  unsigned char i;
  while(ms--)
  {
    for(i = 0; i < 92; i++);
  }
}

static void Start_I2C_ADS1015()             //启动 I²C 总线操作函数
{
  ADS1015_SDA=1;                            //启动 I²C 总线
  ADS1015_SCL=1;
  DELAY_5US;
  ADS1015_SDA=0;
  ADS1015_SCL=0;
  DELAY_5US;
}

static void Stop_I2C_ADS1015()              //停止 I²C 总线操作函数
{
  ADS1015_SDA=0;                            //停止 I²C 总线
  ADS1015_SCL=1;
  DELAY_5US;
  ADS1015_SDA=1;
  DELAY_5US;
}

static void Clock_I2C_ADS1015()             //I²C 单时钟产生函数
{
  ADS1015_SCL=1;                            //产生 CLK 时钟
  DELAY_5US;
  ADS1015_SCL=0;
  DELAY_5US;
```

```
}

static void WaitAck_ADS1015()                    //等待 ADS1015 ACK 信号函数
{
  while(ADS1015_SDA);
  Clock_I2C_ADS1015();
}

static void SendAck_ADS1015()                    //给 ADS1015 发送 ACK 信号函数
{
  ADS1015_SDA=0;
  Clock_I2C_ADS1015();
}

static void WriteByte_ADS1015(unsigned char WriteByte)
                                                 //ADS1015 写字节数据函数
{
  unsigned char i=0;
  for(i=0;i<8;i++)                               //从最高位开始依次把数据写到总线上
  {
    if (WriteByte&0x80)
    {
      ADS1015_SDA=1;
    }
    else
    {
      ADS1015_SDA=0;
    }
    WriteByte<<=1;
    Clock_I2C_ADS1015();
  }
  ADS1015_SDA=1;                                 //释放总线
}

static unsigned char ReadByte_ADS1015()  //ADS1015 读字节数据函数
{
  unsigned char i=0;
  unsigned char RecData=0;
  for(i=0;i<8;i++){                              //从总线上获取数据(从最高位开始)
    RecData<<=1;
    if(ADS1015_SDA){RecData|=0x01;}
    Clock_I2C_ADS1015();
  }
  return RecData;
}

/*ADS1015 写单字操作函数*/
static void WriteWord_ADS1015(unsigned char DecAddr_WriteCaption,
```

```
                    unsigned char RegisterAddress, unsigned int WritingWord)
{
    unsigned char i=0;
    unsigned char WritingWordH=WritingWord/256;        //获得高字节
    unsigned char WritingWordL=WritingWord%256;        //获得低字节
    Start_I2C_ADS1015();                               //启动 I²C 总线
    WriteByte_ADS1015(DecAddr_WriteCaption);           //写硬件地址
                                                       //DecAddr_WriteCaption
    WaitAck_ADS1015();                                 //等待 ADS1015 的 ACK 信号
    ADS1015_SDA=1;
    WriteByte_ADS1015(RegisterAddress);     //把寄存器地址
                                            //RegisterAddress 写入指针寄存器
    WaitAck_ADS1015();                      //等待 ADS1015 的 ACK 信号
    ADS1015_SDA=1;
    WriteByte_ADS1015(WritingWordH);        //写入数据的高字节
    WaitAck_ADS1015();                      //等待 ADS1015 的 ACK 信号
    WriteByte_ADS1015(WritingWordL);        //写入数据的低字节
    WaitAck_ADS1015();                      //等待 ADS1015 的 ACK 信号
    Stop_I2C_ADS1015();                     //停止 I²C 总线
}


/*ADS1015 读取单字数据函数*/
static unsigned int ReadWord_ADS1015(unsigned char DecAddr_WriteCaption,
        unsigned char DecAddr_ReadCaption, unsigned char RegisterAddress)
{
    unsigned int RecData=0;
    Start_I2C_ADS1015();                                //启动 I²C 总线
    WriteByte_ADS1015(DecAddr_WriteCaption);            //写硬件地址
                                                        //DecAddr_WriteCaption
    WaitAck_ADS1015();                                  //等待 ADS1015 的 ACK 信号
    ADS1015_SDA=1;
    WriteByte_ADS1015(RegisterAddress);                 //把寄存器地址 RegisterAddress
                                                        //写入指针寄存器
    WaitAck_ADS1015();                                  //等待 ADS1015 的 ACK 信号
    ADS1015_SDA=1;
    Stop_I2C_ADS1015();                                 //停止 I²C 总线
    Start_I2C_ADS1015();                                //再次开始操作 I²C,启动 I²C 总线
    WriteByte_ADS1015(DecAddr_ReadCaption);             //写硬件地址
                                                        //DecAddr_ReadCaption
    WaitAck_ADS1015();                                  //等待 ADS1015 的 ACK 信号
    ADS1015_SDA=1;
    RecData=ReadByte_ADS1015();                         //读取高字节数据
    SendAck_ADS1015();                                  //给 ADS1015 发送 ACK 信号
    ADS1015_SDA=1;
    RecData=(RecData<<8)+ReadByte_ADS1015();            //读取低字节数据
    SendAck_ADS1015();                                  //给 ADS1015 发送 ACK 信号
    Stop_I2C_ADS1015();                                 //停止操作,停止 I²C
    return  RecData;
```

```
}
extern int DataProcess_ADS1015()              //启动 A/D 转换,并读取转换结果
{
  int  Receivedata=0;
  WriteWord_ADS1015(DEVICE_WRITE_ADDRESS, CONFIGURE_REGISITER_ADDRESS,
                    Configure);              //设置并启动一次 A/D 转换
  delayms(1);
  Receivedata=ReadWord_ADS1015(DEVICE_WRITE_ADDRESS,
      DEVICE_READ_ADDRESS, CONVERSION_REGISITER_ADDRESS); //读取转换结果
  Receivedata=Receivedata>>4;                //右移 4 位,获得 12 位的有效数据
  return Receivedata;
}
```

（3）主函数文件 ADC.C

```
#include "REG51.h"
#include "ADS1015.h"

int gADBuf[30] _at_ 0x30;                     //存放 A/D 转换结果的内存区

void main(void)
{
  unsigned char i;
  for (i = 0; i < 30; i++)   //执行 30 次 A/D 转换，将结果存入 0x30 开始的 RAM 中
  {
    gADBuf[i] = DataProcess_ADS1015();
  }

  while (1)
  {
    //执行其他事务
  }
}
```

8.2.2　串行 D/A 转换器扩展

通过并行数据总线扩展 8 位或高于 8 位的 D/A 转换的接口方式是不同的，但采用串行总线扩展的硬件接口是一样的，只是单片机对于串行 D/A 芯片的读写时序有所不同，程序设计方法也有所不同。

1. 串行 D/A 转换芯片 DAC7611

DAC7611 是一个 12 位的串行 D/A 转换器，采用单一+5V 电源供电，内部集成了 2.435V 的参考电压源和高速轨到轨输出放大器。数字电路部分包含一个串行移位寄存器，适用于串行口的数据传输。典型的特性如下：

- 12 位分辨率；
- 3 线接口的数据同步传输，时钟频率最快可达 20MHz；
- 快速建立时间：7μs 达到 1LSB；

- 0~4.095V 满量程范围，最低有效位为 1mV；
- 内部集成参考电压源；
- 异步复位清零；
- 低功耗，采用 5V 电源时电流为 0.5mA，2.5mW。

DAC7611 的内部结构如图 8-10（a）所示，其功耗为 DIP 封装的引脚图如图 8-10（b）所示，引脚定义如下：

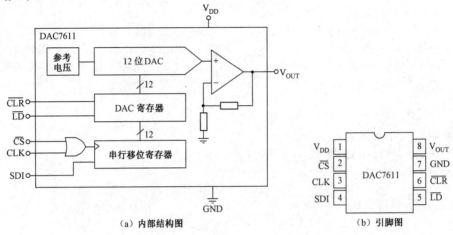

图 8-10　DAC7611 内部结构和引脚图

V_{DD}：+5V 电源输入。

$\overline{CS}$：片选信号，低电平有效。

CLK：数据传输的同步时钟信号。

SDI：串行数据信号，在 CLK 的上升沿进入串行移位寄存器。

$\overline{LD}$：装载 DAC 寄存器。$\overline{LD}$ 的下降沿将串行移位寄存器的数据锁入 DAC 寄存器。当 $\overline{LD}$ 为低电平时，DAC 寄存器相当于透明状态，此时 D/A 转换器的值跟着移位寄存器的值变化。

$\overline{CLR}$：清除 DAC 寄存器。当 $\overline{CLR}$ 为低电平时，DAC 寄存器被设置为 000H，从而 D/A 转换器输出电压为 0V。

GND：地。

V_{OUT}：电压输出。

2．DAC7611 的输入/输出特性

DAC7611 的满量程输出范围为 0~4.095V，最低有效位对应 1mV，在整个转换范围内保持线性关系。DAC7611 的数字量输入为二进制原码，与模拟输出的关系即理想输出特性见表 8-10。

表 8-10　DAC7611 的理想输出特性

数字量输入	模拟输出(V)	描　　述
FFFH	+4.095	满量程
801H	+2.049	量程中点+1LSB
800H	+2.048	量程中点
7FFH	+2.047	量程中点 - 1LSB
000H	0	零点

3. 单片机与串行 D/A 转换器的接口方法

DAC7611 的串行总线接口由数据信号 SDI、时钟信号 CLK 和片选信号 $\overline{CS}$ 组成，配合 $\overline{LD}$ 和 $\overline{CLR}$ 使用。单片机与 DAC7611 的基本连接如图 8-11 所示，工作时序如图 8-12 所示，从时序图中可以看出 DAC7611 工作在 SPI 模式 3。

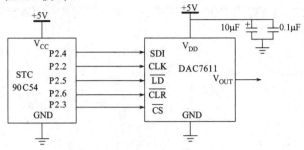

图 8-11　单片机与 DAC7611 的基本连接

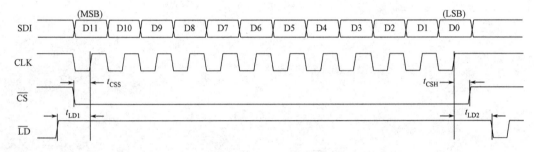

图 8-12　DAC7611 的操作时序

DAC7611 的真值表见表 8-11。DAC7611 具有双缓冲机制，数据必须经过串行移位寄存器才能进入 DAC 寄存器，而模拟输出是根据 DAC 寄存器的数据进行转换的。当 $\overline{LD}$ 信号的下降沿时，数据由串行移位寄存器进入 DAC 寄存器，这样可以防止数据传输过程中串行移位寄存器的值不确定而造成模拟量输出的不稳定。在不需要双缓冲的情况下，可以将 $\overline{LD}$ 信号接地，使 DAC 寄存器呈现透明状态，但是每移入 1 位，模拟输出都会发生变化。因此，要保证在传输数据的过程中，D/A 转换器的输出没有异常变化，需要在操作前将 $\overline{LD}$ 信号拉高，数据传输结束后再给 $\overline{LD}$ 信号一个负脉冲。只要 $\overline{CLR}$ 信号为低电平，DAC 寄存器的值就被设为 000H，直到 $\overline{CLR}$ 变为高，并且 $\overline{LD}$ 信号拉低，重新装载串行移位寄存器的值。

表 8-11　DAC7611 的逻辑真值表

$\overline{CS}$	CLK	$\overline{CLR}$	$\overline{LD}$	串行移位寄存器	DAC 寄存器
H	×	H	H	不变化	不变化
L	L	H	H	不变化	不变化
L	H	H	H	不变化	不变化
L	↑	H	H	移入 1 位	不变化
↑	L	H	H	移入 1 位	不变化
H	×	H	↓	不变化	串行移位寄存器的值
H	×	H	L	不变化	透明状态
H	×	L	×	不变化	装入 000H
H	×	↑	H	不变化	锁存 000H

4．串行 D/A 转换器编程举例

下面通过一个编程实例说明串行 D/A 转换器 DAC7611 的程序设计方法。

【例 8-3】 根据图 8-11 所示电路编写程序，控制 DAC7611 完成 D/A 转换，实现三角波发生器。

分析：根据 DAC7611 的工作原理，只需要通过串行口向其内部寄存器写入要转换的数据即可，编写 C 语言程序如下：

```c
#include <reg52.h>
#include <intrins.h>
#define uint unsigned int
Sbit    CLK=P2^2;                    //配置相应的引脚
Sbit    SDI=P2^4;
Sbit    LD=P2^5;
Sbit    CLR =P2^6;
Sbit    CSN =P2^3;
void Init_DA(void)                   //初始化
{
    LD=0;
    CLR=1;
    CLK=1;
    SDI=0;
    CSN=1;
}
void clock(void)                     //串行时钟信号
{
    CLK=0;
    _nop_();
    CLK=1;
    _nop_();
}
void DAC_7611(uint value)            //D/A 转换程序
{
    uint i,temp;
    CLR=1;
    value<<=4;                       //对 12 位数据左移 4 位
    LD=1;
    CSN=0;
    _nop_();
    for(i=0;i<12;i++)                //依次传输 12 位数据
    {
        temp =value;
        SDI= temp &0x8000;           //依次传输最高位的数据
        clock();
        value<<=1;
    }
    CLK=1;
    _nop_();
    LD=0;
```

```
        CSN=1;
        for(i=0;i<15;i++)
        {
            _nop_();
        }
        LD=1;
    }
/*以下是主程序,调用 DAC7611 的初始化程序,然后启动 D/A 转换*/
void main()
{
    Init_DA();
    while (1)                      //产生三角波输出
    {
      if (dir)                     //波形下降
      {
        val--;
        if (val == 0) dir = 0;
      }
      Else                         //波形上升
      {
        val++;
        if (val == 0xFFF) (dir = 1);
      }

      DAC_7611(val);
    }
}
```

思考题与习题 8

8-1 简述 ZLG7290B 芯片功能,并设计 ZLG7290B 芯片扩展 3×3 键盘和 4 位 LED 显示器电路,编写程序。

8-2 DAC 输出为什么要设计成具有双缓冲方式? 比较 DAC0832 与 DAC7611 双缓冲功能在实现上有何异同。

8-3 利用 ADS1015 设计一个模拟量输入接口电路,每隔 2s 对 4 个模拟通道各采样一次,画出原理图并编制相应程序。

8-4 有一精密测量系统,输入的模拟电压信号变化范围为 0~2V,采样速率每秒 10 次,需要 24 位的 A/D 转换分辨率,请查找选择适当的 A/D 转换器,并设计相应电路。

8-5 利用 DAC7611 设计双缓冲方式的模拟量输出接口,并编写程序。

第9章　单片机系统电源设计与抗干扰技术

本章教学要求:

（1）熟悉单片机系统中常用的电源设计方案。

（2）掌握线性稳压电路设计方法和常用线性电源器件的使用方法。

（3）了解常用基准电源电路、常用电源模块和 DC/DC 电源的使用方法。

（4）熟悉单片机应用系统的硬件和软件抗干扰措施。

（5）掌握"看门狗"抗干扰方法。

9.1　单片机系统电源设计的考虑因素

电源设计是单片机应用系统设计中的一项重要工作，电源的精度和可靠性等各项指标，直接影响着系统的整体性能。同时随着电子设备的小型化和便携化，对供电电路提出了更多更高的要求，要求电源体积小、功率大、抗干扰性能好，还要求有电压监测、电源管理及热保护等功能，有时还要求成本降低。因此，需要认真对待单片机系统的电源设计工作。

单片机系统的数字电路部分和模拟电路部分对电源的要求有所不同。数字电路部分一般以脉冲方式进行工作，电源功率的脉冲性较为突出，如 LED 显示器在动态扫描中的变化会引起电源的脉动。因此，为数字电路部分供电要考虑有足够的余量，一般大系统按实际功率消耗的 1.5～2 倍设计，小系统按实际功率消耗的 2～3 倍设计。此外，由于目前电子系统内部集成电路的多样性，造成一个小的单片机系统可能也需要多种不同电压的电源，这种情况则需要多路电源或 DC/DC 供电方法。模拟电路部分对电源的要求不同于数字电路部分：模拟放大电路和 A/D 电路对电源电压的精度、稳定性和纹波系数要求很高，如果供电电压的纹波较大，回路中存在脉冲干扰，将直接影响放大后信号的质量和 A/D 转换精度。

一些模拟电路的偏置电压和基准电压也需要有很高的精度和稳定性。例如，A/D 和 D/A 转换器的转换结果的精度直接取决于基准电源的精度和稳定性。如果采用外部参考电压，则需要进行很好的设计。

有些场合需要隔离电源，将信号传输通路完全隔离，以提高系统的安全性和抗干扰性能。例如，光电耦合器输入/输出电路的供电，模拟信号隔离放大器输入/输出电路的电源。

有些情况下，设计者出于成本或其他方面的原因，所设计的系统中模拟电路和数字电路使用同一个电源，这样会将数字电路部分产生的高频有害噪声耦合到模拟电路。因此，在模拟电路和数字电路混合的单片机系统设计中，需要注意考虑两种电路独立供电。

9.2　线性稳压电源

线性稳压电源，是指调整管工作在线性状态下的直流稳压电源。线性稳压电源是比较早使用的一类直流稳压电源，由调整管、参考电压、取样电阻、误差放大电路等几个基本部分组成，有些还包含保护电路、启动电路等。

图 9-1 所示为一个比较简单的线性稳压电源原理图

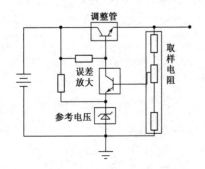

图 9-1　线性稳压电源原理图

（示意图，省略了滤波电容等元件），取样电阻通过取样输出电压，并与参考电压比较，比较结果由误差放大电路放大后，控制调整管的导通程度，使输出电压保持稳定。

线性稳压直流电源的优点是：反应速度快，输出纹波较小，工作产生的噪声低；缺点是：输出电压比输入电压低，效率较低，负载大时发热量大，间接地给系统增加热噪声。

常用的线性集成稳压器大致可分为3类：三端固定输出集成稳压器，三端可调集成稳压器，低压差线性集成稳压器。

9.2.1 三端固定输出集成稳压器

三端固定输出集成稳压器是一种串联调整式稳压器，它将调整、输出和反馈取样等电路集成在一起形成单一元件，只有输入、输出和公共接地 3 个引出端，通过外接少量元器件即可实现稳压，使用非常方便，故称为三端集成稳压器。典型产品有 78XX 正电压输出系列和 79XX 负电压输出系列如 7805、7905、7815 和 7915 等，外形及引脚排列如图 9-2 所示。输出电压有 5V、6V、9V、12V、15V、18V 和 24V 等多种，输出电流为 1A。根据功率的不同，还有 78MXX（79MXX）系列，输出电流为 0.5A；78LXX（79LXX）系列，输出电流为 0.1A。

图 9-2　三端集成稳压器外形及引脚排列

78XX（79XX）系列属于线性稳压器，通过改变晶体管的导通程度来改变和控制其输出的电压和电流，连续控制由输入端传给负载的功率。要求输入电压比输出电压高出 2~3V，否则就不能正常工作。由线性稳压器组成的电源优点是稳定性高，纹波小，可靠性高。缺点是效率较低，发热量大，往往需要外加散热片。三端集成稳压器正负输出型的引脚排列不同，78XX 系列为：1 脚输入，2 脚接地，3 脚输出；79XX 系列为：1 脚接地，2 脚输入，3 脚输出。78XX（79XX）系列稳压器的优点是使用方便，不需做任何调整，外围电路简单，工作安全可靠，适合制作通用型、标称输出的稳压电源。其缺点是输出电压不能调整，不能直接输出非标称值电压，与一些精密稳压电源相比，其电压稳定度不够高。

图 9-3 所示为采用三端集成稳压器设计的单片机系统电源电路，可以提供+5V 的数字电路电源和±15V 的模拟电路电源，注意二者的"地"电位不同，在 PCB 电路设计中应遵循单点接地的原则。

9.2.2 三端可调输出集成稳压器

前述的 78XX（79XX）系列是固定电压输出型，还有一类三端集成稳压器是输出可调型，如 LM317 和 LM337。LM317 是正电压输出，其输出电压范围为 1.2~37V。LM337 是负电压输出，其输出电压范围为-1.2~-37V。三端可调集成稳压器的输出电流能力根据系列不同可以从 0.1~5A。例如，LM317L 为 0.1A，LM317H 为 0.5A，LM317 为 1.5A，LM318 为 5A（电压为 1.2~32V）。负电压系列与此类似。

三端可调集成稳压器正负电压输出型的引脚排列不同，使用时需要注意。LM317（正输出型）为：1 脚调整，2 脚输出，3 脚输入；LM337（负输出型）为：1 脚调整，2 脚输入，3 脚输出。三端可调集成稳压器的外形（TO-220）和应用电路如图 9-4 所示。图中的滤波电容最好采用钽电容，如果采用电解电容，则可选 10~1000μF。

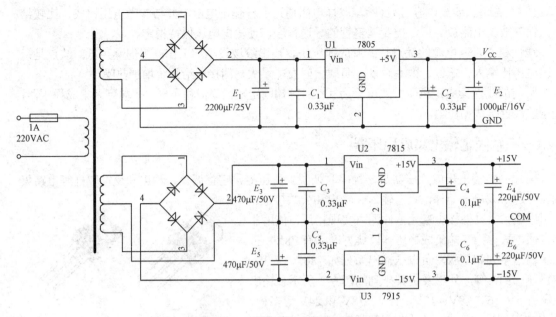

图 9-3　三端集成稳压器应用电路

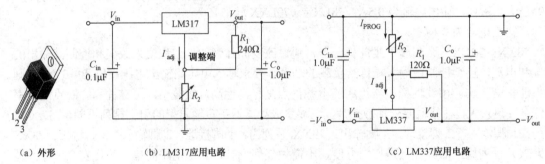

（a）外形　　　　　　（b）LM317应用电路　　　　　　（c）LM337应用电路

图 9-4　三端可调集成稳压器的外形和应用电路

输出电压与输入电压的关系为

$$V_{out} = \pm 1.25\,\text{V}\left(1+\frac{R_2}{R_1}\right) + I_{adj}R_2 \tag{9-1}$$

9.2.3　低压差线性稳压器（LDO）

前述三端集成稳压器工作时，一般输入/输出电压差为 2～3V，有的要达到 4V 以上。有时系统中的输入电压、转换效率、散热条件等难以满足压差要求，如电池供电系统利用 3.6V 产生 3V 的电压，压差只有 0.6V，且转换效率也要求很高，显然前述三端集成稳压器难以满足。为此，近些年低压差线性稳压器（Low Dropout Regulator，LDO）得到充分的发展，并在逐步取代传统的线性稳压器。

LDO 的优点是输出噪声低，纹波系数小，电源电压影响小，负载变化时输出电压相应的变化速度快；外部元件少，一般是输入/输出端各有 1～2 个电容器；尺寸小，易使用；在输出电流较小时，LDO 的成本只有开关电源成本的几分之一。缺点是效率相对较低，会随着输出电压的降低而降低。例如，某款 LDO 在输入电压 3.6V、输出电压 3V 时效率为 83%，而当输出电压差低到 1.6V 时，效率降为 43%。此外，LDO 只能用于降压场合。

目前，LDO 的种类比较多，读者可到各网站查询，本书以 LP3871 为例说明 LDO 应用。

LP3871 是超低压差线性稳压器，输入范围为 2.5～7V，输出电压规格有：5.0V、3.3V、2.5V 和 1.8V。在 0.8A 满载输出时，压差为 0.24V；在输出电流为 80mA 时，压差只有 24mV。具有关断和故障输出功能，关断后静态电流只有 10nA，便于系统内部电源管理。LP3871 的封装和应用电路如图 9-5（a）、（b）所示。

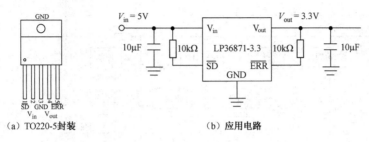

(a) TO220-5封装   (b) 应用电路

图 9-5　LP3871 的封装和应用电路

$\overline{\text{SD}}$ 是关断引脚，不使用时需要接到 V_{IN}。$\overline{\text{ERR}}$ 引脚在输出电压低于正常值 10%时，输出低电平。

LP2940 系列的输出电流能力达到 1A，输出电压规格有 5V、8V、9V、10V、12V 和 15V，输出电流 1A 时，压差为 1V。LM2990 系列是负电压输出 LDO，输出电流为 1A，电压输出规格为–5V，–5.2V，–12V 和–15V，在输出电流为 1A 时，压差为 0.6V。

9.3　DC/DC 电源

DC/DC 电源（直流-直流转换器）的功能是：将直流电源电压转换为与之相同或不同的若干个直流电源电压，以满足单片机系统对供电电源降压、升压及隔离的要求。其工作原理框图如图 9-6 所示，通过振荡电路和功率开关器件把输入的直流电压转变为交流电压，通过变压器变压之后，再经过整流、滤波、稳压转换为直流电压输出。在一些小功率电路中，可不采用高频变压器，而直接对功率开关器件输出的脉冲电压信号进行滤波。从输入/输出的关系而言，DC/DC 电源有降压、升压及隔离 3 种形式的电路。

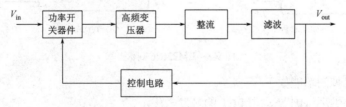

图 9-6　DC/DC 电源工作原理

9.3.1　降压型 DC/DC 电源电路

在单片机系统中，有时需要输入电压为直流 14～28V，输出电压为直流 3.3V、输出电流为 2A 的电源。如果采用线性稳压器来实现，则效率太低，显然是不合适的。因此，可利用降压型 DC/DC 电源芯片实现。

LM22676 稳压器是单片集成 DC/DC 电源芯片，可用于实现降压开关稳压电源，具有优良的线性与负载调节特性。其输入电压范围为 4.5～42V，可以驱动电流高达 3A 的负载，效率可达 90%。开关时钟频率为 500kHz，由内置振荡器提供。LM22676 内部集成了自举二极管，具有软启动功能，使稳压器可以逐步到达初始稳态工作点，从而降低浪涌电压和电流。内置热关断和限流功能，超过 150℃ 的情况下保护芯片。有使能控制输入端，可使稳压器休眠至静态电流为 25μA 的待机状态。LM22676 广泛用于工业控制、通信系统、嵌入式系统、汽车电子装置等领域。LM22676 的内部结构如图 9-7 所示，其常用的 PSOP-8 和 TO-263 封装如图 9-8 所示。

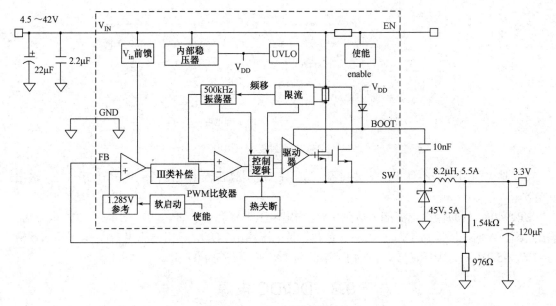

图 9-7　LM22676 的内部结构

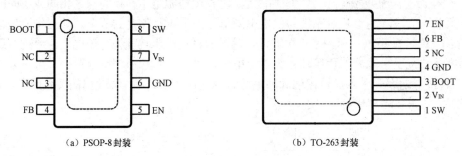

（a）PSOP-8 封装　　　　　　　　　　（b）TO-263 封装

图 9-8　LM22676 封装

LM22676 各引脚的功能如下。

- BOOT：提供高压侧 N 沟道 FET 的触发电压。
- NC：未连接。
- FB：将输出反馈到内部电压误差放大器。
- EN：使能控制，低电平时，稳压器关闭。
- GND：接地。
- V_{IN}：输入电源电压。
- SW：开关输出引脚。

采用 LM22676-ADJ 设计的降压 DC/DC 电源电路如图 9-9 所示。

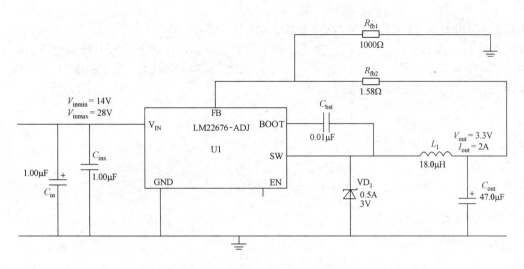

图 9-9   采用 LM22676-ADJ 设计的降压 DC/DC 电源电路

LM22676 采用具有输入电压前馈的电压模式控制。其内部集成了一个 N 沟道 FET 开关和高电平移位/栅极驱动器，栅极驱动器电路与内部二极管和外部自举电容协同工作，连接在 BOOT 引脚和 SW 引脚之间的一个 0.01μF 陶瓷电容可有效驱动内部 FET 开关。在开关关断时间内，外部自举电容从内部电源通过内部自举二极管充电。当工作在高 PWM 占空比时，开关在每个周期内会被强制关断，以保证自举电容能重新充电。VD_1 需要使用肖特基二极管。

电感 L_1 的值是由负载电流、纹波电流、最小和最大输入电压决定的。为保证电路工作在连续传导模式，最大的纹波电流 Δi_L 应小于两倍的最小负载电流，一般使电感电流纹波峰-峰值大约为标称输出电流的 30%，即：$\Delta i_L = 0.3 \times i_L$。可以利用式（9-2）计算电感 L_1 的值为

$$L_1 = \frac{V_{out} \times (V_{inmax} - V_{out})}{\Delta i_L \times F \times V_{inmax}} \tag{9-2}$$

其中 F 是开关频率，该值为 500kHz。增大电感通常将减慢瞬态响应，但会减小输出电压纹波幅度；降低电感通常将加快瞬态响应，但会增大输出电压纹波。

为了降低输入端 V_{IN} 的纹波电压并限制输出端的纹波电压，并降低尖峰噪声，输入/输出端需要采用低等效串联阻抗（ESR）的高质量电容，最好再与大容量的电解电容并联使用。输出电容选择还取决于输出电压纹波和对电压瞬态响应的要求，通常推荐使用至少 100μF 的电容。

输出电压的值通过电阻分压器来确定。当采用 LM22676-ADJ 型号时，电阻分压器的值采用式（9-3）计算，此时 V_{FB} 为 1.285V，并且 R_{fb1} 与 R_{fb2} 电阻之和小于 10kΩ。

$$R_{fb1} = R_{fb2} \left/ \left(\frac{V_{out}}{V_{FB}} - 1 \right) \right. \tag{9-3}$$

9.3.2   升压型 DC/DC 电源电路

一些便携的单片机应用系统采用电池供电，在系统内部需要高电压时，可以采用 DC/DC 变换器进行升压，满足系统的要求。例如，有一单片机应用系统的输入电压范围为直流 3～3.6V，内部某单元电路需要 12V 电压，电流最大为 0.2A，可采用升压型 DC/DC 电源芯片 LM2735X 来实现。

LM2735 是单片集成升压型 DC/DC 变换器，输入电压范围为 2.7～5.5V，输出电压范围为 3～24V，低端开关电流能力最大为 2.1A。外部元件少，易于使用，效率可达 90% 以上。开关时钟

频率有两种，分别为 520kHz（LM2735X）和 1.6MHz（LM2735Y），由内置振荡器提供。采用电流模式控制，内部具有补偿功能、热关断功能和软启动功能，关断模式下静态电流消耗为 80nA。它广泛应用于便携设备和 USB 供电设备。LM2735 的内部结构和典型的 SOT23 封装如图 9-10 所示。各引脚的功能介绍如下。

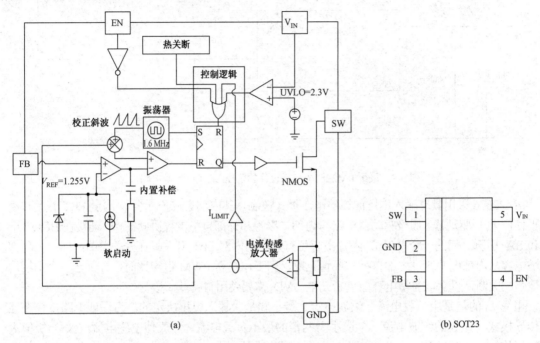

图 9-10　LM2735 内部结构和 SOT23 封装

- SW：内部功率开关输出引脚。
- FB：反馈输入引脚，连接外部电阻分压器，用于决定输出电压。
- EN：关断控制输入端。高电平允许芯片工作，不能悬空。
- V_{IN}：输入电源电压引脚。
- GND：信号和电源地。

采用 LM2735 设计的升压 DC/DC 电源电路图如图 9-11 所示。

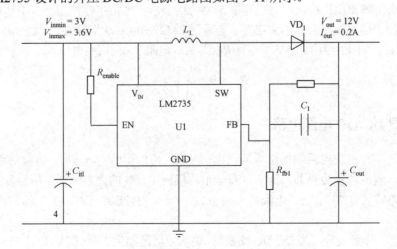

图 9-11　采用 LM2735 设计的升压 DC/DC 电源电路

电路中二极管 VD_1 要采用肖特基二极管。电感 L_1 的值决定了输入纹波电流，电感值较小时会增大输入纹波电流，较大时纹波电流小。一般使电感电流纹波峰-峰值大约为标称输出电流的 30%，即：$\Delta i_L = 0.3 \times i_L$。电感 L_1 按式（9-4）计算得

$$L_1 = \left(\frac{V_{in}}{2 \times \Delta i_L} \right) \times DT_s \tag{9-4}$$

其中，T_s 为开关频率的倒数，D 为开关信号的占空比，近似采用式（9-5）计算

$$D = \frac{V_{out} - V_{in}}{V_{out}} \tag{9-5}$$

输入端电容应采用表面贴装的低等效串联电感（ESL）的电容。根据应用不同，其取值范围为 $10 \sim 44\mu F$。输出电容选择取决于输出电压纹波和对电压瞬态响应的要求，要求采用低等效串联电阻（ESR）的电容，一般不低于 $10\mu F$，或者根据芯片手册进行计算。

输出电压决定于分压电阻 R_{fb1} 与 R_{fb2}。一般取 R_{fb1} 为 $10k\Omega$，则根据要求的输出电压按式（9-6）计算 R_{fb2}，即

$$R_{fb2} = \left(\frac{V_{out}}{V_{REF}} - 1 \right) \times R_{fb1} \tag{9-6}$$

DC/DC 电源对印制电路板的设计要求较高，应参照生产厂家给出的设计要求和布局进行设计。

9.3.3　DC/DC 模块电源的选择与应用

前述 DC/DC 集成稳压器应用时需要进行电路设计。目前有很多厂家已经设计好了成系列的 DC/DC 模块电源，应用时可以直接选用。DC/DC 模块电源具有体积小巧、性能稳定、使用方便的特点，而且由于大规模生产，成本也很低。

目前，DC/DC 模块电源种类很多，输出功率从 1W 到上百瓦，输出电压包括单路输出、正负双路输出、双隔离双输出和多路输出等多种形式，输出电压覆盖了常用的电源电压的要求。有 SIP（单列直插式）、DIP（双列直插式）、表面贴装等多种形式，可以直接安装在印制电路板上，也有适合直接固定在机柜导轨上的封装形式。大多数 DC/DC 模块电源具有隔离功能，隔离电压有 1 000V、1 500V、3 000V、6 000V、12 000V 等多种。图 9-12 是一些适合印制电路板上安装的 DC/DC 模块的外形图。

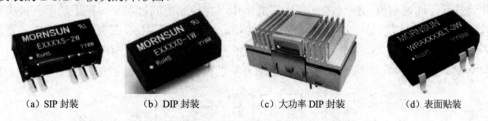

（a）SIP 封装　　　　（b）DIP 封装　　　　（c）大功率 DIP 封装　　　　（d）表面贴装

图 9-12　印制电路板上安装的 DC/DC 模块外形图

在单片机应用系统的设计中，可以选择 DC/DC 模块电源，以省去电源设计、调试方面的麻烦，将主要精力集中在自己专业的领域，这样不仅可以提高整体系统的可靠性和设计水平，还可以缩短产品开发的时间。尤其是在需要多路电源或信号的隔离时，这种方案的优点就更加突出。

下面以金升阳公司生产的 DC/DC 模块 WRB24XX 系列为例介绍，该模块功率为 6W，输入

额定电压为 24V，实际输入电压范围为 18～36V，输出电压有单路（5V、12V、15V、24V）和双路（±5V，±12V 和±15V）两种。输入/输出隔离电压为 1 500VDC，带有自恢复输出短路保护，适用于直流 24V 供电系统的电源设计。其典型应用如图 9-13 所示。

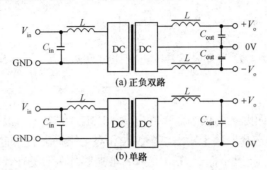

(a) 正负双路

(b) 单路

图 9-13　DC/DC 电源模块的典型应用

一般情况下，DC/DC 电源模块的输入/输出端只需连接电容即可，为了降低纹波，可串联电感。在使用时，要确保在整个输入电压范围内，其输出最小负载不能小于满负载的 10%。如果实际负载小于规定的最小负载，该 DC/DC 电源模块的输出纹波可能急剧增大，效率会大大降低。此时可在输出端并联一个适当阻值的电阻以增加负载。

9.4　AC/DC 电源

9.4.1　AC/DC 电源技术

随着电子设备体积不断缩小和质量不断减轻，要求供电电源小型化。近年来国际上著名的芯片厂家陆续推出各类单片集成转换芯片，已成为国际上开发中、小功率开关电源及电源模块的优选集成芯片。采用单片集成转换芯片构成 AC/DC 开关电源日益增多，广泛应用于办公自动化设备、仪器仪表、无线通信设备及消费类电子产品中。采用这类芯片可以实现直接的 AC/DC 变换，具有效率高、成本低的特点。下面以安森美（On Semiconductor）公司推出的 NCP101X 芯片为例介绍 AC/DC 供电技术。

1. AC/DC 电源变换原理

AC/DC 电源直接变换的原理框图如图 9-14 所示。输入的交流 220V 电压经过浪涌电压抑制和 EMI 滤波后，通过整流电路转换成高压直流电压，在控制器的控制下，高压功率开关将直流电压变为高频脉冲电压信号，经过高频变压器并整流、滤波、稳压形成直流电压输出。当输入电压或外接负载变化时，取样电路检测到输出电压变化，经过反馈通道送给控制器，经过脉宽调制（PWM）电路，再经过驱动电路控制功率开关的占空比，从而达到稳定输出电压的目的。

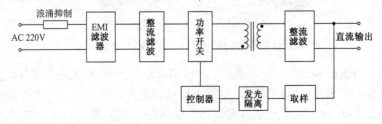

图 9-14　AC/DC 电源直接变换原理框图

2. 单片集成 AC/DC 转换芯片 NCP101X 简介

NCP101X 系列芯片包含 NCP1010、NCP1011、NCP1012、NCP1013 和 NCP1014 等型号，最大输出电流可达 450mA，其内部结构如图 9-15 所示。NCP101X 集成了一个固定频率的电流模式控制器和一个 700V 的功率 MOSFET，电流模式控制器以固定频率工作，可选择 65kHz、100kHz 或 130kHz。芯片采用动态自供电技术，具有软启动功能，能在 1ms 内进行软启动。内置过电压保护电路和具有自恢复功能的输出短路保护电路，特别适用于小功率 AC/DC 电源。该系列芯片具有 3 种封装形式，常用的 DIP-7 和 SOT-223 封装如图 9-16 所示。

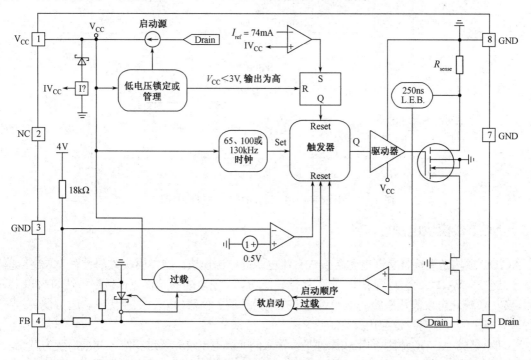

图 9-15　NCP101X 的内部结构

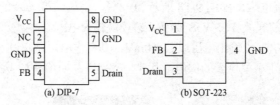

(a) DIP-7　　　(b) SOT-223

图 9-16　NCP101X 封装

NCP101X 各引脚功能介绍如下。

- V_{CC}：内部电路供电，外部连接一个 10μF 电容。该引脚可连接辅助电源以改善待机性能，同时在反馈回路出现故障时，该引脚还提供有源关断保护。
- NC：未连接。
- GND：接地。
- FB：反馈信号输入。可利用光电耦合器接收输出端反馈信号的输入，根据输出功率的需要调整峰值电流设定点。
- Drain：内部 MOSFET 的漏极。

3. 采用 NCP1012 设计的 AC/DC 电源

采用 NCP1012 设计 12V AC/DC 电源电路如图 9-17 所示。输入的交流电压经整流、滤波后，直接由 NCP1012 的高压 MOSFET 开关控制，生成的高频脉冲电压信号经变压器变换，再经整流、滤波输出。取样电路由 R_3、R_4 组成，与光电耦合器 PC817 组成隔离式光耦反馈回路。整个电路具有简单、高效的特点，可以去掉体积大、成本高的工频变压器。

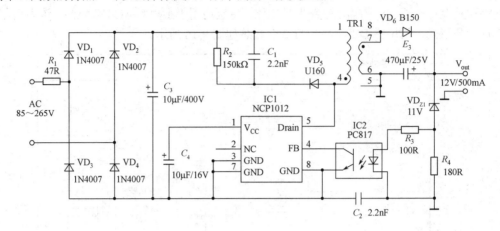

图 9-17　采用 NCP1012 设计的 12VAC/DC 电源

9.4.2　AC/DC 模块电源

AC/DC 模块是直接将交流电源转换成直流电源的电源模块。这类模块大都具有输入电压范围宽（85～264VAC）、交直流两用、高可靠性、低功耗、安全隔离等优点，效率可达 80%以上。使用 AC/DC 模块可以简化系统的电源设计，在电力行业、仪器仪表、工业控制、通信设备、医疗行业等多个领域都有广泛应用。

小功率集成 AC/DC 模块的工作原理是：输入的交流电压首先经过整流、滤波后变为直流，内部主控芯片根据负载要求控制开关管的导通，产生高频交流电压，经高频变压器和整流、滤波后，即可输出稳定的直流电压。如图 9-18 所示为一些印制电路板安装的 AC/DC 模块外形图。以力源公司生产的 AC/DC 模块 PS5W5S 为例，该模块输入电压范围为交流 165～265V，输出为 5V/900mA，典型效率为 70%，输出电压纹波 50mV，具有输出短路、过热保护功能，输入/输出隔离电压为 2500V，可用于小型仪表的供电。其典型应用电路如图 9-19 所示。

图 9-18　印制电路板安装的 AC/DC 模块外形图

以金升阳公司生产的 AC/DC 模块 LB05-10B05 为例，该模块输入电压范围为 85～264VAC，50/60Hz，输出为 5V/1000mA，典型效率为 73%，输出电压纹波 50mV，具有稳压输出，输出短路、过流、过温保护，体积为 55mm×45mm×21mm，输入/输出隔离电压达到 3000V，可用于小型仪表的供电。其典型应用电路如图 9-20 所示。

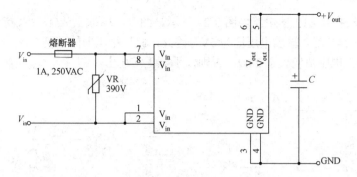

图 9-19　AC/DC 模块 PS5W5S 的典型应用电路

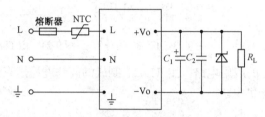

图 9-20　AC/DC 模块 LB05-10B05 的典型应用电路

9.5　基准电源的产生方法

单片机应用系统中的模拟放大和 A/D 转换等电路需要高精度、高稳定性的供电电源和参考电压源。基准电源是一种可以产生高精度、高稳定性电压的器件或电路，它产生的电压给特定部件作为参考电压使用。基准电源使用广泛，其精度和可靠性直接决定着系统的精度和可靠性。常用的基准电源按基本组成可分为分立元件电路和集成电路两大类。

9.5.1　稳压管基准电源电路

稳压管基准电源电路如图 9-21 所示。VD_Z 是稳压管，R 是限流电阻，V_i 是输出直流电压。V_o 为输出电压，等于稳压管两端的电压 V_Z，即为基准电压。稳压管的电流调节作用是这种稳压电路能够稳压的关键，即利用稳压管端电压 V_Z 的微小变化，引起电流 I_Z 较大的变化，通过电阻 R 起着电压调节作用，保证输出电压基本恒定。由于稳压管和负载电阻是并联的，因此这种电路也叫并联式稳压电路。

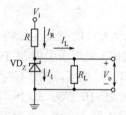

图 9-21　稳压管基准电源电路

9.5.2　集成基准电源电路

常用的精密集成稳压电路有 TL431、MAX6035、ICL8069、AD584 等芯片。

TL431 是具有良好的热稳定性的三端可调分流基准电源。它的输出电压用两个电阻就可以任意地设置到从 V_{ref}（2.5V）到 36V 范围内的任何值。TL431 的内部结构如图 9-22 所示。由图可见，Vi(ref)是一个内部的 2.5V 基准源，接在运放的反相输入端。由运放的特性可知，只有当 R 端（同相端）的电压非常接近 2.5V 时，三极管中才会有一个稳定的非饱和电流通过，而且随着 REF 端电压的微小变化，通过三极管的电流将从 1～100mA 变化。

图 9-23 是 TL431 的符号，3 个引脚分别为：阴极（C）、阳极（A）和参考端（R）。

由 TL431 构成的 5V 稳压器电路如图 9-24 所示。图中，R_0 取 1.5kΩ，R_1、R_2 分别取 10kΩ，输入电压 V_i 为 12～24V 时，输出电压均为 5V，因此，此种稳压器的精度很高。但是当在 C、A 端并接负载电阻时，电阻值应大于 2kΩ，否则，不能正常输出。

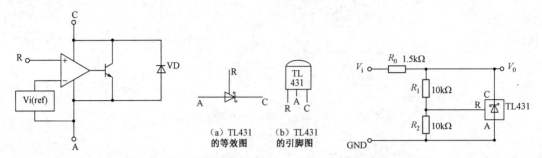

图 9-22　TL431 的内部结构　　　图 9-23　TL431 的符号　　图 9-24　由 TL431 组成的 5V 稳压器电路

图 9-25 所示为 TL431 的应用电路，用 TL431 制成的高精度稳压直流电源的纹波很小，精度较高，可以给高精密仪器供电。

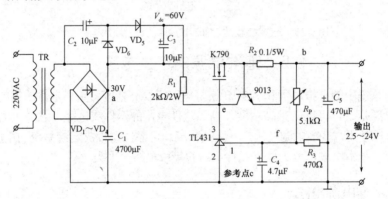

图 9-25　TL431 的应用电路

MAX6035 是宽电压输入范围和微功耗的基准电源，具有 2.5V、3.0V 和 5.0V 输出电压。MAX6035 采用 3 引脚 SOT23 和 8 脚 SOIC 封装，典型应用和封装形式如图 9-26 所示。工作于 −40～125℃ 温度范围。其特性是：宽电压输入范围（6.9～33V）；在使用温度范围内，温度系数最大为 $25×10^{-6}/℃$；±0.2%（最大值）初始精度；95μA（最大值）静态电源电流；10mA 输出电流，2mA 灌入电流；无须输出电容；在高达 5μF 的容性负载下仍稳定工作。

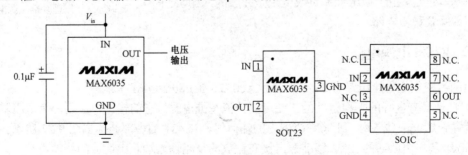

图 9-26　MAX6035 的典型应用和封装形式

ICL8069 的主要性能参数：基准电压典型值为 1.23V，最小值为 1.20V，最大值为 1.25V；最大工作电流为 5mA；稳定性好，当工作电流在 50μA～5mA 范围变化时，V_{REF} 的变化量小于

20mV。ICL8069 的典型应用电路如图 9-27 所示，图 9-27（a）为基本应用电路，图 9-27（b）为带缓冲的 10V 参考电源输出电路。

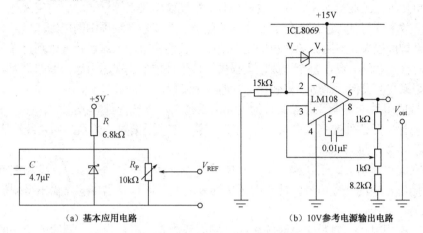

（a）基本应用电路   （b）10V 参考电源输出电路

图 9-27　ICL8069 的典型应用电路

AD584 是美国 ADI 公司率先推出的可编程基准电源，具有优良的温度系数，在 0～70℃的温度范围内，温度系数最大为 $5×10^{-6}$/℃。静态电流为 1mA，具有 10mA 的带负载能力。输入电压范围为 4.5～30V，工作温度范围为-55～125℃。它不仅可获得 4 种固定的基准电压值，还可以在 2.5～10V 范围内设定所需的基准电压值，同时还能提供两线制的负参考电压输出，使用非常灵活。AD584 的封装形式如图 9-28 所示。

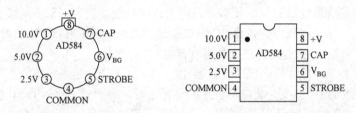

图 9-28　AD584 的封装形式

AD584 采用引脚编程来决定输出电压。当在 8 脚和 4 脚提供电源后，如果其他引脚悬空没有连接，则输出 10V 的参考电压；当连接引脚 2 和 3 时，输出 7.5V；连接引脚 2 和 1 时，输出 5.0V；连接引脚 3 和 1 时，输出 2.5V。AD584 的典型应用电路如图 9-29 所示。

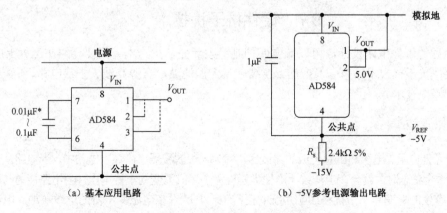

（a）基本应用电路   （b）-5V 参考电源输出电路

图 9-29　AD584 的典型应用电路

9.6　干扰对单片机应用系统的影响

近年来，单片机在工业自动化、生产过程控制、智能仪器仪表等领域的应用越来越广泛，有效地提高了生产效率。但是，应用系统的工作环境复杂，尤其是系统周围的电磁环境，对系统的可靠性与安全性构成极大的威胁。单片机应用系统必须长期稳定、可靠运行，否则将导致控制误差加大，严重时会使系统失灵，甚至造成巨大损失。抗干扰技术越来越引起人们的重视，并且贯穿于单片机应用系统的设计、制造、安装及运行的各个阶段。

影响单片机应用系统安全、可靠运行的主要因素是来自系统内部和外部的各种电气干扰，以及系统结构设计、元器件选择、安装、制造工艺等。这些因素对单片机应用系统造成的影响主要表现在以下几个方面。

（1）数据采集误差增大。干扰侵入单片机应用系统的模拟信号输入通道，叠加在有用信号之上，甚至干扰信号淹没测量信号，使数据采集误差增大。特别是当传感器输出微弱信号时，干扰将更加严重。

（2）控制状态失灵。一般数字系统输出的控制信号较大，不易受到外界的干扰。但数字系统输出的控制信号常依据某些条件输入状态信号和这些信号的逻辑处理结果。若这些输入的状态信号受到干扰，引入虚假状态信号，将导致输出控制状态发生变化，甚至控制失灵。

（3）数据受干扰发生变化。在单片机应用系统中，由于 RAM 是可以读写的，因此在干扰的侵入下，RAM 中的数据有可能被窜改。根据干扰窜入的途径和受干扰数据的性质不同，系统受损坏的情况也不同。有的造成数据误差，有的使控制失灵，有的改变程序的运行状态，有的改变某些部件的工作状态。例如，当 MCS-51 单片机的复位端没有特殊的抗干扰措施时，干扰侵入该接口，可能造成系统误复位或使单片机内的特殊功能寄存器（SFR）状态发生变化，导致系统工作不正常。又如，当程序计数器 PC 的值超过芯片地址范围时，CPU 获得虚假数据 FFH，对应执行"MOV　R7,A"指令，造成工作寄存器 R7 内容变化。

（4）程序运行失常。单片机中程序计数器 PC 的正常工作，是系统维持程序正常运行的关键。若外界干扰导致 PC 值改变，将破坏程序的正常运行。由于受干扰后的 PC 值是随机的，因而导致程序混乱。通常的情况是程序将执行一系列毫无意义的指令，最后进入"死循环"，这将使输出严重混乱或系统失灵。

综上所述，提高单片机应用系统的可靠性、安全性，已成为日益关注的课题。人们在不断完善单片机应用系统硬件配置的过程中，分析系统受干扰的原因，探讨和提高系统的抗干扰能力，不但具有一定的科学理论意义，而且具有很高的工程实用价值。

9.7　硬件抗干扰技术

通过合理的硬件电路设计，可以减弱或抑制绝大部分干扰。本节简要介绍在工程上广泛采用的一些硬件抗干扰技术的概念及应用，主要包括无源滤波、有源滤波、去耦电路、屏蔽技术、隔离技术和接地技术等。

9.7.1　无源滤波

由无源元件电阻、电容和电感构成的滤波器，称为无源滤波器。在数字电路中，当电路从一个状态转换至另一个状态时，就会在电源线上产生尖峰电流，形成瞬变的干扰电压。当电路接通与断开电感负载时，产生的瞬变噪声干扰将影响系统的正常工作。所以在电源变压器的进线端加入电源滤波器，削弱瞬变噪声的干扰。在抗干扰技术中，使用最多的是低通滤波器，其主要元件是电容和电感。

9.7.2 有源滤波

由电阻、电容、电感和有源元件如晶体管、线性运算放大器等构成的滤波器，称为有源滤波器。RC 有源滤波器的谐振频率可由 RC 网络任意设定，RC 网络的损耗由运算放大器补偿。另外，这种滤波器可做成具有高品质因数，当品质因数一定时，RC 网络的谐振频率可调。因此，RC 有源滤波器是当前应用较多的一种滤波器。

9.7.3 去耦电路

由于单片机应用系统三总线上的信息变化几乎是在同一时刻发生的，所产生的尖峰电流将在电源内阻上产生压降、在公共传输导线上产生压降，从而使供电电压跳动，如图 9-30（a）所示。欲减少尖峰电流的影响，一种方法是在布线上采取措施，使杂散电容降至最小；另一种方法是设法减少电源内阻，使尖峰电流不至于引起过大的电源电压波动。常用的方法是在数字电路的电源线端与地线端加接电容，如图 9-30（b）中的 C 称为去耦电容。通常可按 $C = 1/f$ 选用去耦电容，其中，f 为电路频率，即 10MHz 取 0.1μF，100MHz 取 0.01μF。对单片机应用系统，C 一般取 0.1～0.01μF。

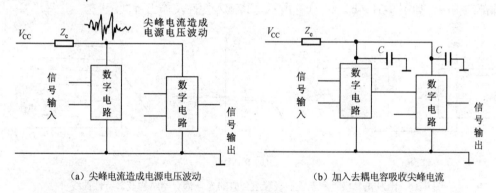

(a) 尖峰电流造成电源电压波动   (b) 加入去耦电容吸收尖峰电流

图 9-30 尖峰电流造成电源电压波动及加入去耦电容吸收尖峰电流

9.7.4 屏蔽技术

1. 屏蔽的概念

屏蔽是指用屏蔽体把通过空间进行电场、磁场或电磁场耦合的部分隔离开来，割断其空间场的耦合通道。屏蔽的方法通常是用低电阻材料做成屏蔽体，把需要隔离的部分包围起来。被隔离的部分既可以是干扰源，也可以是易受干扰的部分，这样，既可以屏蔽被隔离部分向外施加干扰，也可以屏蔽被隔离部分接收外来的干扰。

2. 信号传输中屏蔽技术的使用

对于从现场输出的开关信号或从传感器输出的微弱模拟信号，最简单的传输方法是采用塑料绝缘的双平行软线。但平行软线间的分布电容较大，抗干扰能力差，不仅静电感应容易通过分布电容耦合，而且磁场干扰也会在信号线上感应出干扰电流。因此在干扰严重的场所，一般不简单使用这种双平行软线来传送信号，而是将信号线加以屏蔽，以提高抗干扰能力。屏蔽信号线的方法，一种是采用双绞线，其中一根用作屏蔽线，另一根用作信号传输线；另一种是采用金属网状编织的屏蔽线，金属编织网做屏蔽外层，芯线用来传输信号。一般的选用原则是：抑制静电感应干扰采用金属网状编织的屏蔽线，抑制电磁感应干扰用双绞线。

9.7.5 隔离技术

隔离是指从电路上把干扰源和易干扰的部分隔离开来，使单片机应用系统与现场仅保持信号联系，不直接发生电的联系。隔离的实质是把引进干扰的通道切断，从而达到隔离现场干扰的目的。一般工业应用的单片机系统既包括弱电控制部分，又包括强电控制部分。实行弱电和强电隔离，是保证系统工作稳定、设备与操作人员安全的重要措施。测控装置与现场信号之间、弱电和强电之间，常用的隔离方式有光电隔离、变压器隔离和继电器隔离等。

1. 光电隔离

光电隔离是由光电耦合器件来完成的。光电耦合器是以光为介质传输信号的器件。其输入端配置发光源，输出端配置受光器，因而输入和输出在电气上是完全隔离的。输入和输出之间无电接触，能有效地防止输入端的电磁干扰以电耦合的方式进入单片机应用系统。同时，由于在光电耦合器的输入回路和输出回路之间有近 500～1 000V 甚至更高的耐压值，因此还能起到很好的安全保障作用。

光电耦合器可根据需求不同，由不同种类的发光元件和受光元件组合成许多系列的光电耦合器。目前广泛使用的是由发光二极管与光敏三极管组合成的光电耦合器，如图 9-31（a）所示是其内部结构图，如图 9-31（b）和（c）所示是其输入特性及输出特性。

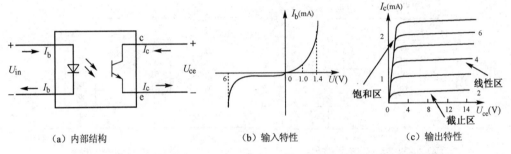

（a）内部结构　　　　　　　　　（b）输入特性　　　　　　　　　（c）输出特性

图 9-31　由发光二极管和光敏三极管组合成的光电耦合器结构及其特性曲线

如图 9-32 所示为光电耦合器在实际电路中的应用，图（a）所示为模拟信号采集电路用光电耦合器输入的电路，信号从发射极引出；图（b）所示为脉冲信号输入电路采用施密特触发器输出的光电耦合电路；图（c）所示为利用光电耦合器作为输出的电路，其中 J 为继电器线圈；图（d）所示为用光电耦合器控制晶闸管（SCR）的电路。

2. 继电器隔离

继电器的线圈和触点之间没有电气上的联系，因此，可利用继电器的线圈接收电气信号，利用触点发送和输出信号，从而避免强电和弱电信号之间的直接接触，实现了抗干扰隔离，如图 9-33 所示。

3. 脉冲变压器隔离

脉冲变压器可实现数字信号的隔离。脉冲变压器的匝数较少，而且一次和二次绕组分别缠绕在铁氧体磁芯的两侧，分布电容仅几皮法，所以可作为脉冲信号的隔离器件。脉冲变压器隔离输入/输出信号时，不能传递直流分量，因而在数字系统中得到广泛应用。脉冲变压器的信号传递频率一般在 1kHz～1MHz 之间，新型高频脉冲变压器的传递频率可达 10MHz。脉冲变压器主要用于晶闸管、大功率晶体管等可控器件的控制隔离中。

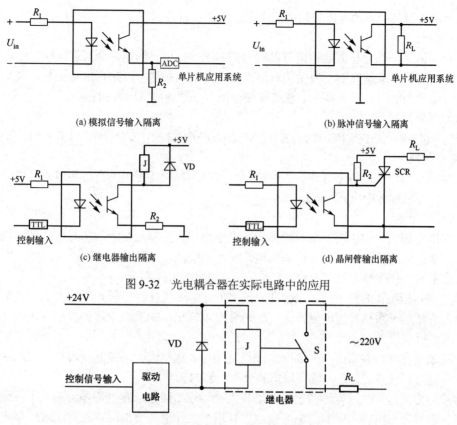

(a) 模拟信号输入隔离

(b) 脉冲信号输入隔离

(c) 继电器输出隔离

(d) 晶闸管输出隔离

图 9-32　光电耦合器在实际电路中的应用

图 9-33　使用继电器实现强电与弱电隔离

9.7.6　接地技术

实践证明，单片机应用系统和其他工业用电子设备的干扰与系统的接地方式有很大关系。良好接地可以在很大程度上抑制系统内部噪声耦合，防止外部干扰的侵入，提高系统的抗干扰能力；反之，若接地处理得不好，会导致噪声耦合，形成严重干扰。因此，在抗干扰设计中，对接地方式应予以认真考虑。

1．接地的含义

电气设备中的"地"，通常有两种含义：一种是"大地"，另一种是"工作基准地"。所谓"大地"是指地球大地。这时的所谓接地是指电气设备的金属外壳、线路等通过接地线、接地极与地球大地相连接。这种接地可以保证设备和人身安全，提供静电屏蔽通路，降低电磁感应噪声。而"工作基准地"是指信号回路的基准导体，如系统电源的零电位，又称"系统地"。这时的所谓接地是指将装置内部各单元电路信号返回线与基准导体连接。这种接地目的是为电路提供稳定的基准电位。对这种接地的要求是尽量减小接地回路中的公共阻抗压降，以减小系统中干扰信号施加于公共阻抗的耦合。

2．接地目的

电气设备的接地目的，其一是为各电路的工作提供基准电位（见前面叙述），其二是为了安全，其三是为了抑制干扰。

1）安全

根据用电法规，电气设备的金属外壳必须接地，称为安全接地。其目的是防止电气设备的金属外壳上出现过高的对地电压和漏电流而危害人身、设备的安全。

2）抑制干扰

电气设备的某些部分与大地相接可以起到抑制干扰作用。例如，金属屏蔽层接地，可以抑制变化电场的干扰；双绞线中一根做信号线，另一根两端接地可以防止电磁干扰；大型电气设备往往具有很大的对地分布电容，合理选择接地点可以削弱分布电容的影响。

3．接地的分类

根据电气设备中回路性质和接地目的，可将接地方式分成3类：安全接地、工作接地、屏蔽接地。

1）**安全接地**

安全接地是指电气设备金属外壳等的接地。它是为保护高压用电设备使用人员以防触电所必需的，一般要求接地电阻 $r_d < 10\Omega$。

2）**工作接地**

工作接地是指信号回路接于基准导体或基准电位点。控制系统中的基准电位是电路工作的参考电位，基准电位的连线称为工作基准地，又称系统地，通常是控制回路直流电源的零伏导线。电气设备的工作接地方式有3种：浮地、直接接地和电容接地。

浮地方式是指装置的整个地线系统和大地之间无导体连接，是以悬浮的"地"作为系统的参考电位。它适用于系统对地电阻很大、对地分布电容很小的系统。这种接地方式由外部共模干扰引起的干扰电流很小。

直接接地是指将控制系统中的基准电位点直接与大地相连。当控制设备有很大的对地分布电容时，只要合理选择接地点，就可以抑制分布电容的影响。

电容接地方式是指经过电容器把工作地与大地相连。接地电容主要是为高频干扰分量提供对地通道，抑制分布电容的影响。电容接地主要用于工作地与大地间存在直流或低频电位差的情况，所用的电容应具有良好的高频特性和耐压性能，一般选 $2\sim10\mu F$。

3）**屏蔽接地**

屏蔽接地是指电缆、变压器等屏蔽层的接地。为了抑制变化电场的干扰，在单片机应用系统和其他电子设备中广泛采用屏蔽保护，如电源变压器的初、次级间的屏蔽层，功能器件或线路的屏蔽罩等。为了充分抑制静电感应和电磁感应的干扰，屏蔽用的导体必须良好接地。如图 9-34 所示将信号传输电缆的屏蔽层在接收器侧接地，如图 9-35 所示为一个多层屏蔽应用的例子。

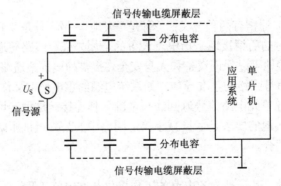

图 9-34 将信号传输电缆的屏蔽层在接收器侧接地

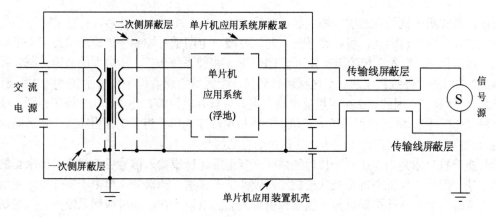

图 9-35 多层屏蔽接地应用

4．单片机应用系统的接地技术

1）浮地-屏蔽接地方案

在单片机应用系统中，通常把数字系统和模拟系统的工作基准地浮空，而设备外壳或机箱采用屏蔽接地。浮地方式可使系统不受大地电流的影响，提高了系统的抗干扰性能。由于强电设备大多数采用保护接地，浮地技术切断了强电与弱电的联系，系统运行安全可靠。单片机应用系统设备外壳或机箱采用屏蔽接地，无论从防止静电干扰和电磁感应干扰的角度考虑，还是从人身、设备安全的角度考虑，都是十分必要的措施。如图 9-36 所示为常用的两种浮地-屏蔽接地方案的应用。

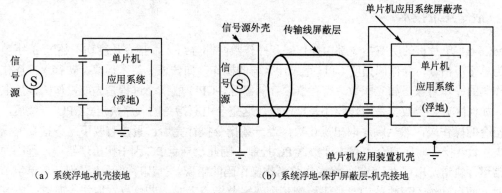

（a）系统浮地-机壳接地 　　　　　　　（b）系统浮地-保护屏蔽层-机壳接地

图 9-36 浮地-屏蔽接地方案的应用

2）一点接地与多点接地原则

在高频电路中，地线上具有电感，因而增加了地线阻抗，地线变成了天线，向外辐射干扰信号，因此要多点就近接地。在低频电路中，接地电路要避免形成环路，所以应一点接地。

9.8 软件抗干扰技术

9.8.1 软件抗干扰的一般方法

侵入单片机应用系统的干扰，一般频谱都很宽，且具有随机性，采用硬件抗干扰措施，只能抑制某个频段的干扰，仍有一些干扰会侵入系统。因此，除采取硬件抗干扰技术外，还需要采取软件抗干扰措施。

对于模拟信号输入，由于叠加其上的噪声干扰，将导致较大的测量误差。由于这些噪声的随机性，可以通过软件滤波剔除虚假信号，求取真值。对于输入的数字信号，可以通过重复检测的方法，将随机干扰引起的虚假输入状态信号滤除。当系统受到干扰后，往往使可编程的输出接口状态发生变化，因此，可以通过反复向这些接口定期重写控制字、输出状态字来维持既定的输出接口状态。窜入系统的干扰作用于 CPU 时，将使系统失控。最典型的故障是破坏程序计数器 PC 的状态，导致程序从一个区域跳转到另一个区域，或者程序在地址空间内"乱飞"，或者陷入"死循环"，因此，必须尽可能早地发现并采取补救措施，将"乱飞"程序拦截，或使程序摆脱"死循环"，将运行程序纳入正轨，转到指定程序入口。为了确保程序被干扰后能恢复到所要求的控制状态，就正确设定干扰后程序的自动恢复入口。

软件抗干扰技术是当系统受干扰后使系统恢复正常运行或输入信号受干扰后去伪求真的一种辅助方法。因此软件抗干扰是被动措施，而硬件抗干扰是主动措施。但由于软件设计灵活，节省硬件资源，因而软件抗干扰技术越来越引起人们的重视。在单片机应用系统中，只要认真分析系统所处环境的干扰来源及传播途径，采用硬件、软件相结合的抗干扰措施，就能保证系统长期稳定、可靠地运行。

软件抗干扰技术所研究的主要内容：一是采用软件的方法抑制叠加在模拟输入信号上干扰的影响，如数字滤波技术；二是在干扰使运行程序发生混乱，导致程序"乱飞"或陷入"死循环"时，采取将程序纳入正轨的措施，如软件冗余、软件陷阱、"看门狗"技术等。这些方法可以用软件实现，也可以采用软件、硬件相结合的方法实现。常用的软件抗干扰措施包括数字滤波技术、输入接口信号重复检测、输出接口数据刷新、软件拦截技术（如指令冗余、软件陷阱和"看门狗"技术）等。

9.8.2　指令冗余技术

MCS-51 单片机的所有指令都由操作码和操作数两部分组成，指令长度均不超过 3 字节，且多为单字节指令。操作码指明 CPU 完成什么样的操作，如传送、算术运算、转移等；操作数是操作码的操作对象，如立即数、寄存器、存储器等。CPU 取指令过程是先取操作码，后取操作数。如何区分某个数据是操作码还是操作数，这完全由取指令的顺序决定。CPU 复位后，首先取指令的操作码，然后顺序取出操作数。当一条指令执行完后，紧接着取下一条指令的操作码、操作数，操作时序完全由程序计数器 PC 控制。因此，一旦 PC 因干扰出现错误，程序便脱离正常运行轨道，出现"乱飞"、将操作数当作操作码的错误。当程序"乱飞"到某个单字节指令上时，便自动纳入正轨；当"乱飞"到某个双字节指令上时，若恰好在取指令时刻落到其操作数上，从而将操作数当作操作码，程序仍将出错；当程序"乱飞"到某个 3 字节指令上时，因为它们有两个操作数，误将操作数当作操作码的出错概率更大。为了使"乱飞"程序在程序区迅速纳入正轨，应该多用单字节指令，并在关键地方人为地插入一些单字节指令 NOP，或将有效单字节指令重写，称为指令冗余。此外，在对系统流向起重要作用的指令（如 RET，RETI，LCALL，LJMP，JC 等）之前插入两条 NOP，也可将"乱飞"程序纳入正轨，确保这些重要指令的执行。采用指令冗余技术使 PC 纳入正轨的条件是：跑飞的 PC 必须指向程序运行区，并且必须执行到冗余指令。

9.8.3　软件陷阱技术

当"乱飞"程序进入非程序区，如 EPROM 未使用的空间或表格区时，采用冗余指令使程序纳入正轨的条件便不满足。此时可以设定软件陷阱，拦截"乱飞"程序，将其迅速引向一个指定位置，在那里有一段专门对程序运行出错进行处理的程序。

软件陷阱，是指将"乱飞"程序引向指定位置，再进行出错处理。通常用转移指令强行将捕获到的"乱飞"程序引向指定入口地址，在那里有一段专门处理错误的程序，使程序纳入正轨。因此先要合理设计陷阱，再将陷阱安排在适当的位置。通常软件陷阱可安排在未使用的中断区、未使用的 EPROM 空间、非 EPROM 芯片空间、运行程序区的空余单元、中断服务程序区、RAM 数据保护区等。

1. 未使用的中断区

　　MCS-51 单片机的中断向量区为 0003H～002FH，各中断源与它所对应的中断服务程序入口地址见表5-3。如果应用系统程序中还有未使用的中断向量，则可在剩余的中断向量区设置软件陷阱，当未使用的中断因干扰而开放时，软件陷阱能够捕捉到错误的中断。

　　例如，某单片机应用系统使用了两个外部中断 $\overline{\text{INT0}}$，$\overline{\text{INT1}}$ 和一个定时/计数器 T0 中断，以及串行口中断，其中断服务子程序入口地址分别为 FUINT0，FUINT1，FUT0 和 FUCON，则可按下面程序段的方式在中断向量区设置软件陷阱：

```
                ORG     0000H
0000H   START:  LJMP    MAIN        ;引导主程序入口
0003H           LJMP    FUINT0      ;外部中断 0 服务程序入口
0006H           NOP                 ;冗余指令
0007H           NOP
0008H           LJMP    ERR         ;设置陷阱
000BH           LJMP    FUT0        ;定时/计数器 T0 中断服务程序入口
000EH           NOP                 ;冗余指令
000FH           NOP
0010H           LJMP    ERR         ;设置陷阱
0013H           LJMP    FUINT1      ;外部中断 1 服务程序入口
0016H           NOP                 ;冗余指令
0017H           NOP
0018H           LJMP    ERR         ;设置陷阱
001BH           LJMP    ERR         ;未使用的定时/计数器 T1 中断,设置陷阱
001EH           NOP                 ;冗余指令
001FH           NOP
0020H           LJMP    ERR         ;设置陷阱
0023H           LJMP    FUCON       ;串行口中断服务程序入口
0026H           NOP                 ;冗余指令
0027H           NOP
0028H           LJMP    ERR         ;设置陷阱
002BH           LJMP    ERR         ;未使用的定时/计数器 T2 中断,设置陷阱
002EH           NOP                 ;冗余指令
002FH           NOP
0030H   MAIN:   …                   ;主程序
```

2. 未使用的 EPROM 空间

　　在单片机应用系统中，EPROM 一般很少全部用完，这些未使用的 EPROM 空间可用 0000020000H 或 020202020000H 数据填满。最后一条填入数据应为 020000H，当"乱飞"程序进入此区后，便会迅速自动纳入正轨。

3. 非 EPROM 芯片空间

　　MCS-51 单片机的地址空间为 64KB，除 EPROM 芯片占用的地址空间外，还会余下大量空

间。例如，系统仅选用一片 2764，其地址空间为 0000H～1FFFH（8KB），那么将有 2000H～FFFFH（56KB）地址空间闲置。当程序"乱飞"至这些空间时，读入数据将为 FFH，这时执行"MOV R7，A"指令，将修改 R7 的内容。因此，当程序"乱飞"进入非 EPROM 芯片空间后，不仅无法迅速入轨，而且会破坏 R7 的内容。要消除这种干扰，可通过软硬件结合的方法来解决。如图 9-37 所示，当 CPU 访问非 EPROM 芯片空间时，Y0 输出高电平，与信号 $\overline{PSEN}$ 配合将使 $\overline{INT0}$ 产生低电平，触发外部中断 0，在中断服务程序中设置软件陷阱，可将"乱飞"的 PC 纳入正轨。

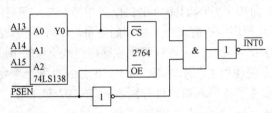

图 9-37　非 EPROM 芯片空间软件陷阱的硬件电路设置

4．运行程序区的空余单元

程序设计时常采用模块化设计，按照程序的要求一个模块一个模块地执行。因此，可以将陷阱指令分散放置在用户程序各模块之间空余的单元里。在正常程序中不执行这些陷阱指令，保证用户程序正常运行；但当程序"乱飞"一旦落入这些陷阱区，马上将"乱飞"程序纳入正轨。

5．中断服务程序区

设用户主程序运行区间为 ADD1～ADD2，并设定时/计数器 T0 产生 10ms 定时中断。当程序"乱飞"落入 ADD1～ADD2 区间外，若在此用户程序区外发生了定时中断，可在中断服务程序中判定中断断点地址 ADDX。若 ADDX<ADD1 或 ADDX>ADD2，说明发生了程序"乱飞"，则应使程序返回到复位入口地址 0000H，使"乱飞"程序纳入正轨。假设 ADD1=0100H，ADD2 =1000H，2FH 为断点地址高字节暂存单元，2EH 为断点地址低字节暂存单元，编写中断服务程序如下：

```
        POP     2FH             ;断点地址高字节弹出到 2FH 单元中
        POP     2EH             ;断点地址低字节弹出到 2EH 单元中
        PUSH    2EH             ;恢复断点到堆栈中
        PUSH    2FH
        CLR     C               ;清 C
        MOV     A, 2EH          ;断点地址与下限地址 0100H 进行比较
        SUBB    A, #00H
        MOV     A, 2FH
        SUBB    A, #01H
        JC      LP1             ;断点地址小于 0100H 则跳转
        MOV     A, #00H         ;断点地址与上限地址 1000H 进行比较
        SUBB    A, 2FH
        MOV     A, #10H
        SUBB    A, 2FH
        JC      LP1             ;断点地址大于 1000H 则跳转
        ...
        RETI                    ;程序运行正常，返回
LP1:    POP     2FH             ;弹出故障地址高字节
        POP     2EH             ;弹出故障地址低字节
        CLR     A               ;清累加器
        PUSH    ACC             ;压入复位入口地址低字节
```

```
              PUSH      ACC                        ;压入复位入口地址高字节
              RETI                                 ;程序运行错误,返回
```
在程序中,由于执行中断服务程序后,PC 指针已经指向 0000H,从而实现了软件复位的目的。

6. RAM 数据保护区

单片机中的 RAM 保存有大量数据,这些数据的写入是使用"MOVX   @DPTR,A"指令来完成的。当 CPU 受到干扰而非法执行该指令时,就会改写 RAM 中的数据,导致 RAM 中的数据丢失。为了减小 RAM 中数据丢失的可能性,可在 RAM 写操作之前加入条件陷阱,不满足条件时不允许写操作,并进入陷阱,形成"死循环"。实现方法如下:

```
              MOV       A, #NNH                    ;将立即数 NN 送入累加器 A
              MOV       DPTR, #0xxxxH              ;设置数据指针 DPTR 所指向的地址单元
              MOV       6EH, #55H                  ;将 6EH 和 6FH 单元设置初值
              MOV       6FH, #0AAH
              LCALL     WPDP                       ;调用 RAM 写操作子程序
              RET
    WRDP:     NOP                                  ;冗余指令
              NOP
              NOP
              CJNE      6EH, #55H, XJ              ;6EH 单元内容与立即数 55H 比较,
                                                   ;不相等转陷阱程序 XJ
              CJNE      6FH, #0AAH, XJ             ;6FH 单元内容与立即数 AAH 比较,
                                                   ;不相等转陷阱程序 XJ
              MOVX      @DPTR, A                    ;符合条件时,将累加器 A 的内容
                                                   ;写入外部 RAM 单元
              NOP
              NOP
              NOP
              MOV       6EH, #00H                  ;清除 6EH 和 6FH 单元中的内容
              MOV       6FH, #00H
              RET
    XJ:       NOP                                  ;陷阱程序
              NOP
              SJMP      XJ
```

程序进入"死循环"后,可通过"看门狗"技术使程序复位。

9.8.4 "看门狗"技术

程序计数器受到干扰而失控,引起程序"乱飞",也可能使程序陷入"死循环"。指令冗余技术、软件陷阱技术不能使失控的程序摆脱"死循环",通常采用"看门狗"(Watchdog)技术,又称为程序监视技术,使程序脱离"死循环"。"看门狗"技术可由硬件实现,也可由软件实现,还可由两者结合来实现。

1. 专用硬件"看门狗"

专用硬件"看门狗"是指一些集成化的或集成在单片机内的专用"看门狗"电路。从电路功能上看,它实际上是一个特殊的定时器,当定时时间到时,发出溢出脉冲。从实现角度来看,硬件"看门狗"电路与单片机应用系统连接好后,在程序中适当插入一些"看门狗"复位指令(即"喂狗"指令),保证程序正常运行时"看门狗"不发出溢出脉冲。而当程序运行异常时,"看

门狗"超时发出溢出脉冲，通过单片机的 RESET 引脚使单片机复位。目前常用的集成"看门狗"电路有 MAX705～708，MAX791，MAX813L，X5043/5045 等。

如图 9-38 所示为采用 MAX706 构成的"看门狗"硬件电路。"看门狗"输入端 WDI 与 8051 的 P1.0 口相连，在系统正常运行状态下，P1.0 口不超过 1.6s 就向 MAX706 的 WDI 发一次触发脉冲。若系统程序因干扰而陷入"死循环"，则在"死循环"周期内，由于 P1.0 无触发脉冲产生，当"死循环"运行时间超过 1.6s 时，"看门狗"输出 WDO 将变低，致使 8051 复位，使系统重新开始运行。

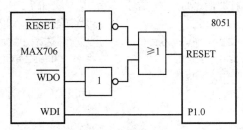

图 9-38　采用 MAX706 构成的"看门狗"硬件电路

2. 软件"看门狗"

软件"看门狗"也称为程序运行监视系统。当程序运行受到干扰，程序"乱飞"到一个临时构成的"死循环"中时，系统将完全瘫痪，软件陷阱也无能为力，采用软件"看门狗"技术能使系统复位，恢复正常。软件"看门狗"的特性如下：

（1）软件"看门狗"本身独立工作，基本上不依赖 CPU；

（2）CPU 在一个固定的时间间隔内和软件"看门狗"打一次交道（"喂一次狗"），以表明系统目前工作正常；

（3）当 CPU 陷入"死循环"后，软件"看门狗"能及时发觉并使系统复位。

当系统陷入"死循环"后，只有比这个"死循环"更高级的中断程序才能夺取 CPU 的控制权。为此，可以用一个定时器来做软件"看门狗"，将它的溢出中断设定为最高优先级中断，然后根据"看门狗"的定时时间来设定定时器初值。软件"看门狗"启动后，系统工作程序必须经常"喂它"，且每两次之间的间隔不得大于定时器的定时时间。程序中只要设立一个设置定时器初值的子程序，"喂狗"时只要调用这个子程序即可。当程序陷入"死循环"后，定时器溢出，产生高优先级中断，从而跳出"死循环"。同时，还可以在定时器中断服务程序中放置一条"LJMP ERR"指令，即可使程序转向出错处理程序，由出错处理程序来完成以后的工作，并用软件的方法使系统复位。以下是一个用定时/计数器 T0 作为软件"看门狗"的完整程序：

```
            ORG     0000H
            AJMP    MAIN            ;跳转到主程序开始执行
            ORG     000BH           ;中断服务程序入口地址
            LJMP    ERR             ;跳转到中断服务程序(出错处理程序)
    MAIN:   MOV     SP, #60H        ;设定堆栈初始地址为 60H
            MOV     PSW, #00H       ;初始化程序状态字为 0
            MOV     TCON, #00H      ;初始化定时/计数器的控制寄存器
            MOV     TMOD, #01H      ;设置 T0 为 16 位定时器
            SETB    ET0             ;允许 T0 中断
            SETB    PT0             ;设置 T0 中断为高级中断
            MOV     TL0, #00H       ;设定 T0 的计数初值
                                    ;定时时间约为 8ms(12MHz 晶振)
```

```
            MOV      TH0, #0E0H
            SETB     EA              ;开中断
            SETB     TR0             ;启动 T0
    LOOP:   …                        ;主程序开始
            LCALL    watch_dog       ;调用"喂狗"子程序
            …
            LJMP     LOOP
watch_dog:  MOV      TL0, #00H       ;"喂狗"子程序
            MOV      TH0, #0E0H
            SETB     TR0
            RET
    ERR:    POP      ACC             ;定时器中断
            POP      ACC             ;"看门狗"软件复位程序
            CLR      A
            PUSH     ACC
            PUSH     ACC
            RETI
```

思考题与习题 9

9-1 单片机电源系统常用的实现方式有哪些?

9-2 DC/DC 电源有什么优缺点?

9-3 AC/DC 电源有什么优缺点?

9-4 LDO 稳压器相对于传统的三端集成稳压器有什么优点?

9-5 单片机应用系统中产生基准电源的方法有哪些?

9-6 简述干扰对单片机应用系统的影响。

9-7 简述屏蔽的作用及基本方法。

9-8 简述隔离技术中光电耦合器的使用。

9-9 简述接地技术中接地的含义、种类及主要特点。

9-10 简述单片机应用系统中常用的接地方法。

9-11 简述单片机应用系统中一点接地与多点接地原则。

9-12 简述软件抗干扰的一般方法。

9-13 简述指令冗余的目的及主要方法。

9-14 简述设置软件陷阱的目的、方法及设置软件陷阱的位置。

9-15 简述"看门狗"技术及其实现方法。

第10章 单片机系统开发工具

本章教学要求：

（1）了解单片机开发系统类型。

（2）掌握 Keil C51 开发工具的使用方法。

（3）掌握应用 Proteus 仿真软件与实物进行软硬件仿真调试的方法。

10.1 单片机应用系统开发环境

一个单片机应用系统的设计完成、投入运行，一般需要经过这几个阶段：方案选择、系统设计、仿真调试和现场调试。单片机应用系统的开发是借助于开发工具来完成的。一个好的开发环境是单片机应用系统设计的前提。

10.1.1 开发系统的功能

在仿真调试阶段，为了能调试程序，检查硬件、软件的运行状态，就必须借助单片机开发系统模拟应用系统的单片机，并随时观察运行的中间过程而不改变运行中原有的数据，从而实现模拟现场的真实调试。因此，一个好的开发系统，需要具备以下的功能：

（1）能输入和修改系统的应用程序；

（2）能对应用系统硬件电路进行检查和诊断；

（3）能将用户源程序编译成目标代码并固化到 EPROM 中；

（4）能以单步、断点、连续方式运行应用程序，正确反映应用程序执行的中间状态。

不同的开发系统都必须具备上述基本功能，但对于一个较完善的开发系统，还应具备以下几点：

（1）有较全的开发软件，除汇编语言外，还应配有高级语言（如 C 语言），用户可用高级语言编制应用软件，同时应具有丰富的子程序库可供用户选择调用；

（2）有跟踪调试、运行的能力，开发系统占用单片机的硬件资源尽量最少；

（3）为了方便模块化软件调试，还应配置软件转储、程序文本打印功能及设备。

10.1.2 开发系统的分类

目前国内使用较多的开发系统大致分为 4 类。

1. 普及型开发系统

这种开发装置通常是采用相同类型的单片机做成单板机形式。所配置的监控程序可满足应用系统仿真调试的要求，即能输入程序、设断点运行、单步运行、修改程序，并能很方便地查询各寄存器、I/O 接口、存储器的状态和内容。这是一种廉价的、能独立完成应用系统开发任务的普及型单板系统。系统中还必须配备 EPROM 写入器、仿真头等。

2. 通用型单片机开发系统

这是目前国内使用最多的一类开发装置，如上海复旦大学的 SICE 系列、南京伟福（WAVE）公司的在线仿真器等。这类开发系统采用国际上流行的独立型仿真结构，与任何具有 RS-232 串行口（或并行口）的计算机相连，即可构成单片机仿真开发系统。系统中配备 EPROM、仿真器、仿真插头和其他外设。这类开发系统的最大优点是可以充分利用通用计算机系统的软、硬件资源，开发效率高。通用型单片机开发系统结构如图 10-1 所示。

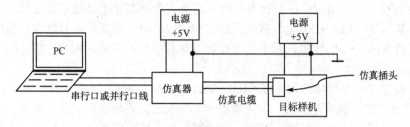

图 10-1　通用型单片机开发系统结构

用通用型单片机开发系统联机调试可验证硬件设计的正确性并排除各种硬件故障。

1）仿真器的连接

在系统断电情况下，将样机中的单片机拔下，按照图 10-1 所示连接 PC、仿真器和目标样机。

2）调试方案

单片机应用系统的调试通常是将应用系统按照功能分成若干个模块，如输入模块、输出模块、A/D 和 D/A 转换模块等。针对不同的功能模块编写相应的调试程序，借助于万用表、示波器和逻辑笔等测试仪器检查硬件电路设计的正确性。

3．通用机开发系统

这是一种在通用计算机中附加开发模板的开发系统。在这种系统中，开发模板不能独立完成开发任务，只是起着开发系统接口的作用。开发模板插在通用计算机系统的扩展槽中，或以总线连接方式安放在外部。开发模板的硬件结构应包含通用计算机不可替代的部分，如 EPROM 写入、仿真插头及 CPU 仿真所必需的单片机系统等。

4．软件模拟开发系统

这是一种完全依靠软件手段进行开发的系统。开发系统与应用系统在硬件上无任何联系。通常这种系统是由通用计算机加模拟开发软件构成的。用户如果有通用计算机，只需要配以相应的模拟开发软件即可。

软件模拟开发系统不需要任何在线仿真器，也不需要用户样机就可以在通用计算机上直接开发和模拟调试单片机软件。调试完毕的软件可以将机器码固化，完成一次初步的软件设计工作。对于实时性要求不高的应用系统，一般能直接投入运行；即使对于实时性要求较高的应用系统，通过多次反复模拟调试也可正常投入运行。软件模拟开发系统的功能很强，基本上包括了在线仿真器的单步、断点、跟踪、检查和修改等功能，并且还能模拟产生各种中断和 I/O 应答过程。因此，软件模拟开发系统是比较有实用价值的模拟开发工具。目前较为流行的模拟开发工具软件有 Proteus 和 Keil C51，可以实现硬件仿真和软件调试。

10.2　Keil C51 开发工具及仿真调试方法

10.2.1　Keil C51 开发工具

CPU 真正可执行的是机器码，用汇编语言或 C 语言等高级语言编写的源程序必须转换为机器码才能被执行。转换方法有手工汇编和机器汇编两种，前者目前已极少使用，机器汇编是通过汇编软件将源程序变为机器码的编译方法，这种汇编软件称为编译器。下面介绍目前流行的 Keil C51 开发工具及其应用开发过程。

1. Keil C51 开发工具简介

随着单片机技术的不断发展，从普遍使用汇编语言到逐渐使用高级语言开发，单片机的开发工具也在不断发展。Keil C51 是目前最流行的 MCS-51 单片机开发工具软件，各仿真器厂商都宣称全面支持 Keil C51 的使用。对于使用 C 语言进行单片机开发的用户，Keil C51 已成为必备的开发工具。

Keil C51 提供了一个集成开发环境（Integrated Development Environment，IDE）μVision。包括 C51 编译器、宏汇编、连接器、库管理和一个功能强大的仿真调试器。这样，在开发应用软件的过程中，编辑、编译、汇编、连接、调试等各阶段都集成在一个环境中，先用编辑器编写程序，接着调用编译器进行编译，连接后即可直接运行。这样避免了过去先用编辑器进行编辑，然后退出编辑器状态进行编译，调试后又要调用编辑器的重复过程，因而可以有效缩短开发周期。

Keil C51 是德国知名软件公司 Keil 开发的基于 80C51 内核的微处理器软件开发平台。Keil C51 的测试评估版可以直接从 Keil 公司网站下载，网址为 http://www.keil.com/ demo/。

Keil C51 软件安装完成后，选择"开始"→"Keil μVision5"命令，即可进入集成开发环境主操作界面，如图 10-2 所示。

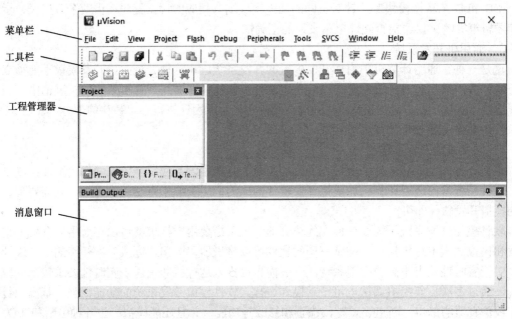

图 10-2　Keil C51 集成开发环境主操作界面

2. 应用 Keil C51 进行单片机应用系统开发的过程

（1）启动 Keil C51 进入集成开发环境。

（2）进行应用系统硬件设计或者直接使用现成的电路板。

（3）在 Keil C51 集成开发环境下进行程序编辑。

（4）把编辑好的程序进行汇编（编译），生成目标代码。

（5）通过并行口、串行口或 USB 口将计算机和编程器连接在一起，把要编程的 MCS-51 芯片置入编程器相应的插槽内。有的开发板集成了编程器的功能，可以直接通过并行口、串行口或 USB 口与计算机相连。

（6）打开 MCS-51 芯片相应的服务程序，经过相关设置将代码下载到芯片中。

（7）进行结果观察，反复调试直到达到预期结果。

可以使用软件模拟的调试方法，让程序一步一步地执行，每执行一步，通过查看单片机中各关键数据的变化情况，来验证程序的正确性。除了上述提到的通过编程器给芯片下载程序来调试的方法，也可以购买单片机仿真器，它可取代实际电路中的单片机，在仿真软件的控制下调试程序的运行。使用仿真器与编程器调试程序各有利弊，使用仿真器调试程序方便，可以设置断点，可以观察存储器及寄存器的内容，但是价格较贵，不同类型的单片机有时需要购买不同的仿真器；编程器价格相对便宜，通常一款编程器可对多种器件编程，但编程器操作相当不方便，每次要将芯片在目标板与编程器之间进行转移，并且还要在编译操作界面与编程器操作界面之间切换。

10.2.2 应用 Keil C51 进行单片机软件开发调试的方法

下面以 8051 单片机引脚 P1.0 驱动蜂鸣器为例，简单介绍应用 Keil C51 开发工具进行单片机软件开发的方法。C51 语言程序如下：

```
#include<reg51.h>
sbit P1_0=P1^0;
void main( )
{    while(1)    {P1_0=0;
                 }
}
```

这个程序的作用是让接在 P1.0 引脚上的蜂鸣器连续发声。在程序的第 1 行中，reg51.h 是一个"文件包含"处理，目的是使用 P1 这个符号，即通知 C51 编译器，程序中所写的 P1 是指 8051单片机的 P1 口而不是其他变量。在程序的第 2 行中，用 P1_0 来表示 P1.0 引脚，在 C51 语言中，如果直接写 P1.0，则 C51 编译器并不能识别，而且 P1.0 也不是一个合法的 C51 语言变量名，所以通过关键字 sbit 来定义位变量名，命名为 P1_0。在程序的第 3 行中，main 称为"主函数"，每个 C51 语言程序有且只有一个主函数。在程序的第 4 行中，while 是循环语句，循环是反复执行某一部分程序行的操作。给 P1_0 赋 0 值，表示 P1.0 引脚输出低电平信号，驱动蜂鸣器发声。

1. 工程建立

Keil C51 不能直接对单个 C51 语言源程序进行处理，而使用工程（Project）这一概念，将与程序相关的参数设置和所需的其他文件都加在一个工程中。Keil C51 只能对工程而不能对单个源程序进行编译和连接等操作。

启动μVision5，选择"Project"→"New μVision Project"菜单命令，在弹出的"Create New Project"对话框中为新工程选择或创建一个目录，并输入工程文件的名称，这里命名为 test，不需要输入扩展名，自动生成一个工程文件（.uvproj）。单击"保存"按钮，出现如图 10-3 所示的选择目标芯片对话框。

回到图 10-2，此时，在 Project 的文件页中，出现了"Target1"，前面有"+"号。单击"+"号展开，可以看到下一层的"Source Group1"，再单击"Source Group1"前面的"+"，可以看到一个名为 STARTUP.A51 的文件。STARTUP.A51 文件就是刚才加入的、适合大多数 8051 派生系列的启动代码文件。启动代码是目标芯片启动后在 main( )函数之前首先执行的代码，用于清除内部 RAM、初始化硬件、压入堆栈指针。

在图 10-3 中选择目标 CPU（即所用芯片的型号），Keil C51 支持的 CPU 很多，这里选择 Intel公司的 8051AH 芯片。单击 Intel 前面的"+"号，展开该层，单击其中的 8051AH，单击"确定"

按钮，出现如图 10-4 所示对话框，要求选择是否将标准 8051 启动文件加入工程中，单击"是"按钮，表示将文件加入工程中。

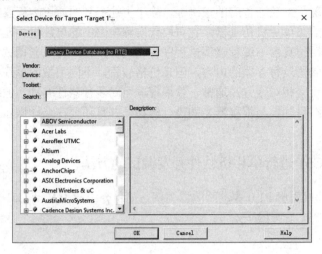

图 10-3　选择目标芯片对话框

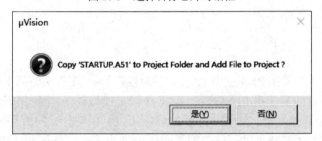

图 10-4　启动文件加入工程对话框

选择"File"→"New"命令，在工程管理器的右侧打开一个新的文件输入窗口，在这个窗口里输入例子的源程序，注意大小写及每行后的分号，不要错输及漏输。输入完毕后，选择"File"→"Save"命令，给这个文件命名保存。命名时必须要加上扩展名，一般 C 语言程序均以".c"为扩展名，汇编语言程序则以".A51"为扩展名，这里将其命名为 test.c。保存完毕后，可以将该文件关闭。

接着需要手动把刚才编写好的源程序加入工程。单击"Source Group1"使其反白显示，然后右击，出现一个下拉菜单，选中其中的"Add Existing Files to Group 'Source Group1'..."，出现一个对话框，要求寻找源文件。双击 test.c 文件，将文件加入项目。注意，在文件加入项目后，该对话框并不消失，等待继续加入其他文件。此时应单击"Close"按钮即可返回图 10-2，返回后，单击"Source Group1"前面的"+"，test.c 文件已在其中。双击该文件名，即可打开该源程序。

2. 工程设置

工程建立好后，还要对工程进行进一步的设置，以满足要求。首先单击 Project 窗口的"Target1"，然后右击，选择下拉菜单中的"Option for Target 'Target1'..."命令，即出现工程设置对话框，如图 10-5 所示。该对话框共有 11 个选项卡，分别为：Device、Target、Output、Listing、User、C51、A51、BL51 Locate、BL51 Misc、Debug 和 Utilities，大部分设置项取默认值即可（默认值为适合大多数应用系统的优化值）。

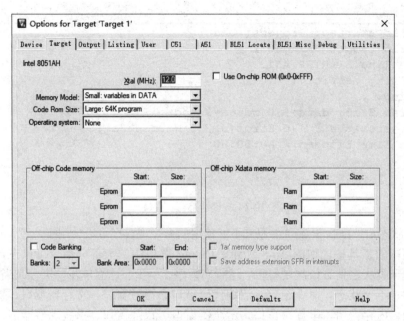

图 10-5　工程设置对话框

至此，设置完成，下面介绍如何编译、连接程序以获得目标代码，以及如何进行程序的调试工作。

3．编译、连接

设置好工程后，即可进行编译、连接。选择菜单命令"Project"→"Build Target"，对当前工程进行连接。如果当前文件已修改，将先对该文件进行编译，然后再连接以产生目标代码；如果选择"Rebuild all target files"，将会对当前工程中的所有文件重新进行编译然后再连接，确保最终产生的目标代码是最新的；而"Translate..."选项则仅对当前文件进行编译，不进行连接。以上操作也可以通过工具栏按钮直接进行，如图 10-6 所示，从左到右分别是：编译、编译连接、全部重建、批编译、停止编译、下载到 Flash Memory 和对工程进行设置。

图 10-6　编译、连接工具栏

编译过程中的信息将出现在输出窗口的 Build Output 中，如图 10-7 所示。如果源程序有语法错误，会有错误报告出现，双击该行，可以定位到出错的位置，对源程序修改之后再次编译，直到错误提示是 0 为止。同时在该窗口中可看到该程序的代码量、内部 RAM 的使用量、外部 RAM 的使用量等一些信息。除此之外，编译、连接还产生了一些其他相关的文件，包括可重定位目标文件（.obj）、可重定位列表文件（.lst）、绝对地址目标文件（无后缀名）、绝对地址列表文件（.m51）、连接输入文件（.inp），这些都可以用于 Keil C51 的仿真与调试，此后即可开始调试。

4．程序的调试

在对工程成功地进行编译、连接以后，按 Ctrl+F5 组合键或者使用菜单命令"Debug"→"Start/

Stop Debug Session"即可进入调试状态。Keil C51 内建了一个仿真 CPU 用来模拟执行程序,该仿真 CPU 功能强大,可以在没有硬件和仿真器的情况下进行程序的调试。

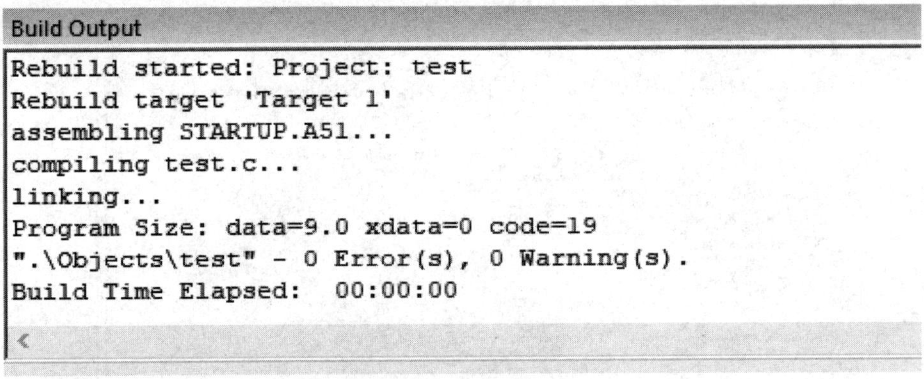

```
Build Output
Rebuild started: Project: test
Rebuild target 'Target 1'
assembling STARTUP.A51...
compiling test.c...
linking...
Program Size: data=9.0 xdata=0 code=19
".\Objects\test" - 0 Error(s), 0 Warning(s).
Build Time Elapsed:  00:00:00
<
```

图 10-7   编译结果显示窗口

进入调试状态后,Debug 菜单中原来不能使用的命令现在已可以使用了,工具栏多出一个用于运行和调试的工具条,如图 10-8 所示。Debug 菜单中的大部分命令可以在此找到对应的快捷按钮,一般从左到右依次是复位、运行、暂停、单步、过程单步、执行完当前子程序、运行到当前行、下一状态、命令窗口、汇编代码窗口、符号窗口、寄存器窗口、堆栈调用窗口、观察窗口、内存窗口、串行口窗口、示波器窗口、跟踪窗口、系统观察器窗口、工具箱按钮命令。

图 10-8   调试工具栏

选择菜单命令"Debug"→"Step"或相应的命令按钮或使用功能键 F11 可以单步执行程序,使用菜单命令"Debug"→"Step Over"或相应的命令按钮或功能键 F10 可以以过程单步形式执行程序。所谓过程单步,是指把 C51 语言中的一个函数作为一条语句来全速执行。

另外,Keil C51 还提供了一些窗口,用以观察一些系统中重要的寄存器或变量的值,这也是很重要的调试方法。进入调试状态后,图 10-2 左侧是寄存器和一些重要的系统变量的窗口,如图 10-9 所示。按 F10 键,以过程单步的形式执行程序,可以看到 states 和 sec 的值发生了变化。

5. 程序下载

下载程序一般需要使用编程器附带的编程环境。不同的编程器附带的编程环境各不相同,但是使用编程环境的大体步骤基本相同。下面简单介绍串行口编程器编程环境的使用方法。首先安装编程器附带的编程软件,然后打开安装好的编程软件,有的编程软件不需要安装可以直接使用。打开编程软件后,选择要编程的具体芯片、当前使用的串行口和下载的最大波特率,其他的配置可以保持默认。然后打开程序编译生成的"*.HEX"文件,单击"Download",编程软件开始将程序写入芯片中。如果硬件连接和相关配置无误,将提示编程成功。如果发生错误,应参考提供的错误信息来修改配置或者重新连接硬件,再次下载程序直到成功为止。

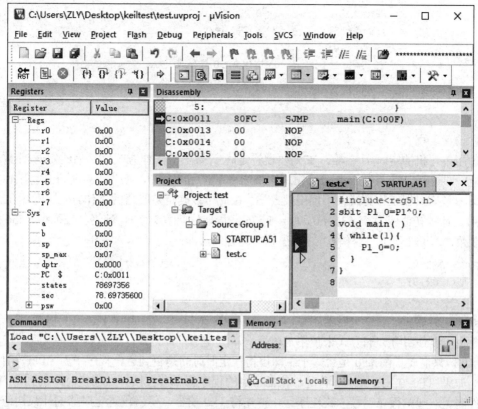

图 10-9　调试过程显示窗口

10.2.3　应用 Keil C51 调试 C51 应用程序举例

1.　定时/计数器编程举例

一般情况下，定时/计数器的应用程序设计有两个主要任务，即初始化编程和编写中断服务程序。初始化编程包括设置工作方式、写入时间常数、启动定时/计数器及开放相关的中断等。而中断服务程序的内容与应用任务的具体需要密切相关，不能一概而论。下面通过一个例子来说明应用 C51 编写定时器程序及使用 Keil C51 调试 C51 应用程序的方法。

【例 10-1】　用定时/计数器实现 P1.0 所接 LED 每 60ms 亮或灭一次，设系统晶振频率为 12MHz。

（1）按 10.2.2 节所述建立工程。

（2）参考以下程序清单输入源程序，并命名为 test1.c。

```
#include <reg51.h>
sbit P1_0=P1^0;
void main()
{   P1=0xff;                    /*关闭 P1 口接的所有 LED*/
    TMOD=0x01;                  /*确定 T0 工作于定时方式 1*/
    TH0=0x15;
    TL0=0xA0;
    TR0=1;
    for(;;)
    {   if(TF0)                 /*如果 TF0 等于 1*/
```

```
{    TF0=0;                    /*清 TF0*/
     TH0=0x15;                 /*重置初值*/
     TL0=0xA0;
     P1_0=!P1_0;               /*执行 P1.0 灯亮或灭*/
}
    }
}
```

（3）设置工程。

要使用单片机的定时/计数器，首先要设置定时/计数器的工作方式，然后给定时/计数器赋计数初值，即进行定时/计数器的初始化。这里选择定时/计数器 0，工作于定时方式，工作方式为 1，即 16 位定时器工作方式，不使用门控位。由此可以确定定时器的工作方式寄存器 TMOD 应为 0x01。计数初值应为 65 536–60 000 = 5 536，由于不能直接给 T0 赋值，必须将 5 536 化为十六进制数，即 0x15A0，这样就可以写出初始化程序，即：

```
TMOD=0x01;
TH0=0x15;
TL0=0xA0;
```

初始化定时器后，要使定时器工作，必须将 TR0 置 1，程序中用"TR0=1;"来实现。可以使用中断也可以使用查询的方式来使用定时器，本例使用查询方式。当定时时间到后，TF0 被置 1，因此，只需要查询 TF0 是否等于 1 即可得知定时时间是否到达。程序中用"if(TF0){…}"来判断，如果 TF0=0，则条件不满足，花括号中的程序行不会被执行；当定时时间到，TF1=1 后，条件满足，即执行花括号中的程序行，首先将 TF0 清零，然后重置定时器的计数初值，最后执行规定动作——取反 P1.0 的状态。

（4）编译、连接和下载。

将程序编译、连接正确后，选择"Debug→Start /Stop Debug Session"菜单命令，可以看到图 10-2 中提示已正确加载程序。

（5）调试。

选择"Peripherals"→"I/O-Ports"→"Port1"菜单命令，出现如图 10-10 所示的"Parallel Port 1"对话框，用于显示 P1 口的结果。

选择"Peripherals"→"Timer"→"Timer0"菜单命令，出现如图 10-11 所示的"Timer/Counter 0"对话框，用于分析定时器的状态。

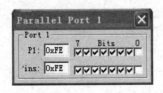

图 10-10　P1 口显示对话框　　　　图 10-11　定时器分析对话框

此时，使用 Keil C51 提供的单步、过程单步、执行到当前行、设置断点等调试方法进行程序的调试，或者全速运行程序，可看到这两个窗口中的某些数值发生变化，可以根据这些数据的变化判断程序的正确与否。

2. 中断编程举例

Keil C51 支持在 C51 源程序中直接开发中断过程，使用该扩展属性的函数定义语法如下：

```
返回值 函数名 interrupt n
```

其中，n 对应中断源的编号，其值从 0 开始。以 8051 单片机为例，编号为 0～4，分别对应外部中断 0、定时/计数器 0 中断、外部中断 1、定时/计数器 1 中断和串行口中断。下面通过一个例子来说明中断编程的应用。

【例 10-2】 用中断法实现定时/计数器控制 P1.0 所接 LED 以 60ms 闪烁。

（1）按 10.2.2 节所述建立工程。

（2）参考以下程序清单输入源程序，并命名为 test2.c。

```
#include <reg51.h>
sbit P1_0=P1^0;
void timer0( ) interrupt 1
{    TH0=0x15;                /*重置初值*/
     TL0=0xA0;
     P1_0=!P1_0;              /*执行 P1.0 灯亮或灭*/
}
void main( )
{    P1=0xff;                 /*关闭 P1 口接的所有 LED*/
     TMOD=0x01;               /*确定 T0 工作于定时方式 1*/
     TH0=0x15;
     TL0=0xA0;
     TR0=1;                   /*开启定时/计数器 0*/
     EA=1;                    /*开总中断允许*/
     ET0=1;                   /*定时中断允许*/
     for(;;)
     {;}
}
```

本例与例 10-1 的要求相同，唯一的区别是必须用中断方式来实现。这里仍选用定时/计数器 0，工作于方式 1，无门控，因此，定时/计数器的初始化操作与例 10-1 相同。要开启中断，必须将 EA（总中断允许）和 ET0（定时/计数器 T0 中断允许）置 1，程序中用"EA=1;"和"ET0=1;"来实现。在做完这些工作以后，就用 for(;;){;}让主程序进入无限循环，所有工作均由中断程序实现。由于定时/计数器 0 的中断编号为 1，因此中断程序写为：

```
void timer0( ) interrupt 1
{···}
```

可见，用 C51 语言编写中断程序是非常简单的，只要简单地在函数名后加上 interrupt 关键字和中断编号就可以了。在运行过程中，打开"Interrupt System"对话框，如图 10-12 所示，可以看到中断源 Timer0 的使能为 1。

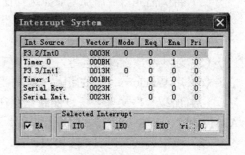

图 10-12 中断分析对话框

10.3 Proteus 仿真软件及调试方法

10.3.1 Proteus 仿真软件

1. Proteus 仿真软件简介

Proteus ISIS 是英国 Labcenter 公司开发的电路分析与实物仿真软件。它运行于 Windows 操作系统上，可以仿真、分析各种模拟器件和集成电路。该软件的特点是：①集原理图设计、仿真和 PCB 设计于一体，具有强大的原理图到 PCB 设计功能，可以输出多种格式的电路设计图表。②具有模拟电路、数字电路、单片机应用系统、嵌入式系统的设计与仿真功能。目前支持的单片机类型有：68000 系列、8051 系列、AVR 系列、PIC12 系列、PIC16 系列、PIC18 系列、Z80 系列、HC11 系列以及各种外围芯片。Proteus 是目前唯一能仿真微处理器的电子设计软件。③具有全速、单步、设置断点等多种形式的调试功能。④具有各种信号源和电路分析所需的虚拟仪表，如示波器、逻辑分析仪、信号发生器等。⑤具有兼容性的特点，支持 Keil C51、MPLAB 等第三方的软件编译和调试环境。本书以 Proteus ISIS7 为例介绍 Proteus 在单片机应用系统设计中的应用。

Proteus 软件安装完成后，选择"开始"→"程序"→"Proteus 7 Professional"命令，即可进入 Proteus ISIS 集成环境界面，如图 10-13 所示。

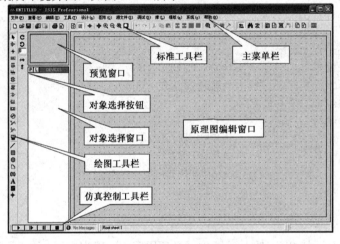

图 10-13 Proteus ISIS 集成环境界面

2. 应用 Proteus 进行单片机应用系统仿真调试的过程

（1）启动 ISIS 7 Professional 进入集成环境。

（2）将所需元器件添加至对象选择窗口。

（3）按照电路原理图布局，放置元器件到原理图编辑窗口。

（4）添加电源和接地引脚，为电路提供电源和地线。

（5）连线和放置网络标号，实现电气连接。

（6）用 Windows 系统的记事本编写程序代码，保存为.ASM 格式。

（7）加载程序文件。可以加载已存在的源程序文件进行编译（Proteus 自带编译器，可对 ASM、PIC、AVR 等程序文件进行汇编），也可以加载在 Keil C51 中编译好的 HEX 文件。

（8）模拟调试。可以单步模拟调试，可以设置断点。

（9）运行程序，检查运行结果。

10.3.2　Proteus 进行单片机应用系统仿真调试的方法

1．绘制原理图

1）将所需元件添加至对象选择窗口

单击对象选择按钮，出现"Pick Devices"窗口，在"Keywords"栏中输入目标元器件名称。例如，要在对象库中搜索查找 AT89C52，并将搜索结果显示在"Results"栏中的操作为：在"Results"栏的列表项中，找到"AT89C52"并选中，单击"OK"按钮，则可将"AT89C52"添加至对象选择窗口。要放置其他元器件时，在"Keywords"栏中重新输入其名称，按上述步骤逐个添加所需元器件即可。

2）放置元器件至原理图编辑窗口

在对象选择窗口中，选中"AT89C52"，将鼠标指针置于原理图编辑窗口该对象的欲放位置单击，则该对象被放置。若对象位置需要移动，可将鼠标指针移到该对象上右击，该对象的颜色变为红色，表明该对象已被选中，按住鼠标左键并拖动鼠标，将对象移至新位置后，松开鼠标左键，即完成移动操作。

3）放置总线至原理图编辑窗口

单击绘图工具栏中的总线按钮，使之处于选中状态。将鼠标指针置于原理图编辑窗口单击，确定总线的起始位置；移动鼠标，屏幕上出现蓝色粗线，找到总线的终了位置单击，再双击，确认并结束画总线操作。

4）元器件之间的连线

当鼠标指针靠近目标元器件上的连接点时，跟着鼠标指针就会出现一个红色标记符，表明找到了连接点，单击并移动鼠标（不用拖动鼠标），将鼠标指针靠近目标元件的连接点，跟着鼠标指针又会出现一个红色标记符，表明找到了目标元器件的连接点，同时屏幕上出现了绿色的连接线，单击即可完成本次连线。

Proteus 具有线路自动路径功能 WAR（Wire AutoRouter，WAR），当选中两个连接点后，WAR 将选择一个合适的路径连线。WAR 可通过使用标准工具栏里的"WAR"命令按钮来关闭或打开，也可以在主菜单栏的"工具"下找到这个图标。

在此过程的任何时刻，都可以按 Esc 键或者右击来放弃画线。

5）元器件与总线连接

单击绘图工具栏中的导线标签按钮，使之处于选中状态。将鼠标指针置于原理图编辑窗口的元器件的一端，移动鼠标，然后连接到总线上，再接着移动鼠标指针到元器件与总线连接线上的某一点，将会出现一个"×"号，表明找到了可以标注的导线，单击弹出编辑导线标签窗口。

在"String"栏中，输入标签名称（如 P2.7），单击"OK"按钮，结束对该导线的标签标定。同理，可以标注其他导线的标签，完成所有连线标注，但在标定导线标签的过程中，相互接通的导线必须标注相同的标签名。

2．加载可执行文件

双击微处理器（如 AT89C52）原理图，将弹出 Proteus 程序加载界面，如图 10-14 所示，在"Program File"中，通过 ▤ 按钮，添加程序文件。

3．仿真运行

单击仿真运行开始按钮，观察结果，调试程序和电路。

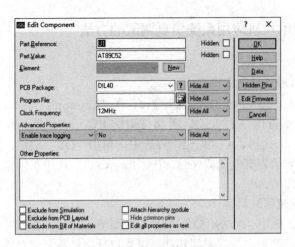

图 10-14　Proteus 程序加载界面

10.3.3　Proteus 进行单片机应用系统仿真调试举例

【例 10-3】　应用 AT89C51 单片机设计一个计数显示器，其功能是对按键的按压次数进行统计，并将结果显示出来。

（1）启动 ISIS 7 Professional

出现如图 10-13 所示的 Proteus ISIS 集成环境界面。

（2）将所需元器件添加至对象选择窗口

单击 P 按钮，弹出 "Pick Devices" 窗口，在 "Keywords" 中输入 AT89C51，单击 "OK" 按钮，如图 10-15 所示。

同理，分别添加按钮（Button）、电阻（RES）、七段 LED 显示器（7SEG-COM-CATHODE）。如图 10-16 所示。

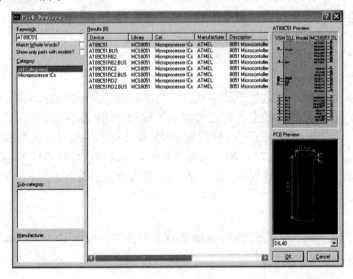

图 10-15　Pick Devices 窗口　　　　　　　　　　图 10-16　元件列表

（3）放置元器件至原理图编辑窗口

将所有所需元器件放置在原理图编辑窗口，按照电路原理图整齐放置。如图 10-17 所示。

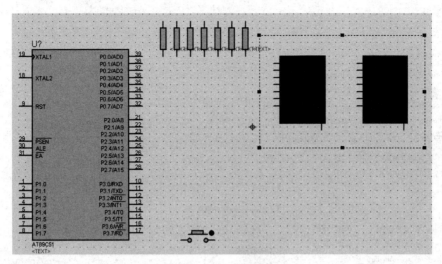

图 10-17　元器件放置图

（4）添加电源和接地引脚

单击 ![] 符号，在如图 10-18 所示窗口中选中 POWER 和 GROUND，将其放到原理图编辑窗口中的元器件附近。

（5）连线和放置网络标号

需用导线将电气特性连接在一起，若不方便，可在相连的引脚处放置网络标号。单击 ![] 按钮，将鼠标指针放置在需放置标号的导线上，出现 "×" 时单击，出现如图 10-19 所示窗口，添加网络标号后，单击 "OK" 按钮。

图 10-18　终端接口　　　　　图 10-19　放置网络标号窗口

（6）编写代码

方法一：在 AT89C51 上右击，在弹出的菜单中选择 "Edit Source Code"，如图 10-20 所示，随后在弹出的窗口中选择芯片和编译器，如图 10-21 所示，单击 "确定" 按钮，打开源码编辑窗口，删除窗口中自动生成的代码，输入以下代码：

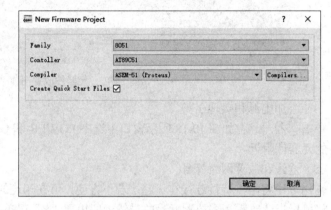

图 10-20　添加源文件	图 10-21　芯片和编译器选择窗口

```
          JISHU    EQU  30H                    ;计数变量地址
          Button   BIT  P3.7                   ;按钮输入端地址
          ORG      0000H
START:    MOV      JISHU, #01H                  ;计数初值
NEXT:     MOV      A, JISHU
          MOV      B, #10
          DIV      AB
          MOV      DPTR, #TABLE                 ;查找显示字模
          MOVC     A, @A+DPTR
          MOV      P0, A                        ;显示值送 P0,显示十位
          MOV      A, B
          MOVC     A, @A+DPTR
          MOV      P2, A                        ;显示值送 P2,显示个位
          JB       Button, $                    ;判断按键是否按下
          JNB      Button, $                    ;判断按键是否抬起
          INC      JISHU
          MOV      A, JISHU
          CJNE     A, #100, NEXT                ;判断计数值是否超过 99
          LJMP     START                        ;超过 99,调到程序开始,重新开始运行
TABLE:    DB       3FH,06H,5BH,4FH,66H          ;字模表
          DB       6DH,7DH,07H,7FH,6FH
          END
```

单击主菜单栏的"设计"命令，在下拉菜单中单击"Build Project"执行编译，编译结果将

显示在下方输出窗口中。

方法二：Keil C51 与 Proteus 连接调试

在 Keil C51 中编写源代码，选择"Project"菜单中的"Options for Target 'Target 1'..."，如图 10-22 所示，弹出如图 10-23 所示对话框，选择"Output"选项卡，勾选"Create HEX File"，单击"OK"按钮，生成 COUNT.HEX 文件。

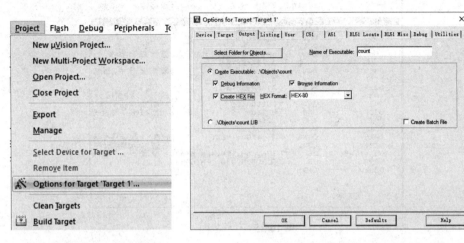

图 10-22 Keil μVision5 设置　　　　　　　　图 10-23 生成 COUNT.HEX 文件

在 Proteus 的原理图编辑窗口中双击 U1-AT89C51，打开"Edit Component"对话框，在"Program File"中添加 Keil C51 中生成的 COUNT.HEX 文件，单击"OK"按钮完成程序加载，如图 10-24 所示。

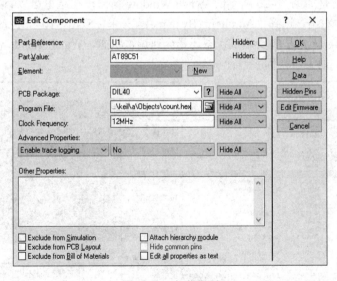

图 10-24 加载界面

（7）模拟调试

选中并双击 AT89C51，在出现的对话框中单击"Program File"按钮，找到刚才编译得到的 HEX 文件，单击"OK"按钮，就可以模拟调试了。单击模拟调试的运行按钮，进入调试状态。

还可以单击单步按钮，进入单步调试状态，此时出现如图 10-25 所示对话框。在该对话框中，可设置断点，右击设置断点的程序行（此行语句变为深蓝色），在弹出的快捷菜单中单击断点设置选项，或单击图 10-25 右上角的断点设置按钮，即完成断点设置。

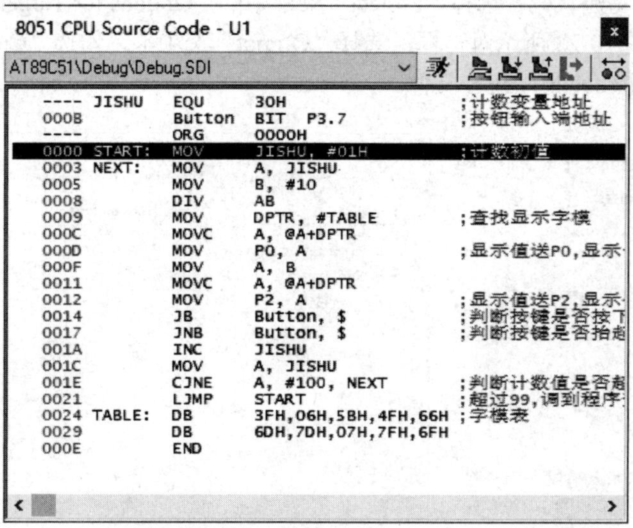

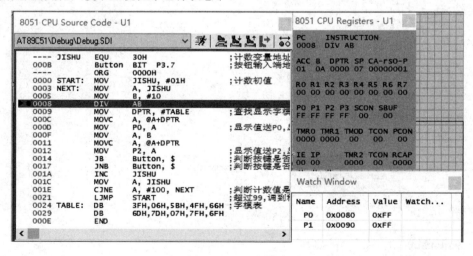

图 10-25　代码界面

　　在单步模拟调试状态下，单击主菜单栏的"调试"命令，在下拉菜单中可以看到各种信息，单击"Simulation Log"，出现模拟调试有关的信息。单击"8051 CPU SFR Memory"，出现特殊功能寄存器(SFR)窗口；单击"8051 CPU Internal (IDATA) Memory"，出现数据寄存器窗口；单击"8051 CPU Registers"，出现内部寄存器窗口；单击"8051 CPU Source Code"，出现代码窗口。比较有用的还是如图 10-26 所示的 Watch Window 窗口，在这里可以添加常用的寄存器。例如，在图 10-26 中右击，选择"Add Item (By name)"菜单，双击"P1"，此时"P1"就出现在Watch Window 窗口。无论是单步调试状态还是全速调试状态，Watch Window 窗口中将显示所选择寄存器的变化，便于监视程序运行状态。

图 10-26　调试界面

（8）运行程序

　　单击 ▶ 按钮，开始运行程序。运行效果如图 10-27 所示。

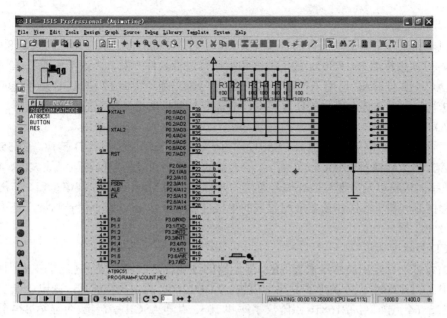

图 10-27　运行效果图

10.4　单片机应用系统设计实例

本节以基于 C8051F020 单片机开发的皮带秤称重仪表为例，介绍单片机应用系统的硬件和软件开发设计。

10.4.1　系统结构

依照皮带秤称重仪表的功能需求，其结构组成应包括：单片机电路、LCD 显示器及接口电路、触摸键盘及接口电路、称重传感器电桥电路及其信号调理电路、A/D 转换器、速度传感器及其信号调理电路、V/I 转换器实现的 4～20mA 信号输出电路、RS-232 通信接口电路等，总体组成结构如图 10-28 所示。单片机电路是系统核心，通过对质量称重信号和皮带速度信号的采集、运算、分析和处理，得到皮带上物料的瞬时量和累计量，继而将结果送至 LCD 显示、4～20mA 信号输出和 RS-232 通信接口。

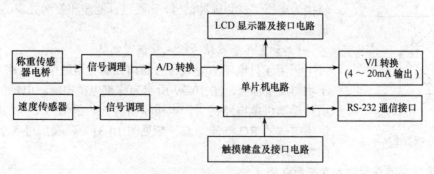

图 10-28　皮带秤称重仪表组成结构

主要器件选型应从满足系统性能需求的角度，主要考虑单片机的性能、A/D 转换的精度和显示器的性能。

1）单片机选型

单片机电路采用全集成型混合信号系统级 MCU 芯片 C8051F020。该芯片内核是 8051 兼容的 CIP-51，可使用标准 803x/805x 的汇编器和编译器进行软件开发，其内部集成了 12 位 ADC 和 12 位 DAC。12 位 DAC 可用于扩展 4～20mA 信号输出通道，但 12 位 ADC 还不能满足皮带运输机输送物料时动态连续测量的精度要求，故需要外部扩展更高精度的 A/D 转换器。

2）A/D 转换器选型

选用高性能的 24 位 A/D 转换器 CS5532，用于称重传感器信号的 A/D 转换。CS5532 是高度集成的 Δ-Σ 模数转换器（ADC），内置 64 倍增益的低噪声斩波稳定仪表运算放大器、4 阶 Δ-Σ 调制器、数字滤波器以及方便与微处理器通信的兼容 SPI 和 Microwire 三线串行口，非常适合称重器、过程控制、科学和医疗仪器应用领域的单极性或双极性 mV 级小信号测量，是称重器应用方案的最佳选择。

3）LCD 显示器选型

仪表的设计功能是由显示器来表现的，显示器的性能也是器件选型应考虑的主要因素之一。显示器选用 LCD12864 点阵图形液晶显示模块。LCD12864 的主要性能是：低电压低功耗、显示分辨率 128×64 点阵、自带 16×16 点阵汉字库和 16×8 点阵 ASCII 字符集、可显示 8×4 行 16×16 点阵的汉字、具有 4 位/8 位并行或 2 线/3 线串行多种接口方式，利用该模块灵活的接口方式和简单、方便的操作指令，可构成全中文人机交互图形界面。

10.4.2　硬件设计

硬件电路分为单片机最小系统、信号采集与调理电路、A/D 转换输入通道、键盘与显示电路、4～20mA 标准信号输出通道和 RS-232 通信接口等多个部分。

皮带秤称重仪表整体硬件原理图见书末插页。

1．单片机最小系统

C8051F020 是性能极高的单片机，其内部集成的 RAM、Flash ROM、SPI、I^2C、UART 串行口、V_{DD} 监视器、"看门狗"定时器、时钟丢失检测器等功能，使得单片机最小系统的硬件电路设计变得极其简单，只需要设计最小系统的时钟电路、基准电压产生电路和电源电路即可。

2．信号输入及调理电路

由电阻应变式称重传感器构成的电桥和光电式速度传感器，将皮带上物料质量和皮带速度转换为电压信号和脉冲信号，需要进行滤波和整形处理，实现信号调理。

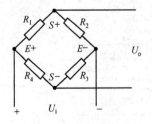

图 10-29　称重电桥电路

1）称重传感器信号输入及调理电路

采用 4 只电阻应变式传感器构成的惠斯通电桥电路实现皮带上物料质量称重，图 10-29 所示为称重电桥电路。电桥的供电 U_i 由传感器供电电路提供，电桥输出的 mV 级信号 U_o 经 A/D 输入通道前端的 RC 低通滤波（参见图 10-31）降噪后进入 A/D 转换的输入端。

2）速度传感器信号输入及整形电路

光电式速度传感器输出正弦信号，经 RC 滤波器后进入由 LM2903 运算放大器组成的整形电路。该电路采用过零比较和限幅原理，0V 以上的信号整形为 5V 输出，0V 以下的信号整形为 0V 输出，最终将正弦信号转化为单片机 I/O 接口可以接收的脉冲信号。速度传感器信号整形电

路如图 10-30 所示，图中 RC 滤波电路（R=10kΩ，C=10^5pF）的时间常数为

$$\tau = RC = 10 \times 10^3 \times 10^5 \times 10^{-12} = 1\text{ms}$$

可知，该滤波电路的截止频率为 1kHz，大于 1kHz 的信号通过 RC 进入模拟地，而小于 1kHz 的信号直接送往运算放大器，实现了低通滤波。

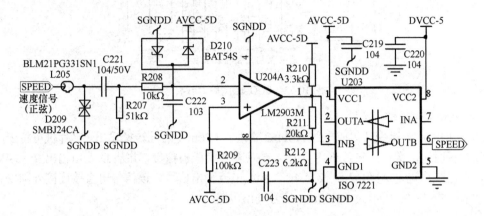

图 10-30　速度传感器信号整形电路

3. A/D 转换电路

称重传感器电桥电路输出的 mV 信号经 RC 滤波后进入 CS5532 A/D 转换器转换为 24 位数字信号，经隔离电路隔离后与单片机相连，单片机与 A/D 转换电路的连接采用 SPI 总线方式。如图 10-31 所示为 A/D 转换电路。

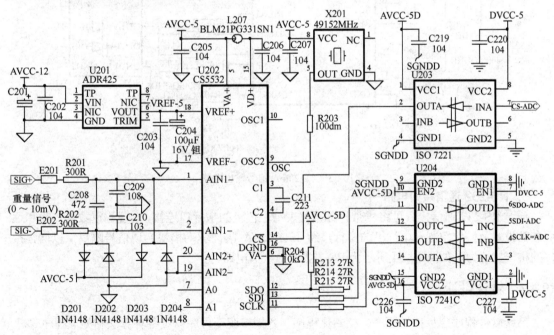

图 10-31　A/D 转换电路

4. LCD 显示接口电路

LCD12864 显示模块连接到单片机的 P4 和 P7 口，用于实时显示皮带秤称重仪表的数据和参数，图 10-32 所示为 LCD 显示接口电路。

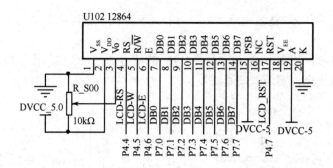

图 10-32　LCD 显示接口电路

5. 4~20mA 信号输出电路

这里选用电压/电流变送集成电路 AM462 实现 4～20mA 信号转换输出。单片机可将表示皮带物料质量瞬时量的数据经单片机内置 D/A 转换器转换成模拟量,并从 D/A 口输出 0～2.4V 电压信号,再经隔离进入 AM462 转换为 4～20mA 电流输出信号,该信号可直接连接外部仪表、PLC 等设备。图 10-33 所示为 4～20mA 信号输出电路。

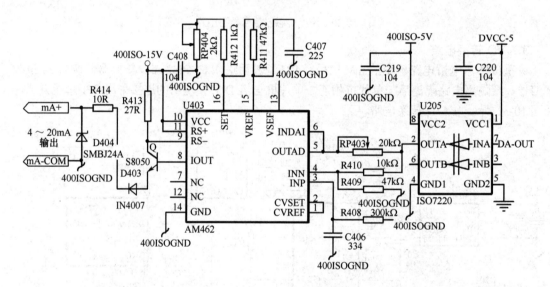

图 10-33　4～20mA 信号输出电路

6. RS-232 通信接口电路

通过 RS-232 通信接口可将皮带秤称重仪表与上位机的串行口连接,实现称重数据传输和远程参数设置及操作控制。单片机的串行口经 ISO7221A 隔离驱动模块实现信号隔离,以增强接口的抗干扰能力。如图 10-34 所示为 RS-232 通信接口电路。

10.4.3　软件设计

系统软件程序应包括主程序、初始化程序、各接口驱动程序以及各种算法和处理程序等。

鉴于篇幅所限,这里仅给出主程序、C8051F020 单片机初始化程序、CS5532 A/D 转换器初始化程序、采集称重传感器信号的 A/D 转换采样中断程序、采集光电式速度传感器的皮带速度采集中断程序。

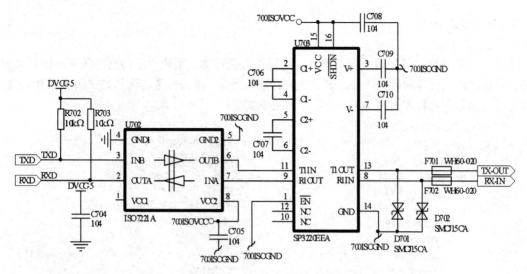

图 10-34 RS-232 通信接口电路

1. 初始化内容

所有用到的可编程器件都需要进行初始化，这里仅对 C8051F020 单片机和 CS5532 A/D 转换器的初始化内容进行简要描述。

1）C8051F020 时钟初始化

时钟初始化是为单片机提供一个合适的工作时钟。本设计需要禁止单片机内部时钟，并配置外部晶体振荡器时钟为 22.1184MHz。

2）C8051F020 接口初始化

C8051F020 单片机的 I/O 接口通过交叉开关进行配置，它们既可以作为通用的 I/O 接口，也可以设置为专用功能接口，如串行口、模拟输入接口等，配置时必须将交叉开关使能寄存器使能单片机才能正常工作。本设计将 P0.0 和 P0.1 作为串行通信的 TX 和 RX 端，P0.2 为外部中断接口接收速度脉冲信号。

3）C8051F020 DAC 初始化

DAC 初始化是为了设置 D/A 转换器的工作方式等。本设计通过写 D/A 转换器的控制寄存器 DACCON 来设置 D/A 转换器的输出引脚、工作方式（8/$\overline{12}$）和输出范围等。

4）C8051F020 定时器初始化

定时器初始化是设置定时器的工作方式。本设计需对 T0、T1 进行初始化，通过写定时/计数器的工作方式寄存器 TMOD，将 T1 设置为波特率发生器，将 T0 设置为 16 位定时器，定时时间为 10ms。

5）C8051F020 串行口初始化

串行口初始化是设置串行口的工作方式和波特率。本设计通过写串行口控制寄存器 SCON 设置串行口工作方式为方式 1 和 8 位 UART；通过写电源控制寄存器 PCON 设置波特率加倍。由于 T1 被设置为波特率发生器，可通过设置不同的 T1 初值来获得不同的波特率。

6）CS5532 初始化

CS5532 初始化是设置寄存器工作模式和参数。本设计配置 A/D 转换速率为 200 次/s，滤波器增益为 8，工作模式为连续转换模式。

2. 软件模块设计

1）主程序

主程序主要包括：首先是系统初始化，然后进入循环体，实现"看门狗"任务、例行常规任务、流量计算、校验和标定任务、键盘任务、显示任务、通信任务、流量数据的 4～20mA 输出任务等。主程序流程图如图 10-35 所示。主函数如下：

```
void  main(void)
{   power_on_init( );                   /*系统上电初始化*/
    while(1)                            /*进入循环体*/
    {   feed_dog( );                    /*"看门狗"任务*/
        re_task( );                     /*例行常规任务*/
        measure( );                     /*流量计算、校验和标定任务*/
        key_task( );                    /*键盘任务*/
        display( );                     /*显示任务*/
        (unsigned char)read_para(COMM_MODE)?timing_send():comm_task();
        send_task( );                   /*通信任务*/
        dac( );                         /*流量数据的 4~20mA 输出任务*/
    }
}
```

2）初始化程序

C8051F020 和 CS5532 的初始化程序流程图如图 10-36 所示。

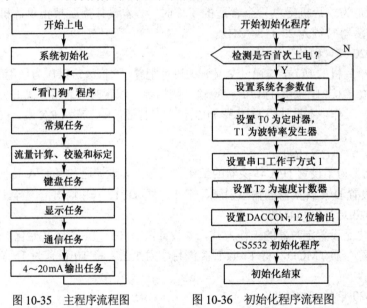

图 10-35　主程序流程图　　　　图 10-36　初始化程序流程图

C8051F020 初始化编程如下：

```
power_on_init( )
{   int i=0;
    OSCXCN=0x67;                        /*单片机工作时钟 22.1184MHz*/
    for (i=0;i<3000;i++);               /*Wait 1ms for initialization*/
    while ((OSCXCN & 0x80)==0);
    OSCICN=0x08;
    P0=0xFF;                            /*接口 0 作为通用 I/O 接口*/
    if((unsigned char)read_para(0)!=FST_PWR_FLAG)   /*Flash 初始化,*/
```

```
                                                            /*设置参数值*/
        {first_power( );}
    TMOD=0x21;                          /*设置 T1 为波特率发生器,设置 T0 为 16 位定时器*/
    TL0=0x0B;
    TH0=0xD7;                                /*定时 10ms*/
    SCON=0x50;                          /*设置串行口工作于方式 1、8 位 UART*/
    PCON=0x90;                          /*波特率加倍,禁止 ALE 输出*/
    switch ((unsigned char)read_para(BAUD_RATE))  /*设置 T1 初值*/
                                                  /*获得不同的波特率*/
    {  case 0x00:  TH1=201;     break;          /*1200bps*/
       case 0x01:  TH1=229;     break;          /*2400bps*/
       case 0x02:  TH1=242;     break;          /*4800bps*/
       case 0x03:  TH1=249;     break;          /*9600bps*/
       default:    TH1=242;     break;          /*4800bps*/
    }
    T2CON=0x02;      /*设置 T2 为速度计数器*/
    DACCON=0x03;     /*设置 DAC 为 12 位,其输出范围为 0~2.5V,其输出引脚为 pin3*/
    AD_INIT( )       /*CS5532 初始化*/
}
```

CS5532 初始化编程如下:

```
    void AD_INIT(void)
    {  uint8 Index;
    uint32 AD_SET=0x0;
    ADCCS_OK;
    for(Index=0;Index<50;Index++)
        {Write_Byte_To_AD(SYNC1);
        }
    Write_Byte_To_AD(SYNC0);
    /*-------------------------------Reset----------------------------*/
    AD_SET=0x0;
    AD_SET |=((uint32)0x01 << CS5532_CFG_RS);    /*配置寄存器的*/
                                                 /*系统复位位 RS=1*/
    Write_Byte_To_AD(WRITE_CFG_REG);
    Write_DWORD_To_AD(AD_SET);
    for(Index=0;Index<10;Index++)
        for(AD_SET=0;AD_SET < 200;AD_SET++);     /*延时*/
    AD_SET=0x0;
    Write_Byte_To_AD(WRITE_CFG_REG);
    Write_DWORD_To_AD(AD_SET);                         /*配置寄存器的*/
                                                       /*系统复位位 RS=0*/
    Write_Byte_To_AD(READ_CFG_REG);              /*读配置寄存器*/
    Read_DWORD_From_AD(&AD_SET);
    while(!(AD_SET & ((uint32)0x01 << CS5532_CFG_RV)));
                                      /*CS5532_CFG_RV=1 系统已复位*/
    /*--------------------End of Reset----------------------*/
    /*--------------------SET Frequency----------------------*/
    AD_SET=0x0;
    AD_SET=
        ((uint32)0 << CS5532_CFG_PSS) |
        ((uint32)0 << CS5532_CFG_PDW) |
        ((uint32)0 << CS5532_CFG_RS)  |
```

```
                ((uint32)0 << CS5532_CFG_IS)  |
                ((uint32)0 << CS5532_CFG_VRS) |
                ((uint32)0 << CS5532_CFG_A1)  |
                ((uint32)0 << CS5532_CFG_A0)  |
                ((uint32)1 << CS5532_CFG_FRS) |
                ((uint32)0xC0 << CS5532_CHN_WR)  |    /*WR3-0:200sps*/
                ((uint32)0x00 << CS5532_CHN_UB)  |    /*双极性模式*/
                ((uint32)0x00 << CS5532_CHN_OCD);     /*子速率选择*/
        Write_Byte_To_AD(WRITE_CFG_REG);
        Write_DWORD_To_AD(AD_SET);                    /*配置寄存器的滤波速率选择位 FRS=1*/
        /*--------------------End of Frequency--------------------------*/
        /*--------------------SET GAIN----------------------------------*/
        Write_Byte_To_AD(WRITE_CH0_GAIN_REG);
        Write_DWORD_To_AD(0x08000000);                /*配置增益,增大 8 倍*/
        /*--------------------End of GAIN-------------------------------*/
        /*--------------------START AD----------------------------------*/
        Write_Byte_To_AD(CONTINUE_CONVERT);           /*连续转换*/
    }
```

3）中断服务子程序

本系统主要有两个中断子程序：外部中断 0 和定时/计数器 0 中断。外部中断 0 用来采样 A/D 转换的称重传感器数据。定时/计数器 0 中断用来对皮带速度信号进行计数，定时时间为 10ms。两个中断服务子程序编程如下：

```
    void INTT0() interrupt 0                          /*外部中断 0*/
    {   uint32 u32ADRead=0;                           /*用于 A/D 采样*/
        uint16 u16Value=0;
        ReadADResult(&u32ADRead);
        u16Value=((uint16*) & u32ADRead)[0];          /*取高 16 位有效数据*/
        g_u32InCode=u16Value;
    }
    void  T0_ISR (void) interrupt 1                   /*定时/计数器 0 中断*/
    {   static unsigned char data suc_counter=0;      /*用于速度计数*/
        TL0=0x0B;
        TH0=0xD7;                                      /*10ms*/
    }
```

思考题与习题 10

10-1   单片机应用系统软件开发大体包括哪些方面？应注意哪些要点？

10-2   单片机应用系统的调试分为哪些部分？

10-3   上机实践 Keil C51 开发工具的使用。

10-4   上机实践 Proteus 开发工具的使用。

10-5   设计一个顺序开关灯控制器，要求当按钮 S 第 1 次按下时，A 灯立刻亮，B 灯延时 11s 后亮，在 B 灯亮 15s 后，C 灯亮；当按钮 S 第 2 次按下时，C 灯立刻灭，延时 17s 后 B 灯灭，B 灯灭 12s 后，A 灯灭。使用 Keil C51 和 Proteus 连接调试。

第 11 章　实验及课程设计

本章教学要求：
（1）通过实验与课程设计熟悉单片机的硬件结构与软件设计。
（2）通过实验与课程设计掌握单片机应用系统开发的基本技能。
（3）掌握汇编程序设计和 C 语言程序设计的方法。
（4）培养分析问题和解决问题的能力。

11.1　概　　述

科学实验是科学理论的源泉，是自然科学之根本，也是工程技术的基础。单片机原理与接口技术是一门实践性很强的课程，它的任务是使学生获得单片机原理与应用方面的基本理论、基本知识和基本技能，培养学生分析问题和解决问题的能力。本章包括程序设计实验、单片机内部资源应用实验、典型接口实验和综合实验，目的在于使学生巩固所学的理论知识，熟悉与掌握单片机的结构与原理，掌握单片机应用系统开发的基本技能。

课程设计作为实践教学的一个重要环节，对提高创新精神和实践能力、发展个性具有重要作用。除必要的验证性实验以训练学生的实验能力和实验结果整理的能力外，安排综合性课程设计对于提高学生全面应用本课程知识进行分析问题和解决问题能力的训练具有重要意义。

11.2　实　　验

11.2.1　实验 1——BCD 码/十六进制码转换

1．实验目的
（1）熟悉编码转换程序的编写方法。
（2）掌握编写和运行子程序的技巧。

2．实验设备
计算机一台；Keil C51 和 Proteus 软件。

3．实验内容
将内部 RAM 20H 单元中两位 BCD 码转换成相应的十六进制码，转换结果保存于 22H 单元。

4．实验原理提示
常用 BCD 码转换成十六进制码的方法为"乘十加数"法。例如，将 BCD 码 1001 0010（表示十进制数 92）转换成十六进制编码表示形式，算法为：$Y_H = (09 \times 0A + 02)_H = 5CH$。其中 Y_H 为转换后的十六进制数。在二进制运算中，乘法可以用移位（左移）实现，×0A 可以写成× 08 + × 02，其中× 08 是将被乘数左移 3 位，× 02 是将被乘数左移 1 位。则$(09 \times 0A + 02)_H = (09 \times 08 + 09 \times 02 + 02)_D = (01001000 + 00010010 + 00000010)_B = (01011100)_B = 5CH$。

5．实验程序流程图
BCD 码转换成十六进制码的实验程序流程图如图 11-1 所示。

6．实验参考程序

```
ORG     0000H
MOV     20H, #92H    ;把BCD码(1001 0010)放入20H
                     ;地址单元中
```

```
        MOV     A, #0FH         ;0FH→A
        ANL     A, 20H          ;获得直接地址单元 20H 中的低 4 位
        MOV     B, A            ;(A)→B
        MOV     A, #0F0H        ;0F0H→A
        ANL     A, 20H          ;获得直接地址单元 20H 中的高
                                ;4 位→A
        SWAP    A               ;把高 4 位交换到低 4 位
        MOV     R7, A           ;(A)→R7
        RL      A               ;A 中值左移 1 位
        RL      A               ;A 中值左移 1 位
        RL      A               ;A 中值左移 1 位
        MOV     R6, A           ;(A)→R6
        MOV     A, R7           ;(R7)→A
        RL      A               ;A 中值左移 1 位
        MOV     R7, A           ;(A)→R7
        ADD     A, R6           ;(R6)+(R7)→A
        ADD     A, B            ;(B)+(A)→A
        MOV     22H, A          ;(A)→22H
        SJMP    $               ;程序在此处死循环
        END
```

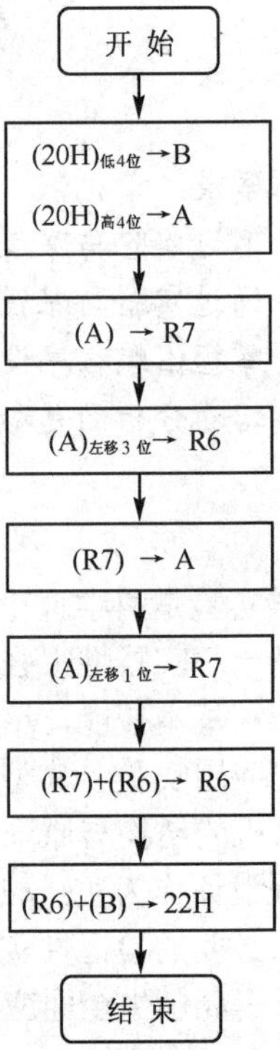

图 11-1　BCD 码/十六进制码转换
　　　　的实验程序流程图

7. 实验要求

（1）掌握编码转换程序的编写方法。

（2）根据实验任务要求，编制源程序。

（3）上机调试程序，记录相关调试信息。

（4）写出实验报告。

8. 思考与扩展

（1）简述二进制码、十进制码、BCD 码、十六进制码之间转换的算法。

（2）把 4 字节 BCD 码 5827 转换成十六进制码。

11.2.2　实验 2——排序程序

1. 实验目的

（1）熟悉 MCS-51 指令系统，掌握程序设计方法。

（2）掌握排序程序算法。

（3）掌握用循环程序实现数据排序的基本方法。

2. 实验设备

计算机一台；Keil C51 和 Proteus 软件。

3. 实验内容

编写并调试一个通用排序子程序，其功能为将 RAM 的 40H～4FH 单元中的 16 字节无符号二进制整数按从小到大顺序排列，将排序后的数据存放到 RAM 的 50H～5FH 单元中。

4. 实验原理提示

从 40H 单元的第一个数开始依次和相邻单元的另一个数比较，如果顺序对，则不做任何操作；如果顺序不对，则将这两个数交换位置。这样，在完成第 1 遍 $n-1$ 次比较后，最大的数到了最后，所以第 2 遍只需要比较 $n-2$ 次，最多做 $n-1$ 遍比较就可完成排序。在比较中，设立一

个标志位 flag，每次进入外循环时把 flag 清零，在内循环结束时若 flag=1，说明排序未完成，进入外循环；若 flag=0，说明排序完成，程序结束。

5. 实验程序流程图

排序实验程序流程图如图 11-2 所示。

6. 实验参考程序

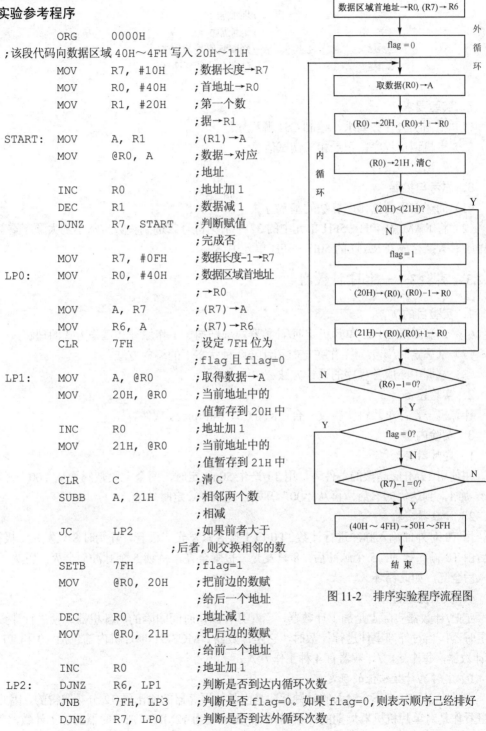

图 11-2　排序实验程序流程图

```
            ORG     0000H
;该段代码向数据区域 40H～4FH 写入 20H～11H
            MOV     R7, #10H      ;数据长度→R7
            MOV     R0, #40H      ;首地址→R0
            MOV     R1, #20H      ;第一个数
                                  ;据→R1
START:      MOV     A, R1         ;(R1)→A
            MOV     @R0, A        ;数据→对应
                                  ;地址
            INC     R0            ;地址加 1
            DEC     R1            ;数据减 1
            DJNZ    R7, START     ;判断赋值
                                  ;完成否
            MOV     R7, #0FH      ;数据长度-1→R7
LP0:        MOV     R0, #40H      ;数据区域首地址
                                  ;→R0
            MOV     A, R7         ;(R7)→A
            MOV     R6, A         ;(R7)→R6
            CLR     7FH           ;设定 7FH 位为
                                  ;flag 且 flag=0
LP1:        MOV     A, @R0        ;取得数据→A
            MOV     20H, @R0      ;当前地址中的
                                  ;值暂存到 20H 中
            INC     R0            ;地址加 1
            MOV     21H, @R0      ;当前地址中的
                                  ;值暂存到 21H 中
            CLR     C             ;清 C
            SUBB    A, 21H        ;相邻两个数
                                  ;相减
            JC      LP2           ;如果前者大于
                                ;后者,则交换相邻的数
            SETB    7FH           ;flag=1
            MOV     @R0, 20H      ;把前边的数赋
                                  ;给后一个地址
            DEC     R0            ;地址减 1
            MOV     @R0, 21H      ;把后边的数赋
                                  ;给前一个地址
            INC     R0            ;地址加 1
LP2:        DJNZ    R6, LP1       ;判断是否到达内循环次数
            JNB     7FH, LP3      ;判断是否 flag=0。如果 flag=0,则表示顺序已经排好
            DJNZ    R7, LP0       ;判断是否到达外循环次数
```

・283・

```
LP3:    MOV    R7, #10H        ;获得要传输的数据个数
;把 40H~4FH 单元中的数据复制到 50H~5FH 单元中
        MOV    R0, #40H        ;40H→R0
        MOV    R1, #50H        ;50H→R1
LP4:    MOV    A, @R0          ;((R0))→A
        MOV    @R1, A          ;(A)→(R1)
        INC    R0              ;地址加 1
        INC    R1              ;地址加 1
        DJNZ   R7, LP4         ;判断赋值是否完成
        SJMP   $               ;程序在此处死循环
        END
```

7. 实验要求

（1）根据实验任务要求，编制 C51 源程序。

（2）上机调试程序，记录相关调试信息。

（3）写出实验报告。

8. 思考与扩展

（1）简述实现数据排序算法的基本方法。

（2）将 RAM 的 40H~5FH 单元中的 32 字节无符号二进制整数按从小到大顺序重新排列，将排序后数据存放到 RAM 的 50H~6FH 单元中。

11.2.3 实验 3——定时/计数器

1. 实验目的

（1）加深对 MCS-51 单片机定时/计数器内部结构、工作原理和工作方式的理解。

（2）掌握定时/计数器工作在定时和计数两种状态下的编程方法。

（3）掌握中断服务程序的设计方法。

2. 实验设备

计算机一台；单片机实验仪一台；Keil C51 和 Proteus 软件。

3. 实验内容

1）定时器实验

在使用 12MHz 晶振的条件下，用 T1 产生 50ms 定时，两个七段数码管从"00"开始显示，每 1s 加 1，到达"59"后，再从"00"开始，完成 60s 定时功能。

2）计数器实验

用 T0 对外部输入脉冲进行计数。P0 口上接 8 只发光二极管，开始时 8 只发光二极管全灭，然后由 T0 输入脉冲，5 个脉冲后，8 只发光二极管全亮，持续 5 个脉冲后全灭，再等 5 个脉冲输入后全亮，如此循环。

4. 实验原理提示

定时/计数器实际上是加 1 计数器，当对具有固定时间间隔的内部机器周期进行计数时，它是定时器；当对外部事件进行计数时，它是计数器。MCS-51 单片机内部包括 T0 和 T1 两个定时/计数器，每个定时/计数器有 4 种工作方式。

1）定时器计数初值的确定

在定时工作状态下，输入的时钟脉冲是由晶体振荡器的输出经 12 分频取得的，因此，定时器可看作是对单片机机器周期的计数器。若晶振频率为 12MHz，则定时器的加 1 计数器每隔 1μs

加 1。加 1 计数器计满溢出时才请求中断，所以在给加 1 计数器赋计数初值时，输入的是加 1 计数器计数的最大值与这一计数值的差值。设加 1 计数器计数的最大值为 M，计数值为 N，计数初值为 Count，则 Count 的计算方法如下。

计数状态：$Count = M - N$

定时状态：$Count = M -$ 定时时间$/T$，$T = 12/f_{OSC}$

若单片机的时钟频率为 12MHz，T1 工作在定时方式 1，定时时间为 50ms，则其计数初值 Count 为：

$$Count = M - 定时时间/T = 2^{16} - 50\ 000/1 = 65\ 536 - 50\ 000 = 15\ 536 = 3CB0H$$

所以，定时器的计数初值为 TH1 = 3CH，TL1 = 0B0H。

2）定时器初始化程序

定时器包括两个控制寄存器 TMOD 和 TCON，向 TMOD 和 TCON 写入相应的值来设置各个定时器的操作模式和控制功能。

启动定时器的步骤如下：

（1）设定 TMOD 的值：TMOD = 10H，设置 T1 工作于定时方式 1（16 位方式）。

（2）设定 IE 的值：启动中断，SETB ET1。

（3）设定 TL1 和 TH1 的值：TL1 = 0B0H，TH1 = 3CH。

（4）启动 T1 定时：SETB TR1。

3）计数器计数初值的确定

T0 采用计数方式 2，计数初值 $Count = 2^8 - 5 = FBH$。

4）计数器初始化程序

（1）设定 TMOD 的值：TMOD = 06H，设置 T0 工作于计数方式 2。

（2）设定 TL0 和 TH0 的值：TL0 = 0FBH，TH0 = 0FBH。

（3）启动 T0 计数：SETB TR0。

5. 实验电路图

定时/计数器实验电路图如图 11-3 所示。

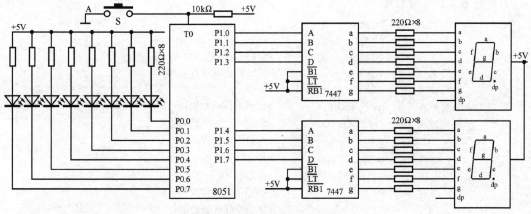

图 11-3　定时/计数器实验电路图

6. 实验程序流程图

定时器实验的主程序及定时中断子程序流程图如图11-4（a）、（b）所示，计数器实验程序流程图如图 11-5 所示。

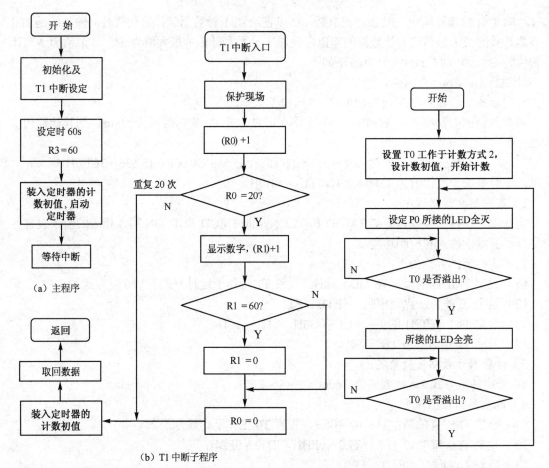

（a）主程序

（b）T1 中断子程序

图 11-4　定时器实验程序流程图　　　　图 11-5　计数器实验程序流程图

7. 实验参考程序

1）定时器实验参考程序

```
        ORG     0000H
        AJMP    START           ;跳到 START 处开始执行
        ORG     001BH           ;定时/计数器 1 中断入口地址
        AJMP    TIME1           ;跳转到中断执行程序
        ORG     0030H
START:  MOV     SP, #60H        ;设定堆栈起始地址
        MOV     TMOD, #10H      ;设定 T1 工作于定时方式 1
        SETB    EA              ;开总中断允许
        SETB    ET1             ;开 T1 中断
        MOV     R3, #60         ;设定时 60s
        MOV     R0, #0          ;初始化软件计数器 1
        MOV     R1, #0          ;初始化软件计数器 2
        MOV     TH1, #3CH       ;装入定时器计数初值
        MOV     TL1, #0B0H      ;定时时间为 50ms
        SETB    TR1             ;启动 T1 定时
        AJMP    $               ;等待中断
TIME1:  PUSH    ACC             ;ACC 入栈
        PUSH    PSW             ;PSW 入栈
```

```
      INC      R0                    ;软件计数器1加1
      MOV      A, R0                 ;(R0)→A
      CJNE     A, #20, T_LP2         ;1s 到了吗？到了则输出 LED
                                     ;把 R1 中值转换为十进制数输出
      MOV      A, R1                 ;(R1)→A
      MOV      B, #10                ;10→B
      DIV      AB                    ;(A)/(B)→A,(A)%(B)→B
      SWAP     A                     ;将得到的十位数乘以10→A
      ADD      A, B                  ;(A)+(B)→A
      MOV      P1, A                 ;把 A 中的值输出到 P1
      INC      R1                    ;软件计数器2加1
      CJNE     R1, #60, LP0          ;判断软件计数器2是否到达60
      MOV      R1, #00H              ;达到60,则清零
LP0:  MOV      R0, #00H              ;软件计数器1清零
T_LP2: MOV     TH1, #3CH             ;重新装入定时器计数初值
      MOV      TL1, #0B0H            ;定时 50ms
      POP      PSW                   ;取回数据
      POP      ACC
      RETI                          ;返回
      END
```

2）计数器实验参考程序

```
      ORG      0000H
      MOV      TMOD, #06H            ;设置 T0 工作于方式 2,计数器模式
      MOV      TH0, #251             ;初始化计数初值=256-5
      MOV      TL0, #251
      SETB     TR0                   ;开始计数
START: MOV     P0, #0FFH             ;LED 全部熄灭掉
      JNB      TF0, $                ;判断计数器是否溢出
      CLR      TF0                   ;清除溢出标志
      MOV      P0, #00H              ;LED 全部点亮
      JNB      TF0, $                ;继续判断计数器是否溢出
      CLR      TF0                   ;清除溢出标志
      AJMP     START                 ;返回
      END
```

8. 实验要求

1）定时器实验要求

（1）画出实验程序流程图；编写汇编语言和 C51 程序。

（2）上机调试程序，用示波器检验结果。

2）计数器实验要求

（1）画出实验程序流程图，编写汇编程序。

（2）上机调试该程序。

9. 思考与扩展

（1）MCS-51 单片机定时/计数器的定时和计数状态有何区别？各适用于何种场合?

（2）改变定时长度，实现 100s 定时。

（3）统计从 P3.4 口输入的脉冲数，将所统计的脉冲数在两个七段数码管上显示。

11.2.4 实验 4——基本输入/输出

1．实验目的

（1）掌握 MCS-51 单片机 I/O 接口的基本输入/输出功能。

（2）学习延时子程序的编写和使用。

2．实验设备

计算机一台；单片机实验仪一台；Keil C51 和 Proteus 软件。

3．实验内容

（1）P0 作为输出口，接 8 只发光二极管，编写程序使发光二极管实现"单灯左移"。

（2）P0 作为输出口，接 8 只发光二极管；P2 作为输入口，P2.0 和 P2.1 接两个按键 S_1 和 S_2。当按下 S_1 时，P0 口上连接的 8 只发光二极管全亮；当按下 S_2 时，P0 口上连接的 8 只发光二极管全灭。

4．实验原理提示

（1）P0 口为双向 I/O 接口，具有较大的负载能力，除作为地址、数据复用口外，还可用作通用 I/O 接口。P2 口为准双向 I/O 口，常作为通用 I/O 使用。当某一口线作为输入口线时，必须向锁存器的相应位写入"1"，该位才能作为输入。

（2）常用延时方法。常用循环指令来实现延时，设晶振频率为 12MHz，因此 1 个机器周期为 1μs。

```
DELAY:  MOV R5, #250      ;T₁=1 个机器周期,设定外循环次数为 250 次
D1:     MOV R6, #200      ;T₂=1 个机器周期,设定内循环次数为 200 次
        DJNZ   R6, $       ;T₃=2 个机器周期,本行执行 200 次
        DJNZ   R5, D1      ;T₄=2 个机器周期,本行执行 250 次
        RET               ;T₅=2 个机器周期,返回子程序
```

$$T = T_1 + (T_2 + (T_3 \times 200) + T_4) \times 250 + T_5$$
$$= 1 + (1 + (2 \times 200) + 2) \times 250 + 2$$
$$= 100\ 753 \text{ 个机器周期}$$

共延时 $100\ 753 \times 1μs = 100\ 753μs = 0.1s$。

5．实验电路图

I/O 实验电路图如图 11-6 所示。

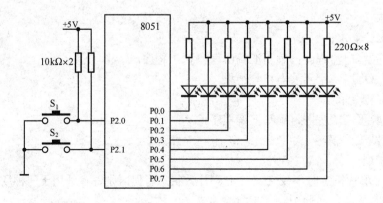

图 11-6 I/O 实验电路图

6. 实验程序流程图

实验内容（1）的输出实验程序流程图如图 11-7 所示。

实验内容（2）的输入实验程序流程图如图 11-8 所示。

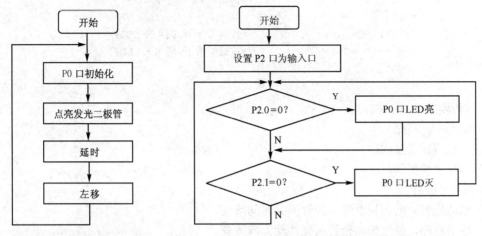

图 11-7　输出实验程序流程图　　　　　图 11-8　输入实验程序流程图

7. 实验参考程序

1）输出实验汇编参考程序

```
            ORG     0000H
            MOV     P0, 0FFH        ;LED 全部熄灭
            MOV     A, 0FEH         ;初始化 A
START:      MOV     P0, A           ;点亮 LED
            ACALL   DEL AY          ;调用子程序,延时 0.1s
            RL      A               ;循环左移 A
            AJMP    START           ;返回
        ;延时子程序
DELAY:      MOV     R5, #250        ;设定外循环次数
D1:         MOV     R6, #200        ;设定内循环次数
            DJNZ    R6, $           ;内循环,在此循环 200 次
            DJNZ    R5, D1          ;外循环,在此循环 250 次
            RET                     ;返回子程序
            END
```

2）输入实验汇编参考程序

```
            ORG     0000H
            MOV     P2, 0FFH        ;初始化 P2 口为输入口
START:      JB      P2.0, LP0       ;判断 P2.0 是否为 0
            MOV     P0, #00H        ;P2.0 为 0,则点亮 LED
LP0:        JB      P2.1, START     ;判断 P2.1 是否为 0
            MOV     P0, #0FFH       ;P2.1 为 0,则熄灭 LED
            AJMP    START           ;返回
            END
```

3）输入实验 C51 参考程序

```
    #include <reg51.h>
```

```
sbit  S1=P2^0;                      /*定义 S1 表示按键 1*/
sbit  S2=P2^1;                      /*定义 S2 表示按键 2*/
void  main()
{   P2=0xFF;                        /*初始化 P2 口为输入口*/
    while(1)
    {   if(!S1)P0=0x00;             /*按键 1 按下,则点亮 LED*/
        if(!S2)P0=0xFF;             /*按键 2 按下,则熄灭 LED*/
    }
}
```

8. 实验要求
（1）编写相应程序。
（2）上机调试通过程序。
（3）写出实验报告。

9. 思考与扩展
（1）修改延时时间，使发光二极管闪亮时间改变。
（2）修改程序，使发光二极管闪亮移动方向改变。

11.2.5 实验 5——外部中断

1. 实验目的
（1）了解 MCS-51 单片机外部中断系统的原理、处理过程及中断方式。
（2）掌握中断的编程方法。

2. 实验设备
计算机一台；单片机实验仪一台；Keil C51 和 Proteus 软件。

3. 实验内容
P0 口通过 7447 接一个七段数码管，外部中断 $\overline{\text{INT0}}$ 引脚接按键 PB。主程序开始运行时，七段数码管显示为 0。当按下按键时，进入中断状态，七段数码管从 0 到 9 递增 1 显示，延迟时间为 0.5s。

4. 实验原理提示
8051 有 3 类共 5 个中断源，分别是两个外部中断（$\overline{\text{INT0}}$ 和 $\overline{\text{INT1}}$）、两个定时/计数器中断（T0 和 T1）和一个串行口中断。用户对中断的控制和管理是通过对 4 个与中断有关的寄存器 IE，TCON，IP，SCON 的设置实现的。当单片机复位时，这 4 个寄存器是清零的，因此，应根据需要对寄存器的有关位进行设置。其中，包括开中断总控制开关 EA，并置位中断源的中断允许控制位；对外部中断 0 和外部中断 1 应选择中断触发方式；对多个中断源中断应设置中断优先级，预置 IP。

5. 实验电路图
外部中断实验电路图如图 11-9 所示。

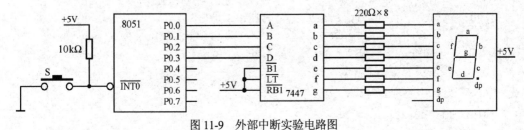

图 11-9 外部中断实验电路图

6. 实验程序流程图

外部中断实验程序流程图如图 11-10 所示。

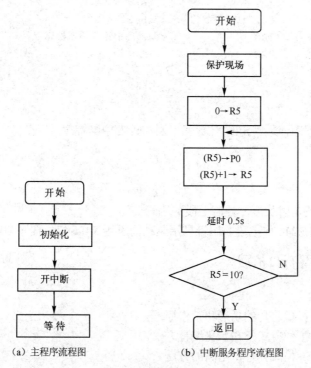

（a）主程序流程图　　　　　（b）中断服务程序流程图

图 11-10　外部中断实验程序流程图

7. 实验参考程序

```
            ORG     0000H
            LJMP    START           ;跳转到 START 开始执行
            ORG     0003H           ;外部中断 0 入口地址
            LJMP    PINT            ;跳转到中断服务程序
            ORG     0030H
    START:  MOV     P0, #0          ;初始化 P0 输出为 0
            SETB    IT0             ;设定外部中断 0 为边沿触发中断
            SETB    EX0             ;开外部中断 0
            SETB    EA              ;开总中断允许
            AJMP    $               ;等待中断
    PINT:   PUSH    ACC             ;ACC 入栈
            PUSH    PSW             ;PSW 入栈
            MOV     R5, #0          ;初始化 R5
    LOOP:   MOV     P0, R5          ;R5 输出到 P0
            INC     R5              ;R5 加 1
                                    ;延时 0.5s
            MOV     R4, #250        ;设定外循环的循环次数
    D1:     MOV     R6, #200        ;设定内循环 1 循环次数
    D2:     MOV     R7, #3          ;设定内循环 2 循环次数
            NOP
            DJNZ    R7, $           ;内循环 2,在此循环 3 次
```

```
            DJNZ    R6, D2              ;内循环 1,在此循环 200 次
            DJNZ    R4, D1              ;外循环,在此循环 250 次
            CJNE    R5, #10, LOOP       ;判断是否显示到 10
            MOV     P0, #00H            ;复位 P0 输出为 0
            CLR     IE0                 ;清外部中断 0 请求标志位
            POP     PSW                 ;取回数据
            POP     ACC
            RETI                        ;返回
```

8. 实验要求

（1）根据实验流程图，编写定时/计数器中断和外部中断程序。

（2）上机调试程序。

（3）写出实验报告。

9. 思考与扩展

（1）修改程序改变定时长度，控制七段数码管。

（2）如果使用 74LS244 作七段数码管显示驱动而不用 74LS47，程序和电路应如何设计？

11.2.6 实验 6——并行口扩展

1. 实验目的

（1）熟悉 8155 并行口芯片的功能和工作原理。

（2）掌握 8155 的工作方式及初始化编程方法。

（3）掌握利用 8155 构成并行口电路的方法。

（4）熟悉 8155 的 RAM 和定时器的使用方法。

2. 实验设备

计算机一台；单片机实验仪一台；Keil C51 和 Proteus 软件。

3. 实验内容

8155 的 A 口作为输入，接 8 个按键；B 口作为输出，接 8 只发光二极管。当 A 口输入全为 1 时，即没有一个按键被按下时，8 只发光二极管循环点亮；否则，将 A 口的输入值送 B 口输出，点亮或熄灭相应的发光二极管，电路图如图 11-11 所示。

4. 实验原理提示

8155 芯片的工作方式是通过读写控制逻辑的组合状态来实现的。8155 芯片的逻辑操作主要通过 IO/$\overline{M}$，CE，$\overline{WR}$ 与 $\overline{RD}$ 选择数据流向。在本电路中，8155 芯片的 $\overline{RD}$ 和 $\overline{WR}$ 分别与 MCS-51 单片机的 $\overline{RD}$ 和 $\overline{WR}$ 相连，$\overline{CE}$ 接 P2.7。单片机的 P0 口接 AD0～AD7。A 口、B 口、C 口及控制寄存器的地址分别是 7FF1H，7FF2H，7FF3H，7FF0H。

5. 实验电路图

并行口扩展实验电路图如图 11-11 所示。

6. 实验程序流程图

并行口扩展实验程序流程图如图 11-12 所示。

7. 实验参考程序

1）汇编参考程序

```
            ORG     0000H
            MOV     A, #01H             ;01H 表示 A 口输入;B 口输出
            MOV     DPTR, #7FF0H        ;设定访问地址;7FF0H 表示 8155 的控制寄存器地址
```

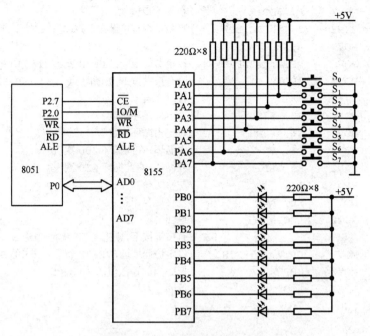

图 11-11 并行口扩展实验电路图

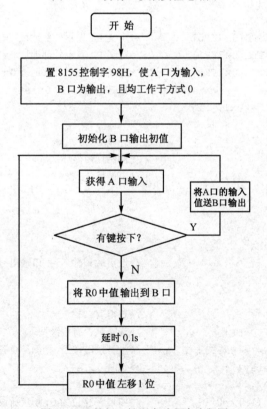

图 11-12 并行口扩展实验程序流程图

```
          MOVX    @DPTR, A            ;8155 控制寄存器赋值#01H
          MOV     R0, #0FEH          ;设定 B 口输出的初值
LOOP:     MOV     DPTR, #7FF1H       ;设定访问地址,7FF1H 表示 8155 的 A 口地址
```

```
              MOVX    A, @DPTR          ;获得 A 口输入
              CJNE    A, #0FFH,LP2      ;判断是否有按键按下;如有按键按下,则跳转到 LP2
              MOV     A, R0             ;(R0)→A
              MOV     DPTR, #7FF2H      ;设定访问地址;7FF2H 表示 8155 的 B 口地址
              MOVX    @DPTR, A          ;没有按键按下,则循环点亮 B 口的 LED
                                        ;延时 0.1s
              MOV     R5, #250          ;设定外循环次数
       LP1:   MOV     R6, #200          ;设定内循环次数
              DJNZ    R6, $             ;内循环;在此循环 200 次
              DJNZ    R5, LP1           ;外循环;在此循环 250 次
              RL      A                 ;左移 1 位
              MOV     R0, A             ;左移后存储到 R0
              AJMP    LOOP              ;返回
                                        ;有按键按下,则把 A 口的输入值送 B 口输出
       LP2:   MOV     DPTR, #7FF2H      ;设定访问地址;7FF2H 表示 8155 的 B 口地址
              MOVX    @DPTR, A          ;把 A 口的输入值送 B 口输出
              AJMP    LOOP              ;返回
              END
```

2）C51 参考程序

```c
#include <reg51.h>
#include <ABSACC.H>
#define  PC XBYTE[0x7FF0]              /*定义 PC 表示外部地址 0x7FF0*/
#define  PA XBYTE[0x7FF1]              /*定义 PA 表示外部地址 0x7FF1*/
#define  PB XBYTE[0x7FF2]              /*定义 PB 表示外部地址 0x7FF2*/
void  delay()                          /*延时函数,延时 0.1s*/
{   unsigned char x1, x2;
    x1=200;
    while(--x1)                        /*外循环 200 次*/
    {   x2=83;                         /*初始化内循环次数*/
        while(--x2);                   /*内循环 83 次*/
    }
}
void  main()
{   unsigned char x, a;
    PC=0x01;                           /*设定 A 口输入,B 口输出*/
    x=0x01;
    while(1)
    {   a=PA;                          /*获得 A 口输入*/
        if(a= =0xFF)                   /*判断是否有按键按下*/
        {   PB=(x^0xFF);               /*没有按键按下,则循环点亮 B 口的 LED*/
            delay();                   /*延时 0.1s*/
            x=x<<1;                    /*左移 1 位*/
            if(!x)x=0x01;              /*如果 x 移位为 0,则重新设为 0x01*/
        }
        else  PB=a;                    /*如果有按键按下,则把 A 口的输入值送 B 口输出*/
    }
}
```

8. 实验要求

（1）根据实验流程图，编写汇编语言程序。

（2）上机调试程序。

（3）写出实验报告。

9. 思考与扩展

（1）简述 8155 的工作原理及其初始化编程方法。

（2）如果使 8155 的 A、B 口工作在选通方式，程序该怎么编写？

（3）8155 的定时器、RAM 如何使用？

11.2.7 实验 7——串行 A/D 转换

1. 实验目的

（1）熟悉 ADS1015 串行 A/D 转换芯片的工作原理、性能及编程方法。

（2）掌握串行 A/D 转换芯片与单片机接口的方法。

（3）掌握单片机串行口的数据采集方法。

2. 实验设备

计算机一台；单片机实验仪一台；Keil C51 和 Proteus 软件。

3. 实验内容

从 ADS1015 输入模拟电压，编写完成一次 A/D 转换
的程序，并将 A/D 转换结果存放在单片机内部 30H 开始
的单元中。

4. 实验原理提示

分析：参见例 8-2。

5. 实验电路图

A/D 转换实验电路图可参考图 8-8。

6. 实验程序流程图

A/D 转换实验程序流程图可参考图 11-13。

7. 实验参考程序

实验程序可参考例 8-2 的 C51 程序。

8. 实验要求

（1）编写 C51 程序。

（2）上机调试程序。

（3）列表记录输入模拟电压与输出数字量的实验结
果。

（4）总结 A/D 转换器芯片与 8051 单片机接口与编程
方法。

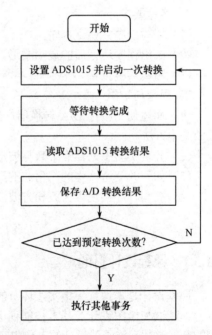

图 11-13 A/D 转换实验程序流程图

（5）写出实验报告。

9. 思考与扩展

采用串行口方式实现 A/D 转换。设采样点为 30 个，将采样结果送入 30H 开始的内存单元
中，试编程实现。

11.2.8 实验 8——串行 D/A 转换

1. 实验目的
（1）熟悉 DAC7611 串行 D/A 转换芯片的工作原理、性能和编程方法。
（2）掌握串行 D/A 转换芯片与单片机的接口方法。

2. 实验设备
计算机一台；单片机实验仪一台；Keil C51 和 Proteus 软件。

3. 实验内容
使用 DAC76111 串行 D/A 转换芯片实现三角波发生器。

4. 实验电路图
D/A 转换实验电路图可参考图 8-11。

5. 实验程序流程图
D/A 转换实验程序流程图可参考图 11-14。

6. 实验参考程序
实验程序可参考例 8-3 的 C51 程序。

7. 实验要求
（1）编写程序并调试程序。
（2）画出程序运行后的显示波形。
（3）写出实验报告。

8. 思考与扩展
（1）简述使用串行 D/A 转换器产生三角波、锯齿波和方波的基本方法。
（2）分析实验中采样点个数与波形精度之间的关系。
（3）如何改变所产生的三角波的周期。
（4）编写程序实现锯齿波和方波波形的输出。

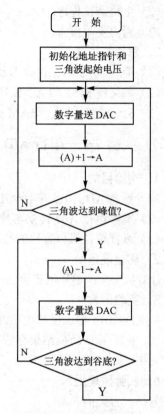

图 11-14　D/A 转换实验
程序流程图

11.3　课　程　设　计

11.3.1　课程设计目的

课程设计是本课程集中实践环节的主要内容之一，可以使学生达到对单片机应用系统组成、编程、调试和绘图设计等基本技能训练。学生通过选做的课题，可以进一步熟悉单片机应用系统的开发过程，软硬件设计的工作内容、方法和步骤。培养学生理论联系实际，提高分析问题、解决问题的能力和实际动手能力，以及正确应用单片机解决工业控制、工业检测等领域具体问题的能力。

11.3.2　课程设计要求

1. 教学基本要求
要求学生独立完成选题设计，掌握单片机应用系统的设计方法；完成系统的仿真、装配及调试，掌握系统的仿真与调试技术；在课程设计中要注重培养工程质量意识，并写出课程设计报告。

2. 能力培养要求

（1）通过查阅手册和有关文献资料，掌握独立分析和解决实际问题的能力。

（2）通过实际电路方案的分析比较、设计计算、元器件选取、仿真、安装调试等环节，掌握简单实用电路的分析方法和工程设计方法。

（3）熟悉常用仪器设备的使用方法，掌握实验调试方法，提高动手能力。

3. 课程设计报告要求

课程设计报告中应给出系统结构框图，对总体设计思想进行阐述；给出每个单元逻辑电路且论述其工作原理。基本内容应包括如下方面。

（1）功能要求说明。

（2）方案论证说明。

（3）系统硬件电路设计。包括电源电路、单片机最小系统、时钟电路、显示电路、键盘接口电路等的原理图。

（4）系统程序设计。包括主程序、初始化程序、中断服务程序、延时程序、显示子程序、键盘识别子程序等程序流程图。

（5）调试及性能分析。包括调试步骤与性能分析结果。

（6）源程序清单。

11.3.3 课程设计参考题目及要求

下面给出部分课程设计参考题目及要求，便于读者选做，读者也可自行拟题。

1. 电子钟

设计要求：

（1）主电路由秒信号发生器、"时""分""秒"计数器、译码器及显示器、校时电路、整点报时电路构成。

（2）秒信号发生器直接决定计时器的精密程度，一般用石英晶体振荡器加分频器实现。将标准秒信号送入"秒计数器"，"秒计数器"采用六十进制计数器，每累计 60s 发出 1 个"分电子脉冲"信号，该信号将作为"分计数器"的时钟电子脉冲。"分计数器"也采用六十进制计数器，每累计 60min，发出 1 个"时电子脉冲"信号，该信号将被送到"时计数器"。"时计数器"采用 24 进制计时器，可实现对一天 24h 的累计。

（3）译码电路将"时""分""秒"计数器的输出状态送七段译码器译码，经过6 位 LED 显示器显示出来。

（4）整点报时电路根据计时系统的输出（电子脉冲信号），触发音频发生器实现报时。

（5）校时电路用来对"时""分""秒"显示数字进行校对调整。

2. 倒计时秒表

设计要求：

（1）功能包括开始工作、暂停、复位。

（2）可以自由设定倒计时时间（10s，20s，30s…），并进行倒计时。

（3）倒计时完成后报警，如声响、灯光等。

（4）显示格式自选。

（5）扩展功能：在秒表基础上增加时钟功能。

3．定时闹表

设计要求：

（1）能显示：时时-分分-秒秒。

（2）可以设定定时时间、修改定时时间。

（3）定时时间到能发出报警声或开始继续计时工作，从而控制电机的启、停。

4．多功能秒表

设计要求：

（1）能同时记录 4 个相对独立的时间并分别显示。

（2）两位 LED 显示，显示时间为 00～99s。

（3）每秒自动加 1。

（4）按键包括：开始、复位、暂停。

（5）翻页按钮查看 4 个不同的计时时间。

5．数码八音盒

设计要求：

（1）使 I/O 接口发生一定频率的方波，驱动蜂鸣器，发出不同的音调，从而演奏乐曲（最少存储 3 首乐曲，每首不少于 30s）。

（2）采用 LCD 显示信息。

（3）开机时有提醒字符，播放时显示歌曲序号（或名称）。

（4）可经过功能键选择、暂停、播放乐曲。

（5）选作内容：显示乐曲播放时间或剩余时间。

（6）本设计用 8051 单片机，4×4 键盘，蜂鸣器，16×2 LCD 显示器，七段 LED 显示。

6．电子密码锁

设计要求：

（1）系统能完成开锁、超时报警、超次锁定、管理员解密、修改用户密码等基本功能。

（2）具备掉电存储、声光提醒等功能，依据现实的环境还可以新增遥控功能。

7．电子万年历

设计要求：

（1）显示年、月、日、时、分、秒及星期信息。

（2）具备可调整日期和时间功能。

（3）增加闰年计算功能。

8．电子秤

设计要求：

（1）使用压力传感器检验重量信号，经放大和 A/D 转换，并经单片机处理后在 LED 上显示出被称重量值。

（2）最小显示单位为 1g。

9．数字温度计

设计要求：

（1）基本测温范围为-50～110℃。

（2）精度偏差小于 0.5。

（3）LED 显示。

（4）可以任意设定温度的上、下限报警功能。

（5）扩展功能：语音报告温度值。

10．加热定时器

设计要求：

（1）为热水器设计一个定时器。

（2）7：00～10：00保证供应热水，并要求周六、周日全天供应热水。

11．豆浆机控制器

设计要求：

（1）豆浆机开始工作时指示灯点亮，加热器开始对水进行加热。当水温加热到80℃时，豆浆机停止加热。之后开始搅拌，每搅拌15s停5s，共5次。再经过2min左右的烧煮，最后豆浆机发出提醒音，加工结束。

（2）在搅拌和烧煮豆浆的过程中，会出现较多的泡沫。所以，这两个阶段存在加热与溢出之间的一对矛盾，应有适当的解决方案。

12．篮球赛场计时计分器

设计要求：

（1）能记录全赛程的比赛时间，并能修改比赛时间。

（2）能随时刷新甲、乙两队在全盘比赛历程中的比分。

（3）中场交换比赛场地时，能交换甲、乙两队比分的位置。

（4）比赛时间到时，能发出报警声。

13．智力竞赛抢答器

设计要求：

（1）设置两个功能键：开始键、复位键。

（2）按下开始键后可以进行抢答，按下复位键恢复初始状态。

（3）能允许2～6组抢答，能显示抢答组号，并给出状态指示灯信号。

（4）各组计分，并能计分显示。

（5）比赛结束时，能发出报警声。

14．病房呼叫器

设计要求：

（1）设计1个可容纳64个床位的病房呼叫器。

（2）要求每个床位都有1个按钮，当患者需要呼叫护士时，按下按钮。此时护士值班室内的呼叫板上显示该患者的床位号，并振铃3s。

（3）当护士按下响应键时，消除该呼叫。

15．出租车计价器

设计要求：

（1）不同环境具备不同的收费标准：白天、晚上、途中等候（>10min开始收费）。

（2）能进行手动修改单价。

（3）具备数据的复位功能。

（4）用I/O接口扩展白天/晚上收费标准的转换开关、数据的清零开关、单价的调整（最好使用+键和–键）。

（5）数据输出（采用LCM103）：单价输出2位、行程输出2位、总金额输出3位。

（6）按键：开始工作、计时开关、数据复位（清零）、白天/晚上转换。

16. 交通灯控制器

设计要求：

（1）包括人行道、左转、右转以及基本交通灯的功能。交叉道路上的车辆交替通行时间为 25s，黄灯亮 5s 且每秒闪亮 1 次。

（2）除基本交通灯功能外，还具备倒计时、时间设置、紧迫环境处置、分时段调整交通信号灯的点亮时间以及根据具体环境手动控制等功能。

17. 水位控制器

设计要求：

（1）设计一个自动水位控制器。

（2）当水位降到低位设定值时，停止放水，开始注水。

（3）当水位升到高位设定值时，停止注水，开始放水。

（4）要求给出信号灯指示。

18. 16×16 点阵 LED 显示屏

设计要求：

（1）设计 1 个 16×16 点阵 LED 显示屏。

（2）要求在目测条件下 LED 显示屏各点亮度均匀、充沛，可显示图形和文字，显示图形和文字应稳定、清晰无串扰。图形和文字显示有静止、移入、移出等显示方式。

19. 简易数码电压表设计

设计要求：

（1）使用 ADC0809 设计一个简易数码电压表，要求可测量 8 路输入电压，具有 4 位 LED 轮流显示或单路选择显示功能。

（2）测量电压 0~5V，最小分辨率为 0.019V，测量偏差约为+0.02V。

20. 频率计设计

设计要求：

（1）应用单片机的定时/计数器功能实现频率测量；

（2）用 LED 显示测出的频率。

附录 A   MCS-51 汇编指令-机器码对照表

助记符	说明	字节	周期	机器码	助记符	说明	字节	周期	机器码
					1. 数据传送指令（30 条）				
MOV A,Rn	寄存器送 A	1	1	E8～EF	MOV DPTR,#data16	16 位常数送数据指针	3	1	90
MOV A,data	直接字节送 A	2	1	E5	MOV C,bit	直接位送进位位	2	1	A2
MOV A,@Ri	间接 RAM 送 A	1	1	E6～E7	MOV bit,C	进位位送直接位	2	2	92
MOV A,#data	立即数送 A	2	1	74	MOVC A,@A+DPTR	A+DPTR 寻址程序存储字节送 A	3	2	93
MOV Rn,A	A 送寄存器	1	1	F8～FF	MOVC A,@A+PC	A+PC 寻址程序存储字节送 A	1	2	83
MOV Rn,data	直接数送寄存器	2	2	A8～AF	MOVX A,@Ri	外部数据送 A（8 位地址）	1	2	E2;E3
MOV Rn,#data	立即数送寄存器	2	1	78～7F	MOVX A,@DPTR	外部数据送 A（16 位地址）	1	2	E0
MOV data,A	A 送直接字节	2	1	F5	MOVX @Ri,A	A 送外部数据（8 位地址）	1	2	F2;F3
MOV data,Rn	寄存器送直接字节	2	1	88～8F	MOVX @DPTR,A	A 送外部数据（16 位地址）	1	2	F0
MOV data,data	直接字节送直接字节	3	2	85	PUSH data	直接字节进栈道，SP 加 1	2	2	C0
MOV data,@Ri	间接 Rn 送直接字节	2	2	86;87	POP data	直接字节出栈，SP 减 1	2	2	D0
MOV data,#data	立即数送直接字节	3	2	75	XCH A,Rn	寄存器与 A 交换	1	1	C8～CF
MOV @Ri,A	A 送间接 Rn	1	2	F6;F7	XCH A,data	直接字节与 A 交换	2	1	C5
MOV @Ri,data	直接字节送间接 Rn	1	1	A6;A7	XCH A,@Ri	间接 Rn 与 A 交换	1	1	C6;C7
MOV @Ri,#data	立即数送间接 Rn	2	2	76;77	XCHD A,@Ri	间接 Rn 与 A 低半字节交换	1	1	D6;D7
					2. 逻辑运算指令（35 条）				
ANL A,Rn	寄存器与到 A	1	1	58～5F	XRL A,@Ri	间接 RAM 异或到 A	1	1	66;67
ANL A,data	直接字节与到 A	2	1	55	XRL A,#data	立即数异或到 A	2	1	64
ANL A,@Ri	间接 RAM 与到 A	1	1	56;57	XRL data,A	A 异或到直接字节	2	1	62
ANL A,#data	立即数与到 A	2	1	54	XRL data,#data	立即数异或到直接字节	3	2	63
ANL data,A	A 与到直接字节	2	1	52	SETB C	进位位置 1	1	1	D3
ANL data,#data	立即数与到直接字节	3	2	53	SETB bit	直接位置 1	2	1	D2
ANL C,bit	直接位与到进位位	2	2	82	CLR A	A 清零	1	1	E4
ANL C,/bit	直接位的反码与到进位位	2	2	B0	CLR C	进位位清零	1	1	C3
ORL A,Rn	寄存器或到 A	1	1	48～4F	CLR bit	直接位清零	2	1	C2
ORL A,data	直接字节或到 A	2	1	45	CPL A	A 求反码	1	1	F4
ORL A,@Ri	间接 RAM 或到 A	1	1	46;47	CPL C	进位位取反	1	1	B3
ORL A,#data	立即数或到 A	2	1	44	CPL bit	直接位取反	2	1	B2
ORL data,A	A 或到直接字节	2	1	42	RL A	A 循环左移一位	1	1	23
ORL data,#data	立即数或到直接字节	3	2	43	RLC A	A 带进位左移一位	1	1	33
ORL C,bit	直接位或到进位位	2	2	72	RR A	A 右移一位	1	1	03
ORL C,/bit	直接位的反码或到进位位	2	2	A0	RRC A	A 带进位右移一位	1	1	13

助记符	说 明	字节	周期	机器码	助记符	说 明	字节	周期	机 器 码
XRL A,Rn	寄存器异或到A	1	1	68~6F	SWAP A	A半字节交换	1	1	C4
XRL A,data	直接字节异或到A	2	1	65					

3. 算术运算指令（24 条）

助记符	说 明	字节	周期	机器码	助记符	说 明	字节	周期	机 器 码
ADD A,Rn	寄存器加到A	1	1	28~2F	INC A	A 加 1	1	1	04
ADD A,data	直接字节加到A	2	1	25	INC Rn	寄存器加 1	1	1	08~0F
ADD A,@Ri	间接 RAM 加到A	1	1	26;27	INC data	直接字节加 1	2	1	05
ADD A,#data	立即数加到A	2	1	24	INC @Ri	间接 RAM 加 1	1	1	06;07
ADDC A,Rn	寄存器带进位加到A	1	1	38~3F	INC DPTR	数据指针加 1	1	2	A3
ADDC A,data	直接字节带进位加到 A	2	1	35	DEC A	A 减 1	1	1	14
ADDC A,@Ri	间接 RAM 带进位加到 A	1	1	36;37	DEC Rn	寄存器减 1	1	1	18~1F
ADDC A,#data	立即数带进位加到 A	2	1	34	DEC data	直接字节减 1	2	1	15
SUBB A,Rn	从 A 中减去寄存器和进位	1	1	98~9F	DEC @Ri	间接 RAM 减 1	1	1	16;17
SUBB A,data	从 A 中减去直接字节和进位	2	1	95	MUL AB	A 乘 B	1	4	A4
SUBB A,@Ri	从 A 中减去间接 RAM 和进位	1	1	96;97	DIV AB	A 被 B 除	1	4	84
SUBB A,#data	从 A 中减去立即数和进位	2	1	94	DA A	A 十进制调整	1	1	D4

4. 转移指令（22 条）

助记符	说 明	字节	周期	机器码	助记符	说 明	字节	周期	机 器 码
AJMP addr 11	绝对转移	2	2	*1	CJNE A,data,rel	直接字节与 A 比较，不等转移	3	2	B5
LJMP addr 16	长转移	3	2	02	CJNE A,#data,rel	立即数与 A 比较，不等转移	3	2	B4
SJMP rel	短转移	2	2	80	CJNE @Ri,#data,rel	立即数与间接 RAM 比较，不等转移	3	2	B6;B7
JMP @A+DPTR	相对于 DPTR 间接转移	1	2	73	CJNE Rn,#data,rel	立即数与寄存器比较不等转移	3	2	B8~BF
JZ rel	若 A=0，则转移	2	2	60	DJNZ Rn,rel	寄存器减 1 不为 0 转移	2	2	D8~DF
JNZ rel	若 A≠0，则转移	2	2	70	DJNZ data,rel	直接字节减 1 不为 0 转移	3	2	D5
JC rel	若 C=1，则转移	2	2	40	ACALL addr 11	绝对子程序调用	2	2	*1
JNC rel	若 C≠1，则转移	2	2	50	LCALL addr 16	子程序调用	3	2	12
JB bit,rel	若直接位=1，则转移	3	2	20	RET	子程序调用返回	1	2	22
JNB bit,rel	若直接位=0，则转移	3	2	30	RETI	中断程序调用返回	1	2	32
JBC bit,rel	若直接位=1，则转移且清除	3	2	10	NOP	空操作	1	1	00

附录 B ASCII 编码表

ASCII 码		控制字符	ASCII 码		控制字符	ASCII 码		控制字符	ASCII 码		控制字符
十进制	十六进制		十进制	十六进制		十进制	十六进制		十进制	十六进制	
0	00	NULL(\0)	32	20	(space)	64	40	@	96	60	`
1	01	SOH	33	21	!	65	41	A	97	61	a
2	02	STX	34	22	”	66	42	B	98	62	b
3	03	ETX	35	23	#	67	43	C	99	63	c
4	04	EOT	36	24	$	68	44	D	100	64	d
5	05	ENQ	37	25	%	69	45	E	101	65	e
6	06	ACK	38	26	&	70	46	F	102	66	f
7	07	BEL	39	27	,	71	47	G	103	67	g
8	08	BS	40	28	(	72	48	H	104	68	h
9	09	HT	41	29	)	73	49	I	105	69	i
10	0A	LF	42	2A	*	74	4A	J	106	6A	j
11	0B	VT	43	2B	+	75	4B	K	107	6B	k
12	0C	FF	44	2C	,	76	4C	L	108	6C	l
13	0D	CR	45	2D	-	77	4D	M	109	6D	m
14	0E	SO	46	2E	.	78	4E	N	110	6E	n
15	0F	SI	47	2F	/	79	4F	O	111	6F	o
16	10	DLE	48	30	0	80	50	P	112	70	p
17	11	DCI	49	31	1	81	51	Q	113	71	q
18	12	DC2	50	32	2	82	52	R	114	72	r
19	13	DC3	51	33	3	83	53	S	115	73	s
20	14	DC4	52	34	4	84	54	T	116	74	t
21	15	NAK	53	35	5	85	55	U	117	75	u
22	16	SYN	54	36	6	86	56	V	118	76	v
23	17	TB	55	37	7	87	57	W	119	77	w
24	18	CAN	56	38	8	88	58	X	120	78	x
25	19	EM	57	39	9	89	59	Y	121	79	y
26	1A	SUB	58	3A	:	90	5A	Z	122	7A	z
27	1B	ESC	59	3B	;	91	5B	[	123	7B	{
28	1C	FS	60	3C	<	92	5C	/	124	7C		
29	1D	GS	61	3D	=	93	5D	]	125	7D	}
30	1E	RS	62	3E	>	94	5E	^	126	7E	~
31	1F	US	63	3F	?	95	5F	—	127	7F	DEL

参 考 文 献

[1] 王幸之. 单片机应用系统电磁干扰与抗干扰技术. 北京：北京航空航天大学出版社，2006.

[2] 刘光斌. 单片机系统实用抗干扰技术. 北京：人民邮电出版社，2003.

[3] 姜志海. 单片机原理及应用. 北京：电子工业出版社，2005.

[4] 马忠梅. 单片机的C语言应用程序设计. 北京：北京航空航天大学出版社，2003.

[5] 李群芳. 单片微型计算机与接口技术（第2版）. 北京：电子工业出版社，2005.

[6] 余锡纯. 单片机原理与接口技术. 西安：电子科技大学出版社，2003.

[7] 张毅刚. 单片机原理及应用. 北京：高等教育出版社，2003.

[8] 杨振江. 流行单片机实用子程序及应用实例. 西安：西安电子科技大学出版社，2002.

[9] 贾智平. 嵌入式系统原理与接口技术. 北京：清华大学出版社，2005.

[10] [日]松崎敏道. 嵌入式单片机技术. 沈永林，译. 北京：清华大学出版社，2006.

[11] [美]Frank Vahid Tony Givargis. 嵌入式系统设计. 骆丽，译. 北京：北京航空航天大学出版社，2004.

[12] 张晓林. 嵌入式系统设计与实践. 北京：北京航空航天大学出版社，2006.

[13] 谢克明，彭新光，温景国. 单片机技术及应用系统设计. 北京：兵器工业出版社，2003.

[14] 张友德，赵志英，涂时亮. 单片微型机原理应用与实验. 上海：复旦大学出版社，1996.

[15] 潘新民，王燕芳. 微型计算机控制技术. 北京：人民邮电出版社，1999.

[16] 王爱英. 智能卡技术. 北京：清华大学出版社，2000.

[17] 林立. 单片机原理及应用——基于Proteus和Keil C. 北京：电子工业出版社，2009.

[18] 江世明. 基于Proteus的单片机应用技术. 北京：电子工业出版社，2009.

[19] 张齐. 单片机应用系统设计技术——基于C51的Proteus仿真（第2版）. 北京：电子工业出版社，2010.

[20] 张靖武. 单片机原理应用与PROTEUS仿真. 北京：电子工业出版社，2008.

[21] Nordic. nRF905 Single chip 433/868/915MHz Transceiver Datasheet.
http://www.nordicsemi.no/files/Product/data_sheet/Product_Specification_nRF905_v1.5.pdf.

[22] Maxim. 用软件实现1-Wire®通信. http://china.maxim-ic.com/app-notes/index.mvp/id/126

[23] 广州周立功单片机发展有限公司. ZLG7290用户手册.
http://www.embedtools.com/pro_kaifa/ARM/EasyARM2103/ZLG7290B_app.pdf.

[24] 瞿雷，刘盛德，胡咸斌. ZigBee技术及应用. 北京：北京航空航天大学出版社，2007.

[25] Datasheet SHT7x http://www.sensirion.com.cn/down/downimg/C-Datasheet_SHT7x_V4.2_C1.pdf.

[26] Maxim, DS18B20 datasheet. http://datasheets.maxim-ic.com/en/ds/DS18B20.pdf.

[27] TEXAS INSTRUMENTS.ADS1015 Datasheet.http://focus.ti.com/lit/ds/symlink/ads1015.pdf.

[28] TEXAS INSTRUMENTS.DAC7611 Datasheet. http://focus.ti.com/lit/ds/symlink/dac7611.pdf.

[29] NXP. PCA9534 Datasheet. http://www.zlgmcu.com/philips/iic/PCA9534/PCA9534_DS_EN.pdf.

[30] 广州周立功单片机发展有限公司.I/O扩展器选型指南. http://www.zlgmcu.com/philips/iic/ePDF/ IO_AN.pdf.

[31] Freescale Semiconductor. SPI Block GuideV04.01.http://www.freescale.com/

[32] ATMEL. AT45DB081D Datasheet. http://www.atmel.com/dyn/resources/prod_documents/doc3596.pdf.

[33] 潘琢金，译. C8051F020/1/2/3混合信号ISP Flash微控制器数据手册. 2002.